"十三五"国家重点出版物出版规划项目
现代机械工程系列精品教材

工程流体力学

第 2 版

主　编　闻建龙
参　编　王贞涛　王晓英
主　审　罗惕乾

机械工业出版社

本书为"十三五"国家重点出版物出版规划项目。

本书针对机械工程类专业的要求精选内容，围绕实际流体流动讲述流体力学基础、工程常见问题及处理方法，使读者掌握解决经常遇到的流体力学问题的方法。

本书内容主要包括：绪论，流体静力学，流体运动学基础，流体动力学基础，相似理论与量纲分析，流动阻力与水头损失，有压管路、孔口和管嘴的水力计算，黏性流体动力学基础，工程湍流及其应用，计算流体力学基础，流体力学实验技术，气体的一元流动，缝隙流动。本书章后习题附有参考答案，扫描二维码即可查看。

本书为机械类专业、能源与动力工程专业本科生教材，也可作为相关工程技术人员的参考书。

本书配有电子课件，向授课教师免费提供，需要者可登录机工教育服务网（www.cmpedu.com）下载。

图书在版编目（CIP）数据

工程流体力学/闻建龙主编. —2 版. —北京：机械工业出版社，2018.3
（2024.11 重印）

"十三五"国家重点出版物出版规划项目　现代机械工程系列精品教材

ISBN 978-7-111-59269-3

Ⅰ.①工…　Ⅱ.①闻…　Ⅲ.①工程力学-流体力学-高等学校-教材　Ⅳ.①TB126

中国版本图书馆 CIP 数据核字（2018）第 036117 号

机械工业出版社（北京市百万庄大街22号　邮政编码100037）
策划编辑：蔡开颖　责任编辑：蔡开颖　段晓雅　李　乐
责任校对：郑　婕　封面设计：张　静
责任印制：李　昂
河北宝昌佳彩印刷有限公司印刷
2024 年 11 月第 2 版第 12 次印刷
184mm×260mm・13.75 印张・332 千字
标准书号：ISBN 978-7-111-59269-3
定价：45.00 元

电话服务　　　　　　　　　　网络服务
客服电话：010-88361066　　　机　工　官　网：www.cmpbook.com
　　　　　010-88379833　　　机　工　官　博：weibo.com/cmp1952
　　　　　010-68326294　　　金　书　网：www.golden-book.com
封底无防伪标均为盗版　　　机工教育服务网：www.cmpedu.com

前言

  流体力学是长期以来人们在利用流体的过程中逐渐形成的一门学科,起源于阿基米德对浮力的研究。流体力学是高等学校机械类专业的重要技术基础课。

  面对科学技术的迅速发展,按照"宽口径、重基础"教学改革的基本要求,本书将基本概念、基础理论与流体力学在工程技术中的应用相结合,试图提供一本讲解简练、内容丰富、特色鲜明的机械类工程流体力学教材。本书共 13 章,包括绪论,流体静力学,流体运动学基础,流体动力学基础,相似理论与量纲分析,流动阻力与水头损失,有压管路、孔口和管嘴的水力计算,黏性流体动力学基础,工程湍流及其应用,计算流体力学基础,流体力学实验技术,气体的一元流动,缝隙流动。为便于学生自主学习和复习,本书章后习题附有参考答案,扫描二维码即可查看。

  本书为机械类专业、能源与动力工程专业本科生教材,也可作为相关工程技术人员的参考书。

  本书由江苏大学闻建龙教授主编。书中第一、二、三、四、五、六、七章由闻建龙编写,第八、九、十章由王贞涛编写,第十一、十二、十三章由王晓英编写。本书主审罗惕乾教授仔细审阅了原稿,提出了许多宝贵建议。

  限于编者水平,书中错误和不妥之处恳请读者给予批评指正。

编 者

目录

前言

第一章　绪论 ······ 1
本章要点及学习要求 ······ 1
第一节　概述 ······ 1
第二节　连续介质假设 ······ 2
第三节　作用在流体上的力 ······ 3
第四节　流体的主要物理性质 ······ 4
第五节　流体的黏性 ······ 7
习题 ······ 11

第二章　流体静力学 ······ 12
本章要点及学习要求 ······ 12
第一节　流体静压强及其特性 ······ 13
第二节　流体平衡的微分方程 ······ 13
第三节　流体静力学基本方程 ······ 16
第四节　绝对压强、计示压强和液柱式测压计 ······ 19
第五节　液体的相对平衡 ······ 22
第六节　平衡液体对壁面的作用力 ······ 23
习题 ······ 27

第三章　流体运动学基础 ······ 31
本章要点及学习要求 ······ 31
第一节　描述流体运动的两种方法 ······ 31
第二节　流体运动的基本概念 ······ 33
第三节　连续性方程 ······ 38
第四节　流体微团的运动分析 ······ 41
习题 ······ 46

第四章　流体动力学基础 ······ 48
本章要点及学习要求 ······ 48
第一节　理想流体的运动微分方程 ······ 48
第二节　伯努利方程 ······ 50
第三节　动量方程 ······ 56
第四节　动量矩方程 ······ 59
习题 ······ 60

第五章　相似理论与量纲分析 ······ 63
本章要点及学习要求 ······ 63
第一节　相似理论 ······ 63
第二节　量纲分析 ······ 72
习题 ······ 76

第六章　流动阻力与水头损失 ······ 78
本章要点及学习要求 ······ 78
第一节　流体运动的两种流动状态 ······ 79
第二节　圆管中的层流 ······ 82
第三节　圆管中的湍流 ······ 85
第四节　管路中的沿程水头损失 ······ 88
第五节　管路中的局部水头损失 ······ 92
习题 ······ 94

第七章　有压管路、孔口和管嘴的水力计算 ······ 97
本章要点及学习要求 ······ 97
第一节　有压管路的水力计算 ······ 97
第二节　管路中的水击 ······ 104
第三节　孔口与管嘴出流 ······ 108
习题 ······ 111

第八章　黏性流体动力学基础 ······ 114
本章要点及学习要求 ······ 114
第一节　黏性流体运动微分方程 ······ 114

第二节　N-S方程的精确解 …………… 118
　第三节　边界层概念 …………………… 119
　第四节　层流边界层的微分方程 ……… 121
　第五节　边界层动量积分关系式 ……… 122
　第六节　平板边界层的近似计算 ……… 123
　第七节　曲面边界层的分离及阻力 …… 128
　习题 ……………………………………… 130

第九章　工程湍流及其应用 …………… 132
　本章要点及学习要求 …………………… 132
　第一节　湍流的定义及分类 …………… 132
　第二节　时均运算法则及指标表示法 … 134
　第三节　雷诺方程 ……………………… 136
　第四节　零方程模型 …………………… 139
　第五节　一方程模型 …………………… 141
　第六节　$k\text{-}\varepsilon$ 两方程模型 ……………… 142
　习题 ……………………………………… 146

第十章　计算流体力学基础 …………… 147
　本章要点及学习要求 …………………… 147
　第一节　概述 …………………………… 147
　第二节　通用微分方程 ………………… 149
　第三节　有限差分法 …………………… 150
　第四节　有限体积法 …………………… 156
　习题 ……………………………………… 162

第十一章　流体力学实验技术 ………… 164
　本章要点及学习要求 …………………… 164
　第一节　流动参数测量 ………………… 164
　第二节　流动显示技术 ………………… 172
　第三节　流体力学实验设备 …………… 176
　习题 ……………………………………… 179

第十二章　气体的一元流动 …………… 180
　本章要点及学习要求 …………………… 180
　第一节　热力学基础知识 ……………… 180
　第二节　声速和马赫数 ………………… 182
　第三节　可压缩气体一元流动基本方程 … 186
　第四节　一元恒定等熵气流的基本特性 … 188
　第五节　一元等熵气流在变截面管道中的
　　　　　流动 …………………………… 191
　习题 ……………………………………… 195

第十三章　缝隙流动 …………………… 197
　本章要点及学习要求 …………………… 197
　第一节　平行平面缝隙与同心环形缝隙 … 197
　第二节　偏心环形缝隙 ………………… 202
　第三节　平行圆盘缝隙 ………………… 204
　第四节　倾斜平面缝隙 ………………… 206
　习题 ……………………………………… 208

参考文献 ………………………………… 211

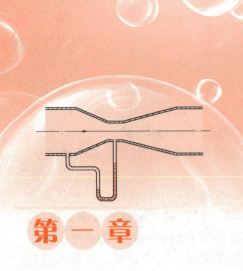

第一章 绪 论

> **本章要点及学习要求**
>
> **本章要点：** 对流体力学及课程做概述，介绍流体的概念、流体的主要物理性质，分析作用在流体上的力。连续介质模型和流体的黏性是本章的重点。
>
> **学习要求：** 基本概念有流体质点、理想流体、连续介质假设。作用力有质量力、表面力等。主要物理性质有密度、比体积、相对密度、压缩性、膨胀性、黏性、表面张力等。流体的分类有理想流体、黏性流体，可压缩流体、不可压缩流体，牛顿流体、非牛顿流体等。基本理论及计算有牛顿内摩擦定律及实际工程问题计算。

第一节 概 述

流体力学是研究流体在外力作用下平衡和运动规律的一门学科，是力学的一个分支。

一、流体力学的发展简史

流体力学和其他自然科学一样，是随着生产实践而发展起来的。如相传四千多年前的大禹治水，表明我国古代进行过大规模的治河防洪工程。公元前 256—公元前 210 年间（秦代）修建了都江堰、郑国渠和灵渠三大水利工程，说明当时对明渠流动和堰流已有了一定的认识。通常认为，流体力学起源于阿基米德（Archimedes）在公元前 250 年对浮力的研究。

流体力学的初步形成是在 17 世纪，1653 年帕斯卡（B. Pascal）发现了静止液体的压强可以均匀地传遍整个流场，即帕斯卡定律。1687 年牛顿（I. Newton）分析了运动平板在普通流体中所受的流体阻力，提出了切应力与速度梯度成正比的关系，即牛顿内摩擦定律。1738 年伯努利（D. Bernoulli）对管道流动进行了大量的观察和测量，提出了伯努利方程。1755 年欧拉（L. Euler）提出了理想流体的运动微分方程。1823 年纳维（L. Navier）、1845 年斯托克斯（G. Stokes）分别采用不同的方法建立了黏性流体运动的微分方程。从此流体力学得到了迅速发展。

现代意义上的流体力学形成于 20 世纪初，以普朗特（L. Prandtl）的边界层理论为标志，卡门（V. Karman）和泰勒（C. Taylor）等一批流体力学家在空气动力学、湍流和旋涡理论等方面的卓越成就奠定了现代流体力学的基础。以周培源、钱学森为代表的中国科学家在湍流理论、空气动力学等许多重要领域内也做出了基础性、开创性的贡献。

20世纪60年代以后，流体力学出现了许多新的分支和交叉学科。如：计算流体力学、两相流体力学、生物流体力学等。

生产的发展和需要是流体力学发展的动力。今天很难找出一个技术部门，它的发展能够与流体力学无关。除了航空、航海、水利之外，动力、机械、燃烧、冶金、市政、建筑、环境、医学等部门都存在大量的流体力学问题有待深入研究。例如：动力工程中流体的能量转换，机械工业中的润滑、液压传动，燃烧中的空气动力特性，冶金中高温液态金属在炉内或铸模内的流动，市政工程中的给水排水，高层建筑的风载，环境工程中污染物在大气中的扩散，血液在人体中的流动等，这些都是工程技术领域经常遇到的流体力学问题。

二、流体力学的研究方法

流体力学的研究方法一般分为理论分析、实验研究和数值模拟。

理论分析是根据工程实际中流动现象的特点，建立描述流体运动的基本方程及定解条件，运用各种数学方法求出方程的解。理论分析的关键在于提出理论模型（数学模型），并运用数学方法求出揭示流体运动规律的理论结果。但由于数学上的困难，许多实际流动问题还难于精确求解。

实验研究在流体力学中占有极其重要的地位，它是理论分析结果正确与否的检验。实验研究是通过对具体流动的观测，来认识流体运动的规律。流体力学的实验研究主要包括原型观测、系统实验和模型实验，以模型实验为主。

数值模拟又称数值实验，是伴随现代计算机技术及其应用而出现的一种方法。它采用有限差分法、有限单元法、有限体积法等，将流体力学中一些难于用解析方法求解的理论模型离散为数值模型，用计算机求得定量描述流体运动规律的数值解。

第二节 连续介质假设

一、流体的定义和特征

物质常见的存在状态是固态、液态和气态，分别称为固体、液体和气体。液体和气体统称为流体。

通常将流动的物质称为流体，如水、空气、汽油等常见的物质均属于流体。从力学的角度将流体定义为：在任何微小剪力的持续作用下，能够连续不断变形（流动）的物质。流体在剪力作用下将发生连续不断的变形运动，直至剪力消失为止，这种性质称为流体的易流动性。

流体与固体的主要区别在于：固体在静止状态下能抵抗拉力、压力、剪力，当受到外力作用时，将产生相应的变形以抵抗外力。而静止的流体不能抵抗无论多么小的拉力和剪力。液体和气体都具有易流动性，但气体比液体更容易变形（流动），这是因为气体的分子分布比液体稀疏得多（即其分子间距大，分子间引力小），而且气体还存在体积的易变性。此外液体通常存在自由表面，这是固体和气体所没有的。

二、连续介质假设

流体是由大量不断地做无规则热运动的分子所组成的，从微观角度以离散的分子为对象来研究流体的运动将是极其复杂的。

流体力学研究的并不是个别分子的微观运动，而是流体的宏观运动特性，如速度、压强、温度等，即大量分子运动的统计平均特性。因此在流体力学中，引入流体质点的概念，把流体看成是由连续分布的流体质点所组成的连续介质。

1. 流体质点

流体质点可看成含有大量分子并能保持其宏观力学特性的一个微小体积，并认为组成流体的最小物理单元是流体质点，而不是流体分子。

现以密度为例说明流体质点的概念。在流体中任一点 A（x，y，z）处取 ΔV 的微小体积，其质量为 Δm（图 1-1），则其密度为

$$\rho = \lim_{\Delta V \to 0} \frac{\Delta m}{\Delta V}$$

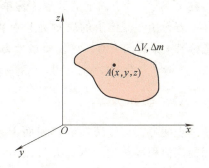

图 1-1　流体微团和流体质点

$\Delta V \to 0$ 理解为一个很小的值（微小体积）。

在标准状态下，1mm^3 体积中含有 2.7×10^{16} 个空气分子。例如 10^{-6}mm^3（一粒灰尘）的体积，比工程中常见的物体尺寸小得多，但仍由大量的分子组成，空气还有 2.7×10^{10} 个分子。把这种宏观上足够小（10^{-6}mm^3）、微观上足够大（2.7×10^{10} 个空气分子）的微小体积称为流体质点。

流体质点的数学描述为：在流体中任一点 A（x，y，z）处取一个流体微团 ΔV，当 $\Delta V \to 0$ 时，这个流体微团趋于点 A，称为流体质点（图 1-1）。通常把流体中的一个微小体积称为流体微团，当流体微团的体积趋近于零时，成为流体质点。

2. 连续介质假设

流体是由无数连续分布的流体质点所组成的连续介质，称为连续介质假设。这一假设是流体力学中基本假设之一，由欧拉于 1755 年提出。

引进了连续介质假设以后，流体质点宏观运动的物理量（如速度、密度、压强等）都可以表示成空间坐标和时间的连续函数，数学表达式为

$$v = v(x,y,z,t), \quad \rho = \rho(x,y,z,t), \quad p = p(x,y,z,t)$$

从而可用连续函数等数学工具来研究流体的平衡和运动规律。

流体作为连续介质的假设，对一般工程实际问题都是适用的。但对于某些特殊问题，如航天器在高空稀薄空气中飞行时，气体的分子间距与航天器的尺寸可以比拟，此时不能采用连续介质假设，需要用分子动力论的微观方法研究。

第三节　作用在流体上的力

作用在流体上的力有重力、惯性力、摩擦力、压力等，按作用特点的不同，分为质量力

和表面力两类。

一、质量力

质量力集中作用在流体各质点（或微团）上，大小与流体质量成正比。对于均质流体，质量力的大小也与流体的体积成正比，又称体积力。常见质量力有重力、惯性力等，常用单位质量力表示，即

$$f=\frac{F}{m}=f_x\boldsymbol{i}+f_y\boldsymbol{j}+f_z\boldsymbol{k}$$

式中，F 为作用在流体上的质量力；m 为流体质量；f 为单位质量力；f_x、f_y、f_z 为单位质量力在 x、y、z 轴方向上的分量，称单位质量分力。

若作用在流体上的质量力只有重力 $G=mg$，当坐标轴 z 铅直向上时，单位质量分力为

$$f_x=0, \quad f_y=0, \quad f_z=-g$$

二、表面力

表面力直接作用在流体表面上，其大小与所作用的表面积成正比。例如大气压力、水压力与摩擦力等都是表面力。

表面力常用单位面积上的力即应力表示，如图 1-2 所示。任一点 $B(x,y,z)$ 的法向应力（或正应力）σ 和切应力 τ 分别表示为

$$\sigma=\lim_{\Delta A\to 0}\frac{\Delta P}{\Delta A}, \quad \tau=\lim_{\Delta A\to 0}\frac{\Delta T}{\Delta A}$$

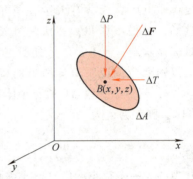

图 1-2　作用在流体上的表面力

第四节　流体的主要物理性质

一、流体的密度、比体积和相对密度

1. 密度

单位体积流体所具有的质量称为流体的密度，用 ρ 表示。对均质流体，即

$$\rho=\frac{m}{V} \tag{1-1}$$

式中，m 为流体的质量（kg）；V 为流体的体积（m³）；ρ 为密度（kg/m³）。

流体的密度一般与流体的种类、压强和温度有关。对于液体，密度随压强和温度的变化很小，可视为常数。通常水的密度为 1000kg/m³，水银的密度为 13.59×10^3 kg/m³。

2. 比体积

流体密度的倒数称为流体的比体积，即单位质量流体所具有的体积。用 v 表示，单位为 m³/kg，即

$$v=\frac{1}{\rho} \tag{1-2}$$

通常水的比体积为 $0.001\text{m}^3/\text{kg}$，水银的比体积为 $7.4\times10^{-5}\text{m}^3/\text{kg}$。

3. 相对密度

某一液体的密度 ρ 与温度为 4℃ 蒸馏水的密度 ρ_w 的比值称为相对密度，用 d 表示，即

$$d=\frac{\rho}{\rho_w} \tag{1-3}$$

通常水的相对密度为 1，水银的相对密度为 13.59。

对于非均质的流体，如图 1-1 所示，围绕 A 点取一流体微团 ΔV，其质量为 Δm。当 $\Delta V \to 0$ 时，A 点处的密度为

$$\rho=\lim_{\Delta V\to 0}\frac{\Delta m}{\Delta V}=\frac{\text{d}m}{\text{d}V}$$

二、流体的压缩性和膨胀性

如果温度不变，流体的体积随压强的增加而缩小的性质，称为流体的压缩性。如果压强不变，流体的体积随温度的升高而增大的性质，称为流体的膨胀性。

1. 压缩性

流体的压缩性通常以体积压缩率 κ 来表示，表示当温度保持不变时，单位压强增量引起的流体体积相对变化量（图 1-3）。即

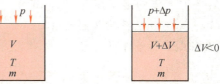

图 1-3　流体在等温下的体积压缩

$$\kappa=\lim_{\Delta V\to 0}\frac{-\Delta V/V}{\Delta p}=-\frac{1}{V}\frac{\Delta V}{\Delta p} \tag{1-4}$$

κ 的单位为 Pa^{-1}（或 m^2/N）。由于当 Δp 为正值时，ΔV 必为负值，故式（1-4）加一负号，以保证 κ 为正值。体积压缩率越小，流体越不容易压缩。

体积压缩率 κ 的倒数称为流体的体积模量（或为体积弹性模量），用 K 表示，即

$$K=\frac{1}{\kappa} \tag{1-5}$$

K 的单位为 Pa（或 N/m^2）。体积模量越大，说明流体越不容易压缩。通常液体的压缩性很小，可以忽略不计。

2. 膨胀性

流体的膨胀性通常用体膨胀系数 α_V 来表示，表示当压强不变时，单位温度升高所引起的流体体积相对变化量（图 1-4）。即

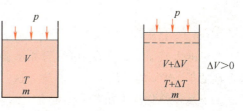

图 1-4　流体在定压下的体积膨胀

$$\alpha_V=\frac{\Delta V/V}{\Delta T}=\frac{1}{V}\frac{\Delta V}{\Delta T} \tag{1-6}$$

水在 20℃、1 个大气压下的体积压缩率 $\kappa=0.46\times10^{-9}\text{m}^2/\text{N}$，体积模量 $K=2.17\times10^9\text{N}/\text{m}^2$，体膨胀系数 $\alpha_V=1.5\times10^{-4}℃^{-1}$。可见水的体积压缩率和体膨胀系数都很小，在工程中通常可不考虑。

三、不可压缩流体

为了研究问题方便，将体积压缩率和体膨胀系数等于零的流体称为不可压缩流体。这种流体受压后体积不减小，受热后体积不膨胀。因而其密度、比体积和相对密度均为常数。

液体的可压缩性很小，在通常情况下，可忽略液体的压缩性和膨胀性，作为不可压缩流体处理。例如在水中爆炸、管道内发生水击等极少数情况下，才考虑水的压缩性。

一般情况下需考虑气体的压缩性。当常温下空气的运动速度低于70m/s时，密度相对变化量小于2%，可以按不可压缩流体处理。

四、完全气体状态方程

同时考虑压强和温度对气体体积和密度的影响，需用完全气体状态方程，即

$$pv = RT \quad \text{或} \quad \frac{p}{\rho} = RT \tag{1-7}$$

式中，p 为气体的绝对压强（Pa 或 N/m²）；v 为气体的比体积（m³/kg）；R 为气体常数 [J/(kg·K)]；T 为热力学温度（K）。

在一般工程条件下，完全气体状态方程对常用气体也适用。

五、液体的表面张力和毛细管现象

当液体与气体接触时，在分界面上会产生表面张力，液体的自由表面似拉紧的弹性薄膜，如空气中的雨滴呈球状等。表面张力表示自由表面单位长度上的拉力，用 σ 表示，单位为 N/m。

将一根内径较小的玻璃管插入液体中，管内液面会升高或降低，这种现象称为毛细管现象，毛细管现象是由表面张力所引起的，如图1-5所示。用玻璃管做测压管时，应考虑毛细管现象。

图1-5 毛细管现象

六、汽化压强

在标准大气压下，水在100℃开始沸腾称为汽化。当大气压强降低时（如在高原地区），水将在低于100℃的温度下开始沸腾。这一现象表明，当作用于水的压强降低时，水可在较低温度下发生汽化。水在某一温度发生汽化时的绝对压强称为饱和蒸汽压强或汽化压强。液体的汽化压强与温度有关，水的汽化压强值见表1-1。

当液体某处的压强低于汽化压强时，液体将发生汽化，形成空化现象，将对液体运动和液体与固体相接触的壁面均产生不良影响，因此在工程中应当避免空化现象的发生。

表1-1 水的汽化压强值

水温/℃	0	5	10	15	20	25	30
汽化压强/kPa	0.61	0.87	1.23	1.70	2.34	3.17	4.24
水温/℃	40	50	60	70	80	90	100
汽化压强/kPa	7.38	12.33	19.92	31.16	47.34	70.10	101.33

第五节 流体的黏性

黏性是流体的重要特性之一,可通过一个简单的实验来观察流体的黏滞现象。在图1-6中,两个圆盘上下放置,靠得很近但不接触,用电动机带动下面的圆盘旋转。当下圆盘旋转后,发现上面的圆盘也慢慢地开始旋转,但转速远小于下圆盘($\omega' < \omega$)。

下圆盘与上圆盘并没有接触,上圆盘却会跟着下圆盘转动,这是因为两圆盘之间的空气具有一定的黏性,能传递摩擦力使上圆盘转动。

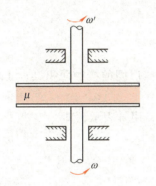

图1-6 空气黏性实验

一、流体的黏性

黏性是流体抵抗剪切变形的一种属性,是流体运动时内部流层之间产生切应力(内摩擦力)的性质。

用牛顿平板实验来说明流体的黏性(图1-7),在相距为h的两平行平板之间充满流体,下平板固定,上平板在力F作用下,以匀速U沿x方向运动。

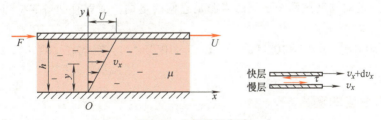

图1-7 牛顿平板实验

由于流体与平板间有附着力,黏附于上平板的一薄层流体将以速度U跟随上平板运动,由于流体内部存在分子间的内聚力,将带动相邻的下层流体,直至传递到黏附于下平板的一薄层流体,黏附在下平板的一薄层流体与平板速度均为零。实验证明,当h较小时,两平板间流体沿y方向的速度呈线性分布,即

$$v_x = \frac{U}{h}y$$

式中，U/h 为速度梯度，通常表示为 dv_x/dy。

由于各流层速度不同，流体层间出现相对运动，产生的切向作用力称为内摩擦力。作用在两流体层接触面上的内摩擦力总是成对出现，且大小相等、方向相反，分别作用在相对的流层上。

二、牛顿内摩擦定律

根据牛顿平板实验的结果，作用在上平板的力 F 的大小与垂直于流动方向的速度梯度 U/h 或 dv_x/dy 成正比，与接触面的面积 A 成正比，并与流体的种类（黏度 μ）有关，而与接触面上的压强 p 无关。表达式为

$$F = \mu A \frac{dv_x}{dy}$$

式中，F 为流体层接触面上的内摩擦力（N）；A 为流体层间的接触面积（m^2）；μ 为流体的动力黏度（Pa·s）。

流体层间单位面积上的内摩擦力称为黏性切应力，用 τ 表示，即

$$\tau = \frac{F}{A} = \mu \frac{dv_x}{dy} \tag{1-8}$$

式中，τ 为黏性切应力（N/m^2）。

式（1-8）称为牛顿内摩擦定律。当速度梯度等于零时，内摩擦力等于零。当流体处于静止状态或以相同速度运动（流体层间没有相对运动）时，内摩擦力也等于零。

三、动力黏度、运动黏度

在工程计算中，常采用动力黏度 μ 和密度 ρ 的比值（称为运动黏度）来表示黏性的大小，用 ν 表示，即

$$\nu = \frac{\mu}{\rho} \tag{1-9}$$

动力黏度 μ 的单位是 Pa·s（N·s/m^2）。运动黏度 ν 的单位是 m^2/s 或 cm^2/s、mm^2/s。动力黏度、运动黏度这两个名词的来源是它们的量纲，前者有动力学量纲，后者只有运动学量纲。

例如水在20℃时，$\mu = 1 \times 10^{-3}$ Pa·s，$\nu = 1 \times 10^{-6}$ m^2/s。空气在20℃时，$\mu = 1.83 \times 10^{-5}$ Pa·s，$\nu = 1.52 \times 10^{-5}$ m^2/s。

四、流体黏度的测量

流体黏度的测量方法有两种，一种是直接测量法，如用旋转黏度计、毛细管黏度计、落球黏度计等。另一种是间接测量法，如用恩氏黏度计等。

1. 旋转黏度计

在图1-8中，旋转黏度计的转子由电动机带动以一定的速度旋转，若转子未受到液体的黏滞阻力，则游丝、指针与刻度盘同速旋转，指针读数为零。若转子受到液体的黏滞阻力，则游丝产生转矩与黏滞阻力达到平衡，指针在刻度盘上指示一定的读数（即游丝的扭转角）。将此读数乘上仪器对应的特定系数即为液体的黏度。

2. 恩氏黏度计

恩氏黏度计（图1-9）的原理是通过测定液体由某一标准孔口（$d=2.8\text{mm}$），流出一定量体积所需的时间来测量黏度。黏性大的液体流得慢，黏性小的液体流得快。恩氏黏度计测得的是恩氏黏度，符号为E_t。

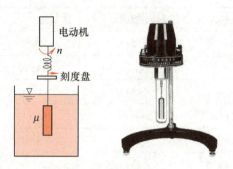

图1-8 旋转黏度计

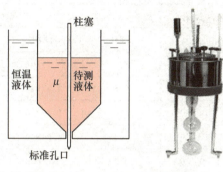

图1-9 恩氏黏度计

在温度T（℃）时，取200mL待测液体，测出从黏度计流出的时间t_1。取200mL温度为20℃的蒸馏水，测出从黏度计流出的时间t_2（$t_2=51\text{s}$）。则

$$E_t = \frac{t_1}{t_2}$$

称为待测液体在温度T（℃）时的恩氏黏度。用恩氏黏度计的经验公式

$$\nu = 0.0731 E_t - 0.0631/E_t$$

可求出待测液体在温度T（℃）时的运动黏度（cm^2/s）。

五、牛顿流体、非牛顿流体

切应力和速度梯度之间的关系符合牛顿内摩擦定律的流体称为牛顿流体，如空气、水、汽油、酒精等。否则称为非牛顿流体，如牙膏、油漆、纸浆等。

非牛顿流体的切应力与速度梯度的关系为

$$\tau = \tau_0 + \eta \left(\frac{\mathrm{d}v_x}{\mathrm{d}y}\right)^n \tag{1-10}$$

式中，τ_0为屈服应力；η为非牛顿流体的表观黏度；n为常数。

图1-10中给出了胀塑性流体（如油漆）、假塑性流体（如纸浆）和塑性流体或称宾汉流体（如牙膏）等非牛顿流体以及牛顿流体的切应力与速度梯度的关系曲线。

六、黏性流体、理想流体

实际流体都具有黏性，称为黏性流体，不考虑黏性的流体称为理想流体。由于黏性的存在，实际流体的运动都很复杂。为使问题简化，在流体力学中引入理想流体这一假设。

水和空气等常见流体黏性不大，在某些工程问题中

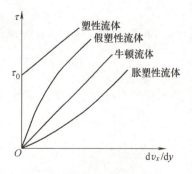

图1-10 切应力和速度梯度的关系

作为理想流体仍可得到较满意的结果，如对于流体波浪运动与潮汐运动等的研究，但在研究物体的绕流阻力时就必须考虑流体的黏性。

标准大气压下常见液体的物理性质见表 1-2。

表 1-2 标准大气压下常见液体的物理性质

液体	温度/℃	密度/(kg/m³)	比体积/(m³/kg)	体积压缩率/Pa⁻¹	动力黏度/(Pa·s)	运动黏度/(m²/s)
蒸馏水	4	1000	1×10⁻³	0.485×10⁻⁹	1.52×10⁻³	1.52×10⁻⁶
原油	20	856	1.17×10⁻³	—	7.2×10⁻³	8.4×10⁻⁶
汽油	20	678	1.47×10⁻³	—	0.29×10⁻³	0.43×10⁻⁶
甘油	20	1258	0.79×10⁻³	0.23×10⁻⁹	1490×10⁻³	1184×10⁻⁶
煤油	20	808	1.24×10⁻³	—	1.92×10⁻³	2.4×10⁻⁶
水银	20	13590	0.074×10⁻³	0.038×10⁻⁹	1.63×10⁻³	1.2×10⁻⁶
润滑油	20	918	1.09×10⁻³	—	440×10⁻³	479×10⁻⁶
水	20	998	1.002×10⁻³	0.46×10⁻⁹	1.0×10⁻³	1.0×10⁻⁶
海水	20	1025	0.976×10⁻³	0.43×10⁻⁹	1.08×10⁻³	1.05×10⁻⁶
酒精	20	789	1.27×10⁻³	1.1×10⁻⁹	1.19×10⁻³	1.5×10⁻⁶

例 同心环形缝隙中的回转运动如图 1-11 所示，直径为 d 的轴在长度为 L 的轴承内以角速度 ω 运动，带动同心缝隙中的液体做回转运动。同心缝隙 $\delta \ll d$，假定速度分布近似为直线规律。求轴克服摩擦所需的功率 P。

解 轴表面处的速度为

$$U = \omega \frac{d}{2}$$

速度梯度为

$$\frac{dv}{dr} = \frac{U}{\delta} = \frac{\omega d}{2\delta}$$

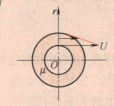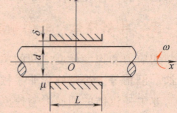

图 1-11 同心环形缝隙中的回转运动

切应力为

$$\tau = \mu \frac{dv}{dr} = \frac{\mu \omega d}{2\delta}$$

摩擦表面积为 $A = \pi L d$，缝隙中液体作用在轴表面上的摩擦力为

$$F = \tau A = \frac{\pi \mu L d^2 \omega}{2\delta}$$

相应的摩擦力矩为

$$M = F \frac{d}{2} = \frac{\pi \mu L d^3 \omega}{4\delta}$$

轴克服摩擦所需的功率为

$$P = M\omega = FU = \frac{\pi \mu L d^3 \omega^2}{4\delta}$$

习 题

1-1 某种油的密度为 $\rho=856\text{kg/m}^3$，运动黏度为 $\nu=8.4\times10^{-6}\text{m}^2/\text{s}$，求动力黏度 μ。

1-2 存放 4m^3 液体的储液罐，当压强增加 0.5MPa 时，液体体积减小 1L，求液体的体积模量 K。

1-3 压缩机向气罐充气，绝对压强从 0.1MPa 升到 0.6MPa，温度从 $20℃$ 升到 $78℃$，求空气体积缩小的百分数。

1-4 用直径 $d=400\text{mm}$、长 $L=2000\text{m}$ 的输水管做水压实验，当输水管内水的压强加至 $7.5\times10^6\text{Pa}$ 时封闭，1h 后由于泄漏，压强降至 $7.0\times10^6\text{Pa}$，不计输水管的变形，水的体积压缩率为 $0.46\times10^{-9}\text{Pa}^{-1}$，求水的泄漏量 ΔV。

1-5 面积为 $A=1.5\text{m}^2$ 的薄板在液面上水平移动，速度 $U=16\text{m/s}$，液层厚度 $\delta=4\text{mm}$，假定沿垂直方向速度为直线分布，如图 1-12 所示。求当液体分别为 $20℃$ 的水（$\nu=1.0\times10^{-6}\text{m}^2/\text{s}$）和温度为 $20℃$、密度为 856kg/m^3 的原油（$\nu=8.4\times10^{-6}\text{m}^2/\text{s}$）时，移动平板所需的力 F。

1-6 在图 1-13 中，相距 $\delta=40\text{mm}$ 的两平行平板间充满动力黏度 $\mu=0.7\text{Pa}\cdot\text{s}$ 的液体，液体中有一边长 $a=60\text{mm}$ 的正方形薄板，以 $v_0=15\text{m/s}$ 的速度水平运动，由于黏性带动液体运动，假设沿垂直方向速度为直线分布。

求：1）当 $h=10\text{mm}$ 时，薄板运动受到的液体阻力 F。

2）如果 h 可改变，h 为多大时，薄板的阻力最小？并计算其最小阻力值 F。

1-7 在图 1-14 中，直径 $d=76\text{mm}$ 的轴在同心缝隙 $\delta=0.03\text{mm}$、长度 $L=150\text{mm}$ 的轴承中旋转，轴的转速为 $n=226\text{r/min}$，测得轴颈上的摩擦力矩为 $M=76\text{N}\cdot\text{m}$，求缝隙中油液的动力黏度 μ。

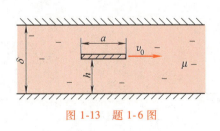

图 1-12 题 1-5 图

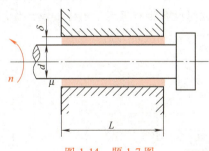

图 1-13 题 1-6 图

图 1-14 题 1-7 图

[参考答案]

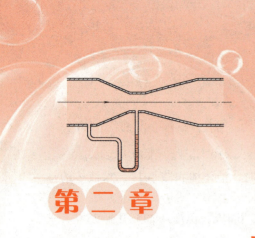

第二章

流体静力学

> **本章要点及学习要求**
>
> **本章要点**：流体静力学研究对象是静止流体。静止流体中黏性不起作用，表面力只有压应力——静压强。流体静力学以静压强为中心，阐述流体静压强的特性、静压强的分布规律、欧拉平衡微分方程及静水总压力的计算等。
>
> **学习要求**：基本概念有绝对压强、相对压强、真空度、等压面、位置水头、测压管水头、压强分布图、压力体图等。基本方程有欧拉平衡微分方程、流体静力学基本方程。基本测量及仪器有静压强的测量，如测压管、倾斜式微压计、压力表等。基本绘图有压强分布图、压力体图的绘制。基本计算有平面或曲面壁上静水总压力的计算及实际工程问题的求解。

流体静力学研究平衡（静止）流体的力学规律及其在工程中的应用，主要包括平衡流体的压强分布和对容器壁面或物体的作用力。

流体的平衡状态有两种（图2-1）：一种是重力场中的平衡，即流体对地球没有相对运动；另一种是相对平衡，即流体对于容器没有相对运动。处于平衡状态的流体的共性是流体质点之间没有相对运动，流体的黏性作用表现不出来，切应力等于零。作用在流体上的表面力（压力）和质量力达到平衡。

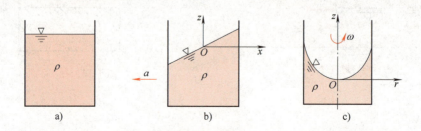

图2-1 液体的绝对平衡和相对平衡
a) $v=0$ b) $a=C$ c) $\omega=C$

第一节　流体静压强及其特性

流体处于平衡状态时的压强称为流体静压强，用符号 p 表示，单位为 Pa（或 N/m²）。流体静压强有两个基本特性。

特性一：流体静压强的方向与作用面相垂直，并指向作用面的内法线方向。

这一特性用反证法来证明，如图 2-2 所示。取一块处于平衡状态的流体，若作用面 AB 上 M 点的应力 p' 的方向向外且不垂直于 AB，则 p' 可分解为法向应力 σ 和切应力 τ。

① 若存在 τ，流体必然有流动，这与平衡的前提不符，所以 $\tau=0$；② 流体不能承受拉应力，因此 p' 的方向必然是内法线方向。

例：C、D 点处静压强 p 的方向垂直指向作用面，如图 2-3 所示。

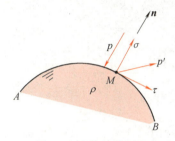

图 2-2　流体的静压强

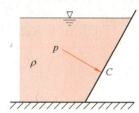

图 2-3　流体静压强的方向

特性二：平衡流体中任一点处各个方向上作用的静压强大小相等，与作用面的方位无关。即静压强只是该点坐标的函数，$p=p(x,y,z)$。

证明　在平衡流体中取平面微元体，如图 2-4 所示。

由 x 方向力的平衡，有

$$p_x \Delta y - \sigma \sin\theta \Delta s = 0$$

因为 $\sin\theta \Delta s = \Delta y$，所以 $p_x = \sigma$。

由 y 方向力的平衡，有

$$p_y \Delta x - \sigma \cos\theta \Delta s - \rho g \frac{1}{2} \Delta x \Delta y = 0$$

因为 $\cos\theta \Delta s = \Delta x$，则

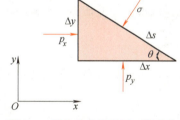

图 2-4　平衡流体中的平面微元体

$$p_y - \sigma - \rho g \frac{1}{2} \Delta y = 0$$

当 $\Delta y \to 0$ 时，得 $p_y = \sigma$。

即在平衡流体中，法向应力与作用方位无关，$p_x = p_y = \sigma$，对空间情况，同理可得 $p_x = p_y = p_z = \sigma$。于是静压强可表示为坐标函数，即 $p = p(x,y,z)$。

第二节　流体平衡的微分方程

一、欧拉平衡微分方程

在平衡流体中任取一微元六面体，边长为 dx、dy、dz，如图 2-5 所示。以 x 方向为例分

析作用在微元体上的受力情况。

1. 表面力

处于平衡的流体中没有摩擦力,作用在微元体上的表面力只有垂直指向作用面的静压力。设微元体中心点 $A(x,y,z)$ 处压强为 $p(x,y,z)$,压强是坐标的连续函数,左右两个面形心处的压强按泰勒级数展开,并略去二阶小量,分别为

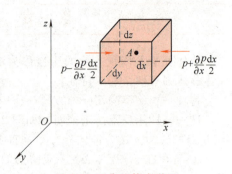

图 2-5 平衡流体中微元正六面体的受力分析

$$\text{左面}\quad p-\frac{\partial p}{\partial x}\frac{\mathrm{d}x}{2},\quad \text{右面}\quad p+\frac{\partial p}{\partial x}\frac{\mathrm{d}x}{2}$$

$\dfrac{\partial p}{\partial x}$ 是压强在 x 方向的变化率。以平面中心点处的压强表示该平面上的平均压强,相应的压力为

$$\text{左面}\quad \left(p-\frac{\partial p}{\partial x}\frac{\mathrm{d}x}{2}\right)\mathrm{d}y\mathrm{d}z,\quad \text{右面}\quad \left(p+\frac{\partial p}{\partial x}\frac{\mathrm{d}x}{2}\right)\mathrm{d}y\mathrm{d}z$$

作用在微元体上的 x 方向总压力为

$$\left(p-\frac{\partial p}{\partial x}\frac{\mathrm{d}x}{2}\right)\mathrm{d}y\mathrm{d}z-\left(p+\frac{\partial p}{\partial x}\frac{\mathrm{d}x}{2}\right)\mathrm{d}y\mathrm{d}z=-\frac{\partial p}{\partial x}\mathrm{d}x\mathrm{d}y\mathrm{d}z$$

2. 质量力

设 ρ 是微元体的平均密度,则微元体的质量为 $\rho\mathrm{d}x\mathrm{d}y\mathrm{d}z$。$x$ 方向的单位质量分力为 f_x,则 x 方向的质量力为 $f_x\rho\mathrm{d}x\mathrm{d}y\mathrm{d}z$。

因微元六面体处于平衡状态,所以作用在 x 方向的合力为 0,即 $\sum F_x=0$。

$$f_x\rho\mathrm{d}x\mathrm{d}y\mathrm{d}z-\frac{\partial p}{\partial x}\mathrm{d}x\mathrm{d}y\mathrm{d}z=0$$

等式两边同除以微元体的质量 $\rho\mathrm{d}x\mathrm{d}y\mathrm{d}z$,得

$$f_x-\frac{1}{\rho}\frac{\partial p}{\partial x}=0 \tag{2-1a}$$

同理可得 y、z 方向的方程

$$f_y-\frac{1}{\rho}\frac{\partial p}{\partial y}=0 \tag{2-1b}$$

$$f_z-\frac{1}{\rho}\frac{\partial p}{\partial z}=0 \tag{2-1c}$$

这组方程称为流体平衡的微分方程,由欧拉于 1755 年提出,又称为欧拉平衡微分方程。方程的矢量形式为

$$\boldsymbol{f}-\frac{1}{\rho}\mathbf{grad}\,p=\mathbf{0} \quad \text{或} \quad \boldsymbol{f}-\frac{1}{\rho}\nabla p=\mathbf{0} \tag{2-2}$$

式中,$\mathbf{grad}\,p=\nabla p=\dfrac{\partial p}{\partial x}\boldsymbol{i}+\dfrac{\partial p}{\partial y}\boldsymbol{j}+\dfrac{\partial p}{\partial z}\boldsymbol{k}$,$\mathbf{grad}=\nabla=\dfrac{\partial}{\partial x}\boldsymbol{i}+\dfrac{\partial}{\partial y}\boldsymbol{j}+\dfrac{\partial}{\partial z}\boldsymbol{k}$。

将式(2-1a)~式(2-1c)分别乘以 $\mathrm{d}x$、$\mathrm{d}y$、$\mathrm{d}z$,然后相加得

$$\rho(f_x\mathrm{d}x+f_y\mathrm{d}y+f_z\mathrm{d}z)=\frac{\partial p}{\partial x}\mathrm{d}x+\frac{\partial p}{\partial y}\mathrm{d}y+\frac{\partial p}{\partial z}\mathrm{d}z$$

静压强的全微分为
$$\mathrm{d}p=\frac{\partial p}{\partial x}\mathrm{d}x+\frac{\partial p}{\partial y}\mathrm{d}y+\frac{\partial p}{\partial z}\mathrm{d}z$$

于是
$$\mathrm{d}p=\rho(f_x\mathrm{d}x+f_y\mathrm{d}y+f_z\mathrm{d}z) \tag{2-3}$$

式（2-3）是欧拉平衡微分方程的综合表达式，称为压强差公式，积分可得平衡流体中静压强的分布规律。

二、质量力势函数

压强差公式（2-3）左端是压强 $p(x,y,z)$ 的全微分，对均质不可压缩流体，密度 ρ 是一个常数，因而方程右端也必须是某个函数 $U(x,y,z)$ 的全微分，才能保证积分结果的唯一性。右端写成

$$-\mathrm{d}U=f_x\mathrm{d}x+f_y\mathrm{d}y+f_z\mathrm{d}z$$

函数 $U(x,y,z)$ 的全微分为

$$\mathrm{d}U=\frac{\partial U}{\partial x}\mathrm{d}x+\frac{\partial U}{\partial y}\mathrm{d}y+\frac{\partial U}{\partial z}\mathrm{d}z$$

将以上两式进行对比，可得

$$f_x=-\frac{\partial U}{\partial x},\quad f_y=-\frac{\partial U}{\partial y},\quad f_z=-\frac{\partial U}{\partial z} \tag{2-4}$$

表示质量力的分量等于函数 $U(x,y,z)$ 的偏导数，函数 $U(x,y,z)$ 称为质量力势函数，相应的质量力称为有势的质量力（简称有势力），如重力、惯性力等。

于是压强差公式又可写为

$$\mathrm{d}p=-\rho\mathrm{d}U \tag{2-5}$$

不可压缩流体在有势的质量力作用下，才能保持平衡状态。

例 2-1 求重力场中只受重力的平衡流体的质量力势函数 U。

解 取图 2-6 所示坐标系，质量为 m 的流体微团受到的重力为 mg，单位质量分力为 $f_x=0$，$f_y=0$，$f_z=-g$。于是

$$\mathrm{d}U=\frac{\partial U}{\partial x}\mathrm{d}x+\frac{\partial U}{\partial y}\mathrm{d}y+\frac{\partial U}{\partial z}\mathrm{d}z=-(f_x\mathrm{d}x+f_y\mathrm{d}y+f_z\mathrm{d}z)$$
$$=g\mathrm{d}z$$

积分得
$$U=gz+C$$

设基准面 $z=0$ 处的势函数值为 0，即 $U|_{z=0}=0$，于是 $C=0$。

所以
$$U=gz$$

质量力势函数 $U=gz$ 的物理意义是：单位质量流体在基准面以上高度为 z 处所具有的位置势能。

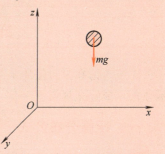

图 2-6 只受重力的流体微团

三、等压面

流体中压强相等的各点组成的平面或曲面称为等压面，等压面的数学表达为 $p(x,y,z)=C$。在等压面上，$p=C$，所以 $\mathrm{d}p=0$。代入压强差公式（2-3），可得等压面微分方程为

$$f_x\mathrm{d}x+f_y\mathrm{d}y+f_z\mathrm{d}z=0 \tag{2-6}$$

矢量形式为

$$\boldsymbol{f}\cdot\mathrm{d}\boldsymbol{r}=0 \tag{2-7}$$

等压面具有以下性质：

1）等压面也是等势面。由式（2-5）得，当 $\mathrm{d}p=0$ 时，$\mathrm{d}U=0$，即 $U=C$，所以等压面也是等势面。在重力场中 $U=gz$，当 $U=C$ 时，等势面（或等压面）是 $z=C$ 所代表的水平面。

2）等压面与质量力垂直。在等压面 $a—b$ 上 M 点任取一微元线段 $\mathrm{d}\boldsymbol{r}=\mathrm{d}x\boldsymbol{i}+\mathrm{d}y\boldsymbol{j}+\mathrm{d}z\boldsymbol{k}$（图 2-7），与单位质量力 $\boldsymbol{f}=f_x\boldsymbol{i}+f_y\boldsymbol{j}+f_z\boldsymbol{k}$ 的标量积为

$$\boldsymbol{f}\cdot\mathrm{d}\boldsymbol{r}=f_x\mathrm{d}x+f_y\mathrm{d}y+f_z\mathrm{d}z=0$$

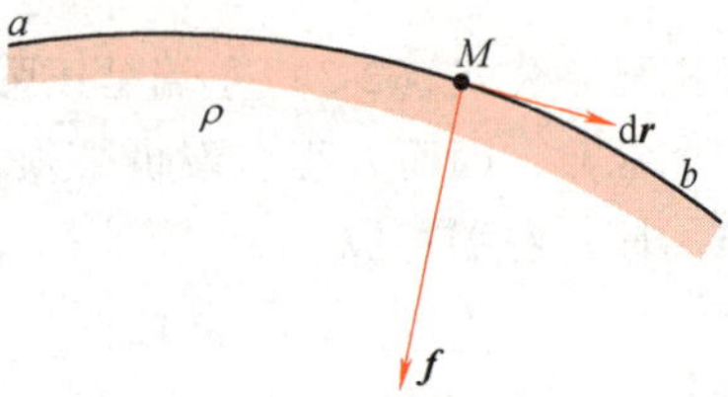

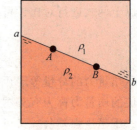

图 2-7 等压面与质量力垂直

由此说明两矢量相互垂直，即等压面与质量力垂直。

由等压面的这个性质，可以根据质量力的方向确定等压面。例如只受重力作用的平衡流体，因为重力方向总是垂直向下的，所以等压面必是水平面。

3）两种互不相混的液体平衡时，交界面必是等压面。

在一个密封容器中有密度为 ρ_1 和 ρ_2 的两种液体，在分界面 $a—b$ 上任取两点 A、B（图 2-8），这两点的压差为 $\mathrm{d}p$，势差为 $\mathrm{d}U$，可写出以下两式

$$\mathrm{d}p=-\rho_1\mathrm{d}U,\qquad \mathrm{d}p=-\rho_2\mathrm{d}U$$

因 $\rho_1\neq\rho_2$，且都不等于 0。这组等式只有当 $\mathrm{d}p$ 和 $\mathrm{d}U$ 均为 0 时方程才成立，因而交界面 $a—b$ 必是等压面。如果容器相对于地球没有运动，则重力场中两种互不相混的液体的交界面不但是等压面，而且必是水平面。

图 2-8 两种互不相混液体的交界面

第三节　流体静力学基本方程

本节讨论在重力作用下静止流体的压强分布规律，即作用在流体上的质量力只有重力的流体的压强分布规律。

一、压强分布公式

设容器中装有液体，液体所受的单位质量分力为 $f_x=0$，$f_y=0$，$f_z=-g$。

将单位质量分力代入压强差公式 $\mathrm{d}p=\rho(f_x\mathrm{d}x+f_y\mathrm{d}y+f_z\mathrm{d}z)$ 中，可得

$$\mathrm{d}p=-\rho g\mathrm{d}z$$

对均质不可压缩流体，ρ 为常数，上式积分得

$$z + \frac{p}{\rho g} = C \tag{2-8a}$$

在容器中任取 1、2 两点（图 2-9），点 1 的位置高度为 z_1、压强为 p_1；点 2 的位置高度为 z_2、压强为 p_2。则式（2-8a）可写成

$$z_1 + \frac{p_1}{\rho g} = z_2 + \frac{p_2}{\rho g} \tag{2-8b}$$

式（2-8a、b）称为流体静力学基本方程，C 为常数。

流体静力学基本方程反映了液体中任意两点的位置高度与压强的函数关系。当 z 为常数时，压强也是个常数，因此等压面是一个水平面，所以对不透明的密闭容器（如储油罐、锅炉），可以用图 2-10 所示的方法观测容器内液面的高度。

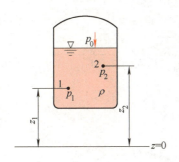

图 2-9　重力作用下的静止液体

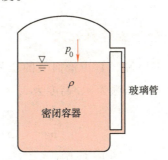

图 2-10　密闭容器中的液面显示

二、静力学基本方程的物理意义和几何意义

1. 物理意义

由式（2-8a）得

$$gz + \frac{p}{\rho} = 单位质量流体的位置势能 + 单位质量流体的压强势能 = C$$

该方程表明静止流体中各点单位质量流体的总势能保持不变。

压强势能说明：在图 2-11 中，在静止液体中的 C 点连接一个顶部抽成完全真空的闭口玻璃测压管。容器内的液体在压强 p 作用下，在测压管中上升高度 h，压强转换为液柱的位置势能。对 B、C 两点列静压强基本方程，得

$$z_C + \frac{p_C}{\rho g} = z_B + \frac{p_B}{\rho g}$$

将 $z_C = z$，$p_C = p$，$z_B = z + h$，$p_B = 0$ 代入上式得 $h = p/(\rho g)$。可见流体静压强代表使液柱上升一定高度的势能。实际上，由于液体的汽化而无法做到 $p_B = 0$。

2. 几何意义

方程中 z 表示某一点在基准面以上的高度，$p/(\rho g)$ 代表一定的液柱高度，即两者都可以用高度（或线段）表示，如图 2-12 所示。

通常将这一高度或线段称为水头。z 称为位置水头，$p/(\rho g)$ 称为压强水头，$z + p/(\rho g)$ 称为测压管水头。方程的几何意义是：静止流体中各点的测压管水头都相等，测压管水头线为一水平线。

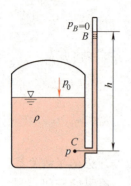

图 2-11 压强势能

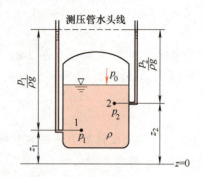

图 2-12 静力学基本方程的几何意义

三、静压强计算公式

在图 2-13 中，自由液面上的压强为 p_0，高度为 z_0，液体中任一点 C 的压强为 p，高度为 z，由式（2-8b）得

$$z + \frac{p}{\rho g} = z_0 + \frac{p_0}{\rho g}$$

$$p = p_0 + \rho g(z_0 - z) = p_0 + \rho g h \quad (2\text{-}9)$$

式中，h 为 C 点的淹没深度（水深）。

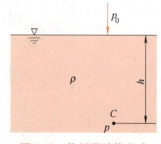

图 2-13 静压强计算公式

式（2-9）为不可压缩流体的静压强分布规律。当自由液面上的压强 p_0 变化时，液体内部所有各点的压强 p 也都变化相同的数值，即作用在静止液体表面上的压强将均匀地传递到液体中各点而不改变它的大小，这就是帕斯卡定律（或静压强传递定律）。

例 2-2 水压机原理如图 2-14 所示，在小活塞上作用力 F_1，求在大活塞上增加的力 F_2。

解 由帕斯卡定律，F_1 产生的压强 p 将均匀地传递到液体中各点，同样也传到大活塞底部，从而得

$$F_2 = p\frac{\pi d_2^2}{4} = \frac{F_1}{\frac{\pi d_1^2}{4}} \cdot \frac{\pi d_2^2}{4} = F_1 \frac{d_2^2}{d_1^2}$$

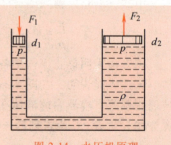

图 2-14 水压机原理

四、静压强分布图

表示静压强沿作用面分布情况的几何图形称为静压强分布图。以图 2-15 为例，画出挡水矩形平面 AB 上的静压强分布图。

自由液面上压强等于大气压 $p_A = p_a$，用线段 DA 表示。水深 h 处 B 点的压强为 $p_B = p_a + \rho g h$，用线段 CB 表示。连接 C、D 两点，由于静压强的方向垂直指向作用面，用带箭头的线段来表示各点的压强大小及方向，则为静压强分布图。若不计大气压 p_a，则静压强分布图如图 2-15b 所示。

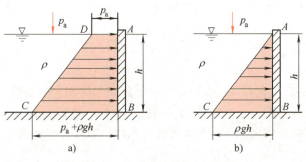

图 2-15 矩形平面上的压强分布

第四节 绝对压强、计示压强和液柱式测压计

一、压强的表示方法

计量压强的大小按不同的基准有两种不同的表示方法。以完全真空为基准计量的压强称为绝对压强，以当地大气压 p_a 为基准计量的压强称为计示压强（相对压强），分别以 p_{ab}、p_m 表示。

$$p_m = p_{ab} - p_a$$

绝对压强总是正的，而计示压强可正可负，如果绝对压强小于当地大气压，则将当地大气压与绝对压强的差值称为真空度，以 p_v 表示，即

$$p_v = p_a - p_{ab}$$

如果用液柱高表示，则是

$$h_v = \frac{p_v}{\rho g} = \frac{p_a - p_{ab}}{\rho g}$$

工程上的测压仪表在当地大气压下的读数为零，即以当地大气压为计算基准，仪表上的

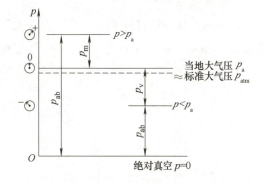

图 2-16 压强的表示方法

读数只表示所测压强与当地大气压的差值。绝对压强、计示压强、真空度用图 2-16 表示。

在一般工程计算中，以标准大气压作为计示压强和真空度的起点，忽略当地大气压和标准大气压之间的差别。

二、静压强的计量单位

在工程上常用的计量单位有三种。

1. 应力单位

应力单位用单位面积上的力表示，即 $N/m^2 = Pa$。

2. 液柱高单位

因压强和液柱高的关系为 $h = \dfrac{p}{\rho g}$，说明一定的压力对应着一定的液柱高。液柱高单位有

m（水柱）、mm（汞柱）等。如工程大气压（$p_{at}=9.81\times10^4\text{Pa}$）对应的水柱高为

$$h=\frac{p_{at}}{\rho g}=\frac{9.81\times10^4}{1000\times9.81}\text{m}=10\text{m}$$

3. 大气压单位

标准大气压（atm）是北纬45°海平面上温度为15℃时测定的数值。

$$1\text{atm}=1.013\times10^5\text{Pa}=10.33\text{mH}_2\text{O}=760\text{mmHg}$$

在工程上常用工程大气压（at）作为压强的单位，工程大气压是为了使计算方便，同时满足工程精度要求而设定的一个单位。

$$1\text{at}=9.81\times10^4\text{Pa}=10\text{mH}_2\text{O}=735\text{mmHg}$$

三、液柱式测压计

流体静压强的测量仪表主要有三种：金属式、电测式和液柱式。实验室测量常用液柱式测压计，如测压管、U形测压计、U形差压计、倾斜式微压计等。

1. 测压管

测压管常用玻璃管，内径约为 5~10mm，如图 2-17 所示。

图 2-17a 所示管道中 A 点处的计示压强为 $p=\rho g h$，图 2-17b 所示气体管道中的真空度为 $p_v=\rho g h_v$。

2. U形测压计

U形测压计一端接被测点，另一端接大气（图 2-18）。已知被测液体密度 ρ_1，工作液体密度 ρ_2。测量管道中 A 点的压强为 p。U形管中的工作液体不能和被测液体相混。

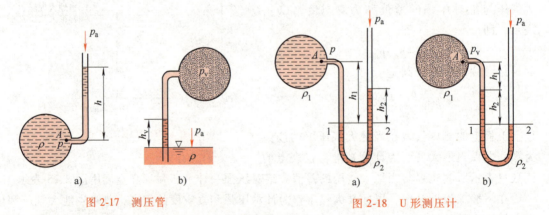

图 2-17 测压管　　图 2-18 U形测压计

图 2-18a 中 1、2 两点在等压面上，即 $p_1=p_2$，则

$$p_A+\rho_1 g h_1=p_a+\rho_2 g h_2$$

A 点处的绝对压强为

$$p_A=p_a+\rho_2 g h_2-\rho_1 g h_1$$

A 点处的计示压强为

$$p_A=\rho_2 g h_2-\rho_1 g h_1$$

如果测量点 A 处的绝对压强小于大气压，如图 2-18b 所示，同样 1、2 两点压强相等，

即 $p_1 = p_2$，则

$$p_A + \rho_1 g h_1 + \rho_2 g h_2 = p_a$$

A 点处的绝对压强为

$$p_A = p_a - (\rho_1 g h_1 + \rho_2 g h_2)$$

A 点处的真空度为

$$p_v = \rho_1 g h_1 + \rho_2 g h_2$$

若容器中为气体，则 $\rho_1 \ll \rho_2$，$\rho_1 g h_1$ 可忽略不计。则图 2-18a 中，$p_A = \rho_2 g h_2$，图 2-18b 中，$p_v = \rho_2 g h_2$。

3. U 形差压计

测量两点压强差的仪器称为差压计，图 2-19 中用 U 形差压计测得管中 A、B 两点的压差为

$$p_A - p_B = (\rho_2 - \rho_1) g h$$

4. 倾斜式微压计

测量微小压强或压强差的仪器称为微压计，图 2-20 所示为倾斜式微压计的原理图，工作液体常用酒精。

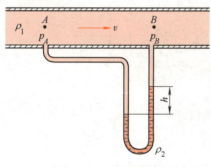

图 2-19　U 形差压计

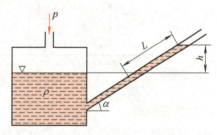

图 2-20　倾斜式微压计的原理图

通常测压管的直径远小于容器的直径，忽略容器中的液面变化，所测得的气体计示压强为

$$p = \rho g L \sin\alpha = \rho g h$$

倾斜式微压计将高度 h 放大为长度 L，放大倍数为 $1/\sin\alpha$，可提高测量精度。

四、国际标准大气

大气层中的压强与密度、温度的变化有关，而且受到季节、时间、气候等因素的影响。为统一计算标准，国际上约定了一种大气压强、密度和温度随海拔变化的关系，称为国际标准大气。

国际标准大气取北纬 45°海平面为基准面，在基准面上的大气参数为

$$T_0 = 288\text{K}(15\text{℃}), \quad z_0 = 0, \quad p_0 = 101325\text{Pa}, \quad \rho_0 = 1.225\text{kg/m}^3$$

从海平面到 11km 的高空为对流层，在对流层里，温度随高度升高线性地减少，即

$$T = T_0 - \beta z$$

式中，T_0 为海平面温度，$T_0 = 288$K（15℃）；β 为温度下降率，$\beta = 0.0065$K/m；z 为高度（m）。对流层的压强（Pa）分布为

$$p = 1.013 \times 10^5 \left(1 - \frac{z}{44300}\right)^{5.256}$$

海拔 11~25km 认为是温度不变的同温层，温度 $T=216.5K$（$-56.5℃$），同温层的压强（Pa）分布为

$$p=0.226\times 10^5 \exp\left(\frac{11000-z}{6334}\right)$$

第五节　液体的相对平衡

若液体随同容器一起做等加速直线运动，或绕容器中心铅垂轴做等角速度旋转运动，液体与容器之间没有相对运动。如果把运动坐标取在容器上，则对此动坐标系，液体为相对平衡。

一、容器做等加速直线运动

在图 2-21 中，盛有液体的容器沿水平方向以等加速度 a 做直线运动，坐标系原点取在自由液面中心点，则液体中任一点 A 处受到的单位质量分力为

$$f_x=a, \quad f_y=0, \quad f_z=-g$$

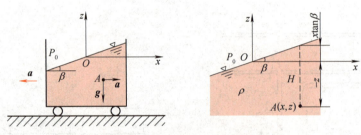

图 2-21　容器做等加速直线运动

1. 等压面方程

将单位质量分力代入等压面微分方程 $f_x\mathrm{d}x+f_y\mathrm{d}y+f_z\mathrm{d}z=0$ 中，得

$$a\mathrm{d}x-g\mathrm{d}z=0$$

积分得

$$z=\frac{a}{g}x+C \tag{2-10}$$

这是一组斜平面族，等压面的斜率为 $\tan\beta=\mathrm{d}z/\mathrm{d}x=a/g$。自由液面的方程为 $z_0=ax/g$，与水平面的夹角为 β。

2. 静压强分布规律

将单位质量分力代入压强差公式 $\mathrm{d}p=\rho(f_x\mathrm{d}x+f_y\mathrm{d}y+f_z\mathrm{d}z)$ 中，得

$$\mathrm{d}p=\rho(a\mathrm{d}x-g\mathrm{d}z)$$

积分得

$$p=\rho(ax-gz)+C$$

在 $x=0$、$z=0$ 处，即自由表面上静压强 $p=p_0$，得 $C=p_0$，因此

$$p=p_0+\rho(ax-gz)=p_0+\rho g\left(\frac{a}{g}x-z\right) \tag{2-11a}$$

改写成

$$p=p_0+\rho gH \tag{2-11b}$$

式中，H 为任一点在倾斜自由液面（倾斜平面）下的深度，$H=ax/g-z=x\tan\beta-z$。

式（2-11b）和绝对静止流体静压强分布规律式（2-9）形式一样，所不同的是此时自

由液面是一个倾斜平面。

二、容器做等角速度回转运动

图 2-22 所示为盛有液体的容器绕其中心铅垂轴做等角速度回转运动时,由于重力和离心惯性力的作用,液面成为一个类似漏斗形状的旋转面。设液体中任取一点 $A(r,\alpha,z)$,该处单位质量液体的重力为 $-g$、离心力为 $\omega^2 r$。则单位质量分力为

$$f_x = \omega^2 r\cos\alpha = \omega^2 x, \quad f_y = \omega^2 r\sin\alpha = \omega^2 y, \quad f_z = -g$$

1. 等压面方程

将单位质量分力代入等压面微分方程(2-6)中,得

$$\omega^2 x \mathrm{d}x + \omega^2 y \mathrm{d}y - g\mathrm{d}z = 0$$

积分得

$$\frac{\omega^2 x^2}{2} + \frac{\omega^2 y^2}{2} - gz = C \quad \text{或} \quad \frac{\omega^2 r^2}{2} - gz = C \tag{2-12}$$

等压面是一组旋转抛物面。在自由液面上,当 $r=0$ 时,$z=0$,得 $C=0$。自由液面方程为

$$\frac{\omega^2 r^2}{2g} - z_0 = 0 \quad \text{或} \quad z_0 = \frac{\omega^2 r^2}{2g}$$

2. 静压强分布规律

将单位质量分力代入压强差公式(2-3)中,得

$$\mathrm{d}p = \rho(\omega^2 x \mathrm{d}x + \omega^2 y \mathrm{d}y - g\mathrm{d}z)$$

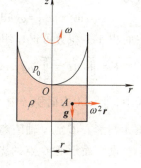
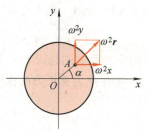

图 2-22 容器做等角速度回转运动

积分得

$$p = \rho\left(\frac{\omega^2 x^2}{2} + \frac{\omega^2 y^2}{2} - gz\right) + C = \rho\left(\frac{\omega^2 r^2}{2} - gz\right) + C$$

在自由表面上,$r=0$,$z=0$,静压强 $p=p_0$,得 $C=p_0$,因此

$$p = p_0 + \rho g\left(\frac{\omega^2 r^2}{2g} - z\right) \tag{2-13a}$$

将 $z_0 = \omega^2 r^2/(2g)$ 代入上式,得

$$p = p_0 + \rho g(z_0 - z) = p_0 + \rho g H \tag{2-13b}$$

式中,H 为任一点在自由液面(旋转抛物面)下的深度。

这仍和式(2-9)形式一样,所不同的是此时自由液面为旋转抛物面。

由于旋转液体的静压强比 $\omega=0$ 时多了 $\rho g\omega^2 r^2/(2g)$,机械工程中的离心铸造就是利用这一作用,以获得高质量的铸件。

第六节 平衡液体对壁面的作用力

在实际工程中,当设计各种阀门、压力容器以及水利工程中的挡水坝、水闸等时,需计算平衡液体对固体壁面的总压力。

一、平面上液体的总压力

在图 2-23 中，任一形状的平面 ab，面积为 A，倾角为 α，左侧承受水的压力。取图 2-23 所示坐标系，在平面 ab 上取一微元面积 $\mathrm{d}A$，纵坐标 y，深度 $h=y\sin\alpha$。则作用在 $\mathrm{d}A$ 上的压力为

$$\mathrm{d}F = p\mathrm{d}A = \rho g h \mathrm{d}A = \rho g y \sin\alpha \mathrm{d}A$$

在面积 A 上积分可得作用在平面 ab 上的总压力为

$$F = \iint_A \mathrm{d}F = \iint_A \rho g y \sin\alpha \mathrm{d}A = \rho g \sin\alpha \iint_A y \mathrm{d}A$$

式中，$\iint_A y\mathrm{d}A$ 为面积 A 对 Ox 轴的面积矩，等于面积 A 与形心 C 到 x 轴距离的乘积 $y_C A$。

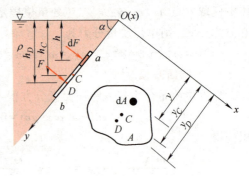

图 2-23 平面上液体的总压力

设平面形心 C 点的纵坐标为 y_C，深度为 h_C，则 $\iint_A y\mathrm{d}A = y_C A$，代入总压力公式中得

$$F = \rho g y_C \sin\alpha A = \rho g h_C A \qquad (2\text{-}14)$$

作用在平面上的总压力 F 等于平面形心处的压强 $\rho g h_C$ 与平面面积 A 的乘积。

设 D 点为总压力的作用点，坐标为 y_D，由合力矩定理得

$$F y_D = \iint_A \mathrm{d}F y = \iint_A y \rho g y \sin\alpha \mathrm{d}A = \rho g \sin\alpha \iint_A y^2 \mathrm{d}A$$

将 $F = y_C A \rho g \sin\alpha$ 代入

$$y_D y_C A \rho g \sin\alpha = \rho g \sin\alpha \iint_A y^2 \mathrm{d}A$$

$$y_D = \frac{\iint_A y^2 \mathrm{d}A}{y_C A} = \frac{I_x}{y_C A}$$

式中，I_x 为面积 A 对 Ox 轴的惯性矩，$I_x = \iint_A y^2 \mathrm{d}A$。

利用惯性矩的平行移轴定理 $I_x = I_{Cx} + y_C^2 A$，将面积 A 对 Ox 轴的惯性矩 I_x 换成通过面积形心 C 且平行于 Ox 轴的惯性矩 I_{Cx}，则

$$y_D = y_C + \frac{I_{Cx}}{y_C A} \qquad (2\text{-}15)$$

因为 $I_{Cx}/(y_C A)$ 为正值，所以 $y_D > y_C$，即总压力的作用点（压力中心）永远在形心的下面。

实际工程中的平面多数是对称的，因此 $x_D = x_C$。常用图形的几何性质见表 2-1。

二、矩形平面上液体的总压力

矩形平面是工程中最常见的平面图形。图 2-24 所示为一侧有液体的铅直矩形平面，宽为 b，高为 h，上边缘与液面平齐。

由式（2-14）、式（2-15），总压力及总压力的作用点分别为

表 2-1 常用图形的几何性质

图形名称		惯性矩 I_{Cx}	形心 y_C	面积 A
矩形		$\dfrac{bh^3}{12}$	$\dfrac{h}{2}$	bh
三角形		$\dfrac{bh^3}{36}$	$\dfrac{2h}{3}$	$\dfrac{bh}{2}$
梯形		$\dfrac{h^3(a^2+4ab+b^2)}{36(a+b)}$	$\dfrac{h(a+2b)}{3(a+b)}$	$\dfrac{h(a+b)}{2}$
圆		$\dfrac{\pi R^4}{4}$	R	πR^2
半圆		$\dfrac{(9\pi^2-64)R^4}{72\pi}$	$\dfrac{4R}{3\pi}$	$\dfrac{\pi R^2}{2}$
圆环		$\dfrac{\pi(R^4-r^4)}{4}$	R	$\pi(R^2-r^2)$

$$F = \rho g h_C A = \rho g \frac{h}{2} bh = \frac{1}{2}\rho g b h^2$$

$$y_D = y_C + \frac{I_{Cx}}{y_C A} = \frac{h}{2} + \frac{\frac{1}{12}bh^3}{\frac{h}{2}bh} = \frac{2}{3}h$$

用压强分布图计算总压力及总压力的作用点。
压强分布图的面积为

$$S = \frac{1}{2}\rho g h^2$$

压强分布图的面积等于单位宽度上的总压力。矩形平面上的总压力=压强分布图的面积×矩形宽度。

$$F = Sb = \frac{1}{2}\rho g h^2 b$$

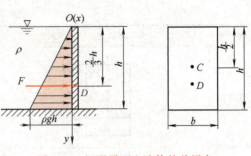

图 2-24　矩形平面上液体的总压力

压强分布图形心的 y 方向坐标为 $2h/3$，总压力的作用点位于压强分布图的形心处，对称图形 $x_D = x_C$。

例 2-3　图 2-25 所示的水池正方形闸门边长 $a = 2\text{m}$，求作用在闸门上的静水总压力 F。

解　（1）用压强分布图求解

$$p_1 = \rho g h = 2\rho g,\quad p_2 = \rho g H = 4\rho g$$

压强分布图为一梯形，其面积为

$$S = \frac{p_1 + p_2}{2}a = 6\rho g$$

静水总压力=压强分布图的面积×矩形宽度，即

$$F = Sa = 12\rho g = (12 \times 1000 \times 9.81)\text{N} = 117.72\text{kN}$$

作用点坐标 y_D 为梯形压强分布图的形心。由表 2-1 梯形的形心公式可求得 $y_D = 3.11\text{m}$。

（2）用公式求解

$$F = \rho g h_C A = [1000 \times 9.81 \times 3 \times (2 \times 2)]\text{N} = 117.72\text{kN}$$

$$y_D = y_C + \frac{I_{Cx}}{y_C A} = \left[3 + \frac{2^4/12}{3 \times (2 \times 2)}\right]\text{m} = 3.11\text{m}$$

其中　$y_C = h_C = h + \dfrac{a}{2} = 3\text{m},\quad I_{Cx} = \dfrac{a^4}{12}$

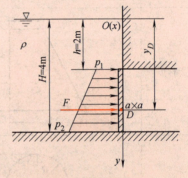

图 2-25　水池正方形闸门上的静水总压力

三、曲面上液体总压力

工程上常见的二向曲面，如图 2-26 所示的 ab 曲面，面积为 A，求液体作用在曲面 ab 上的总压力。

在 ab 上取一微元面积 $\mathrm{d}A$，作用力为

$$\mathrm{d}F = p\mathrm{d}A = \rho g h \mathrm{d}A$$

将 $\mathrm{d}F$ 沿水平和垂直方向分成 $\mathrm{d}F_x$、$\mathrm{d}F_z$，则

$$\mathrm{d}F_x = \mathrm{d}F\cos\alpha = \rho g h \mathrm{d}A\cos\alpha = \rho g h \mathrm{d}A_x$$

$$\mathrm{d}F_z = \mathrm{d}F\sin\alpha = \rho g h \mathrm{d}A\sin\alpha = \rho g h \mathrm{d}A_z$$

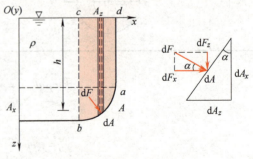

图 2-26　曲面上液体总压力

将 dF_x、dF_z 分别在相应的投影面积 A_x、A_z 上积分得水平分力 F_x 和垂直分力 F_z，即

$$F_x = \iint_{A_x} dF_x = \rho g \iint_{A_x} h dA_x = \rho g h_C A_x \tag{2-16a}$$

$$F_z = \iint_{A_z} dF_z = \rho g \iint_{A_z} h dA_z = \rho g V \tag{2-16b}$$

式中，$h_C A_x$ 为面积 A 在 yOz 坐标面上的投影面积 A_x 对 y 轴的面积矩，$h_C A_x = \iint_{A_x} h dA_x$；$V$ 为图中 $abcd$ 体积，称为压力体，$V = \iint_{A_z} h dA_z$。

静止液体作用在曲面 ab 上的水平分力 F_x 等于作用在这一曲面的垂直投影面积 A_x 上的总压力 $\rho g h_C A_x$，垂直分力 F_z 等于压力体的液体重量 $\rho g V$。

压力体是从积分 $\iint_{A_z} h dA_z$ 得到的，是一个纯数学的概念，即压力体中无论是否存在液体，压力体大小均相同。图2-27所示为两个形状、尺寸、淹没深度都相同的曲面 ab，这两个曲面的压力体相等，为了区别，称有液体的压力体为实压力体，没有液体的压力体为虚压力体，并用实线表示实压力体，虚线表示虚压力体。实压力体 F_z 表现为压力，虚压力体 F_z 表现为浮力。

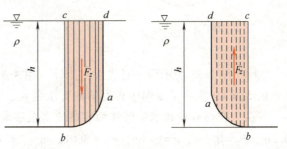

图 2-27 实压力体和虚压力体

> **例 2-4** 用压力体证明阿基米德定律（物体在液体中所受到浮力的大小等于该物体所排开的液体重量）。
>
> **证明** 在图 2-28 中，分别画出上、下半球对应的压力体，合成可证明阿基米德定律。球体 $abcd$ 的上半球 abc 为实压力体，下半球 adc 为虚压力体，合成的球体 $abcd$ 为虚压力体，即所受浮力的大小等于该物体所排开的液体重量。
>
>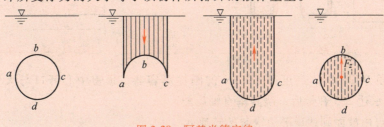
>
> 图 2-28 阿基米德定律

习　题

2-1 图 2-29 所示一开口测压管与一封闭盛水容器相通，若测压管中的水柱高出容器液面 $h = 2m$，求容器液面上的压强 p_0。

2-2 图 2-30 所示的差压计中汞柱高度差 $\Delta h = 0.36 \mathrm{m}$, A、B 两容器盛水,中心点位置高度差 1m,求 A、B 容器中心处的压强差 $p_A - p_B$。

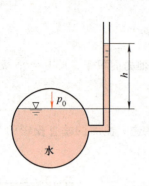

图 2-29 题 2-1 图

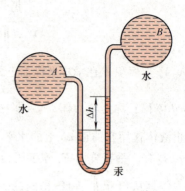

图 2-30 题 2-2 图

2-3 图 2-31 所示为一复式汞测压计,用来测密封水箱中的表面压强 p_0。根据图中读数(单位为 m),求密封水箱中表面的绝对压强 $p_{0绝}$ 和计示压强 $p_{0计}$。

2-4 在盛有油和水的圆柱形容器的盖上加荷重 $F = 5788\mathrm{N}$,如图 2-32 所示。已知:$h_1 = 0.3\mathrm{m}$,$h_2 = 0.5\mathrm{m}$,$d = 0.4\mathrm{m}$,$\rho_油 = 800 \mathrm{kg/m^3}$。求 U 形测压管中汞柱的高度 H(H 与 h_2 下端在同一水平线上)。

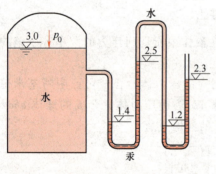

图 2-31 题 2-3 图

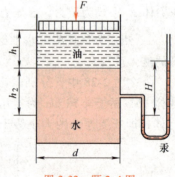

图 2-32 题 2-4 图

2-5 直径 $D = 0.2\mathrm{m}$,高度 $H = 0.1\mathrm{m}$ 的圆柱形容器,顶盖中心开口与大气接触,如图 2-33 所示。装水达 2/3 容量后,绕其垂直轴旋转。

1)试求自由液面到达顶部边缘时的转速 n_1。

2)试求自由液面到达底部中心时的转速 n_2。

2-6 在图 2-34 所示的容器中,半径 $R = 0.15\mathrm{m}$,高 $H = 0.5\mathrm{m}$,充水深度 $h = 0.3\mathrm{m}$,若容器绕 z 轴以等角速度 ω 旋转,求容器以多大极限转速 n 旋转时,才不致使水从容器中溢出。

2-7 一盛有液体的容器以等加速度 a 沿 x 轴方向运动,取图 2-35 所示坐标系,则液体处于相对平衡状态。求此情况下液体中的等压面方程和压强分布规律。

2-8 矩形闸门 AB,如图 2-36 所示,宽 $b = 3\mathrm{m}$,门重 $G = 9800\mathrm{N}$,$\alpha = 60°$,$h_1 = 1\mathrm{m}$,$h_2 = 1.73\mathrm{m}$。求:

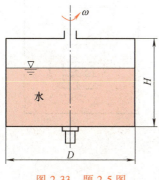

图 2-33　题 2-5 图

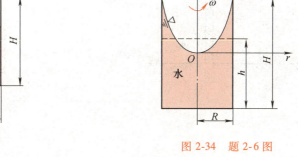

图 2-34　题 2-6 图

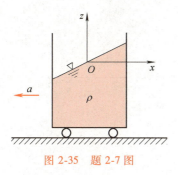

图 2-35　题 2-7 图

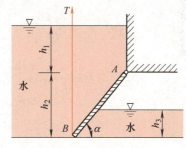

图 2-36　题 2-8 图

1）下游无水时的启门力 T。

2）下游有水、$h_3 = 1\text{m}$ 时的启门力 T'。

2-9　图 2-37 所示为一溢流坝上挡水的弧形闸门 AB。已知：$R = 10\text{m}$，$h = 4\text{m}$，门宽 $b = 8\text{m}$，$\alpha = 30°$。求作用在该弧形闸门上的静水总压力 F。

2-10　图 2-38 所示为绕转轴 O 转动的自动开启式水闸，当水位超过 $H = 2\text{m}$ 时，闸门自动开启。若闸门另一侧的水位 $h = 0.4\text{m}$，$\alpha = 60°$，求转轴 O 的位置 x。

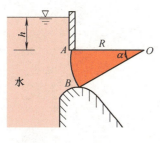

图 2-37　题 2-9 图

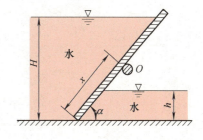

图 2-38　题 2-10 图

2-11　如图 2-39 所示，船闸宽度 $b = 25\text{m}$，上游水位 $H_1 = 63\text{m}$，下游水位 $H_2 = 48\text{m}$，船闸用两扇矩形闸门开闭，求作用在每扇闸门上的水静压力 F 及压力中心距基底的高度 Y。

2-12　图 2-40 所示为每边长为 $a = 1\text{m}$ 的立方体，上半部分的相对密度是 0.6，下半部分的相对密度是 1.4，平衡于两层不相混的液体中，上层液体相对密度是 0.9，下层液体相对密度是 1.3。求立方体底面在两种液体交界面下的深度 x。

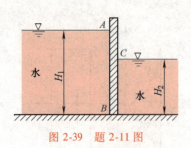

图 2-39　题 2-11 图

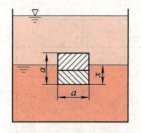

图 2-40　题 2-12 图

[参考答案]

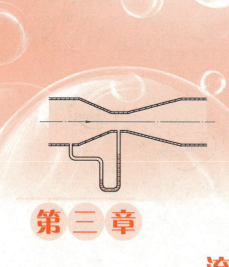

第三章

流体运动学基础

> **本章要点及学习要求**
>
> **本章要点**：介绍描述流体运动的方法及有关流体运动的基本概念。由质量守恒定律建立流体运动的连续性方程，确定流体运动的速度、压强等参数。应用亥姆霍兹定理对流体微团运动进行分析。
>
> **学习要求**：基本概念有拉格朗日法、欧拉法，定常流动、非定常流动，均匀流动、非均匀流动，缓变流动、急变流动，有旋流动、无旋流动，迹线、流线，一元流动、二元流动、三元流动，平均流速、流量，动能、动量修正系数。基本方程、计算有连续性方程及应用计算。基本分析有流体微团的运动分析。

流体运动学研究流体的速度、加速度等运动参数的变化规律。本章介绍描述流体运动的两种方法、流体运动分类、连续性方程、流体微团的运动分析等。

第一节 描述流体运动的两种方法

描述流体运动的两种方法分别是拉格朗日法和欧拉法。图3-1所示为两种测量流速的方法，图3-1a中将随液体运动的漂浮物看作流体质点，测量流体质点的流速（$v=s/t$）。图3-1b中用一根直角弯管（总压管）对准来流方向，测量固定空间点处的流速（$v=\sqrt{2gh}$）。这两种方法分别对应描述流体运动的拉格朗日法和欧拉法。

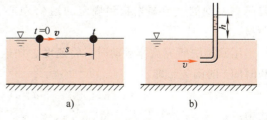

图3-1 两种测量流速的方法

一、拉格朗日法

拉格朗日法着眼于流体各质点的运动情况，研究每一个流体质点的运动，通过综合所有流体质点的运动情况得到整个流体运动的规律。

拉格朗日法的数学描述：研究初始时刻 $t=0$ 时的任一块流体，从中取一流体质点 A，其位置坐标设为 (a,b,c)，速度为 v_0，在任一时刻 t 时，流体质点 A 运动到 (x,y,z) 处，速度为 v_1，如图 3-2 所示。

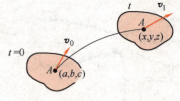

图 3-2　拉格朗日法的数学描述

流体质点在任一时刻的位置坐标 (x,y,z) 可表示为时间 t 和初始坐标 (a,b,c) 的函数，即

$$\left.\begin{array}{l}x=x(a,b,c,t)\\y=y(a,b,c,t)\\z=z(a,b,c,t)\end{array}\right\} \quad (3\text{-}1a)$$

或

$$\boldsymbol{r}=\boldsymbol{r}(a,b,c,t) \quad (3\text{-}1b)$$

式中，a、b、c、t 为拉格朗日变量，当 a、b、c 固定时，表示某个流体质点在 t 时刻所处的位置；当 t 固定时，表示某一瞬时不同流体质点在空间的分布情况。

流体质点的速度、加速度等也表示为初始坐标和时间的函数，即

$$\boldsymbol{v}=\boldsymbol{v}(a,b,c,t)=\frac{\partial \boldsymbol{r}(a,b,c,t)}{\partial t} \quad (3\text{-}2a)$$

$$\boldsymbol{a}=\boldsymbol{a}(a,b,c,t)=\frac{\partial^2 \boldsymbol{r}(a,b,c,t)}{\partial t^2} \quad (3\text{-}2b)$$

拉格朗日法物理概念清楚，用这种方法来研究，必须了解每一个流体质点的运动情况。由于流体运动的复杂性，在数学处理上会遇到很多困难。在研究流体运动时，除波浪运动、流体振动等少数流体运动的研究使用这一方法外，其他流体运动的研究均采用欧拉法。

二、欧拉法

欧拉法着眼于研究流体质点经过固定空间点时的流动情况，研究流体质点经过某一空间点时的速度、加速度、压强等的变化规律，并通过综合流场（充满运动流体的空间）中所有空间点上流体质点的运动参数及变化规律得到整个流场的运动特性。

例如在气象观测中广泛使用欧拉法，在各地设立的气象站（相当于空间点）把同一时间观察到的气象要素报到规定的通信中心，绘制成同一时刻的气象图，据此做出天气预报。

用欧拉法研究流体运动时，将速度、加速度和压强等流动参数表示为空间坐标 x、y、z 和时间 t 的函数，即

$$\boldsymbol{v}=\boldsymbol{v}(x,y,z,t),\quad \boldsymbol{a}=\boldsymbol{a}(x,y,z,t),\quad p=p(x,y,z,t) \quad (3\text{-}3)$$

式中，x、y、z、t 为欧拉变量，当 x、y、z 固定时，表示某一个确定空间点上的运动参数随时间的变化；当 t 固定时，表示某一瞬时运动参数在空间的分布规律。

采用欧拉法描述流体运动时，可以利用场论的知识。

三、质点加速度

在图 3-3 中，流体质点 M 在 Δt 时间内从空间点 $A(x,y,z)$ 运动到 $B(x+\Delta x, y+\Delta y, z+\Delta z)$，流体质点的速度可表示为

$$v = v(x(t), y(t), z(t), t)$$

按复合函数的求导法则，对速度求全导数得

$$a = \frac{dv}{dt} = \frac{\partial v}{\partial t} + \frac{\partial v}{\partial x}\frac{dx}{dt} + \frac{\partial v}{\partial y}\frac{dy}{dt} + \frac{\partial v}{\partial z}\frac{dz}{dt} \qquad (3\text{-}4)$$

位移对时间的导数等于质点的速度，即

$$v_x = \frac{dx}{dt}, \quad v_y = \frac{dy}{dt}, \quad v_z = \frac{dz}{dt} \qquad (3\text{-}5)$$

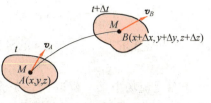

图 3-3　流体质点的运动

将式（3-5）代入式（3-4）中，得

$$a = \frac{dv}{dt} = \frac{\partial v}{\partial t} + v_x\frac{\partial v}{\partial x} + v_y\frac{\partial v}{\partial y} + v_z\frac{\partial v}{\partial z} \qquad (3\text{-}6\text{a})$$

分量形式为

$$\left.\begin{array}{l} a_x = \dfrac{dv_x}{dt} = \dfrac{\partial v_x}{\partial t} + v_x\dfrac{\partial v_x}{\partial x} + v_y\dfrac{\partial v_x}{\partial y} + v_z\dfrac{\partial v_x}{\partial z} \\[6pt] a_y = \dfrac{dv_y}{dt} = \dfrac{\partial v_y}{\partial t} + v_x\dfrac{\partial v_y}{\partial x} + v_y\dfrac{\partial v_y}{\partial y} + v_z\dfrac{\partial v_y}{\partial z} \\[6pt] a_z = \dfrac{dv_z}{dt} = \dfrac{\partial v_z}{\partial t} + v_x\dfrac{\partial v_z}{\partial x} + v_y\dfrac{\partial v_z}{\partial y} + v_z\dfrac{\partial v_z}{\partial z} \end{array}\right\} \qquad (3\text{-}6\text{b})$$

写成矢量形式，即

$$a = \frac{dv}{dt} = \frac{\partial v}{\partial t} + (v \cdot \nabla)v \qquad (3\text{-}6\text{c})$$

式中，$\nabla = \dfrac{\partial}{\partial x}i + \dfrac{\partial}{\partial y}j + \dfrac{\partial}{\partial z}k$，$v \cdot \nabla = v_x\dfrac{\partial}{\partial x} + v_y\dfrac{\partial}{\partial y} + v_z\dfrac{\partial}{\partial z}$。

用欧拉法描述流体运动时，流体质点的加速度由两部分组成：$\partial v/\partial t$ 是通过某一空间点处流体质点的速度随时间的变化而产生的，称为当地加速度或时变加速度；$(v \cdot \nabla)v$ 是某一时刻流体质点的速度随空间点的变化而引起的，称为迁移加速度或位变加速度。

图 3-4 所示水箱里的水经收缩管道流出。由于水箱中的水位逐渐下降，收缩管道内同一点 A 处的速度随时间不断减小。由于管径收缩，同一时刻收缩管内各点处的速度沿程增加。前者引起的加速度为当地加速度，后者为迁移加速度。

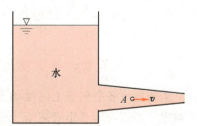

图 3-4　当地加速度与迁移加速度的说明

第二节　流体运动的基本概念

一、迹线、流线

1. 迹线

迹线是流体质点的运动轨迹，是某一流体质点在不同时刻所在位置的连线。例如在水面上放一木块，木块随水流漂移的路线可认为是迹线。

迹线是拉格朗日法对流动的几何描述,数学表达式为

$$\frac{\mathrm{d}x}{\mathrm{d}t}=v_x(x,y,z,t), \quad \frac{\mathrm{d}y}{\mathrm{d}t}=v_y(x,y,z,t), \quad \frac{\mathrm{d}z}{\mathrm{d}t}=v_z(x,y,z,t) \tag{3-7}$$

式中,t 为自变量;x、y、z 为 t 的函数。

2. 流线

流线是流场中某一瞬时的一条光滑曲线,曲线上每一点的速度矢量均与该曲线相切(图3-5)。流线是同一时刻由不同流体质点所组成的曲线。

设流线上任一点 $M(x, y, z)$ 处速度为 $v(x, y, z, t)$,沿切向取微元线段 $\mathrm{d}s$,根据流线的定义,位于该点处流体质点的速度 v 与 $\mathrm{d}s$ 方向一致,即

$$v \times \mathrm{d}s = 0 \tag{3-8a}$$

写成直角坐标形式为

$$\frac{\mathrm{d}x}{v_x(x,y,z,t)}=\frac{\mathrm{d}y}{v_y(x,y,z,t)}=\frac{\mathrm{d}z}{v_z(x,y,z,t)} \tag{3-8b}$$

式中,t 为参变量,上式积分时,t 作为常数处理。

如果将流场中各点的流线同时画出,这些流线描述的流动图像称为流谱,图3-6所示为绕翼型流动的流谱。

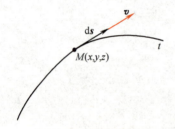

图3-5 流线的概念

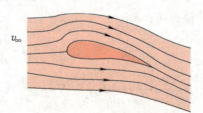

图3-6 绕翼型流动的流谱

二、定常流动、非定常流动

若流场中各空间点上的流动参数(速度、压强等)都不随时间变化,这种流动称为定常流动,否则称为非定常流动。

在定常流动中,所有流动参数对时间的偏导数为零,仅是空间位置坐标的函数。对速度用数学表达为

$$\frac{\partial v}{\partial t}=0 \quad \text{或} \quad v=v(x,y,z) \tag{3-9}$$

在图3-7中,水箱中的水经孔口流出。图3-7a中若水箱容积很大或不断补充水,使水位保持不变,从孔口的出流为定常流动。图3-7b中水位随时间变化,从孔口的出流为非定常流动。

严格地说,自然界及工程中的流动都属于非定常流动。实际工程中,在观察和分析问题的时间段内,流动参数随时间的变化很小,可看作定常流动。图3-7中若水箱很大,则流动可视为定常流动。

流线的性质如下:

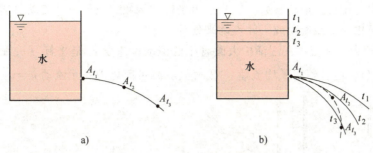

图 3-7 定常流动与非定常流动

1) 定常流动时,流线形状不随时间变化,流线和迹线重合,如图 3-7a 所示。非定常流动时,流线与迹线不重合,如图 3-7b 所示。

2) 流场中,除速度为零的点(驻点)、速度为无穷大的点(奇点)外,流线既不能相交,也不能突然转折。

3) 流线没有大小、粗细,但有疏密,疏的地方表示流速小,密的地方表示流速大。

三、均匀流动、非均匀流动

若流场中各空间点上的流动参数(主要是速度)都不随位置变化,这种流动称为均匀流动,否则称为非均匀流动。均匀流动中各流线是彼此平行的直线,过流断面上的流速分布沿程不变,迁移加速度等于零,过流断面为平面。

在均匀流动中,所有流动参数对坐标的偏导数为零,仅为时间的函数,对速度用数学表达为

$$\frac{\partial v}{\partial x} = \frac{\partial v}{\partial y} = \frac{\partial v}{\partial z} = 0 \quad \text{或} \quad v = v(t) \tag{3-10}$$

图 3-8 给出了以上定义的均匀流动与非均匀流动的速度分布,图 3-8a 所示为均匀流动,图 3-8b 所示为(非)均匀流动。在实际工程中,对均匀长直管道,则图 3-8b 中速度分布沿程不变,可以认为是均匀流动。

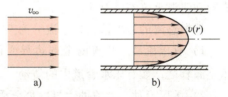

图 3-8 均匀流动与(非)均匀流动

实际工程中的流体流动大多为流线彼此不平行的非均匀流动。按流线沿程变化的缓急程度,即流线是否接近于平行直线,将非均匀流动分为缓变流动和急变流动。缓变流动是指各流线近似于平行直线的流动。

缓变流动中的流线近似平行直线,过流断面近似平面。定常缓变流动过流断面上流体动压强近似地按静压强分布(图 3-9),即同一过流断面上满足静力学基本方程 $z + \frac{p}{\rho g} \approx C$。

四、一元流动、二元流动、三元流动

根据流场中各运动参数与空间坐标的关系,把流体流动分为一元流动、二元流动和三元流动。运动参数仅随一个坐标(包括曲线坐标)变化的流动称为一元流动。

实际工程中的流动，运动参数一般是三个坐标的函数，属于三元流动。通常根据具体问题的性质把它简化为二元流动或一元流动来处理。

图 3-10 所示为实际流体在逐渐扩大圆管中的流动，速度 v_x 是坐标 (r,x) 的函数，为二元流动 $v_x=v_x(r,x)$。若用平均流速 $\bar{v}_x$ 代替 v_x，则可简化为一元流动 $\bar{v}_x=\bar{v}_x(x)$。

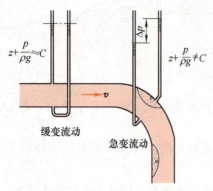

图 3-9 缓变流动和急变流动

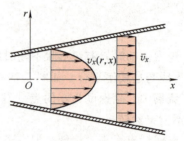

图 3-10 逐渐扩大圆管中的流动

五、流管、流束

在流场中任取一封闭曲线 c（非流线），过 c 上的每一点作流线所围成的管状表面称为流管，如图 3-11 所示。根据流线的定义，流管表面的流体速度与流管表面相切，因此流体质点不会穿过流管表面，流管如同实际管道，其管状表面周界可视为固壁。

流管内部的流体称为流束，断面无穷小的流束为微元流束，微元流束断面上各点的运动参数（如速度、压强等）可认为相等。无数微元流束的总和称为总流，如实际工程中的管道流动和明渠水流都是总流。

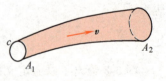

图 3-11 流管

根据总流的边界情况把总流分为三类：

1）有压流动。总流的全部边界受固体边界的约束，即流体充满管道，如有压水管道中的流动。

2）无压流动。总流的边界一部分受固体边界的约束，另一部分与气体接触，形成自由液面，如明渠中的水流。

3）射流。总流的全部边界均无固体边界的约束，如喷嘴出口后的流动。

六、过流断面、湿周、水力半径和水力直径

与流束或总流各流线相垂直的横断面称为过流断面（或有效断面）。

当流线相互平行时，过流断面是平面（图 3-12 中断面 $a—a$）；流线不平行时，过流断面是曲面（图 3-12 中断面 $b—b$）。在实际工程中，对于缓变流，通常将过流断面理解为垂直于流动方向的平面。

在总流过流断面上，流体同固体边壁接触部分的周长称为湿周，用符号 χ 表示。图 3-13 中给出了三种过流断面对应的湿周。

总流的过流断面面积与湿周之比称为水力半径，用 R 表示，即

$$R = \frac{A}{\chi} \tag{3-11}$$

水力半径的 4 倍称为水力直径，用 d_e 表示，即

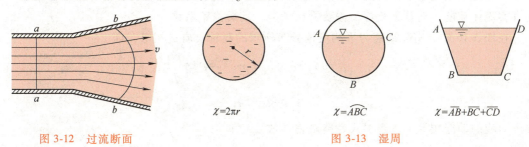

图 3-12 过流断面　　　　　　　　　　图 3-13 湿周

$$d_e = 4\frac{A}{\chi} \tag{3-12}$$

当半径 r 的圆管内充满液体，水力半径 $R = r/2$，水力直径 $d_e = 4R = d$。

七、流量、断面平均流速

单位时间内通过某一过流断面的流体量称为流量。通常以体积或质量来衡量，分别称为体积流量或质量流量。在工程中常用体积流量（简称流量）。

体积流量可用图 3-14 所示的体积法测量。将水管出口处的阀门开启，如果在 1s 内放满了 0.01m^3 体积的水，称通过这一水管任一过流断面的体积流量为 $0.01 \text{m}^3/\text{s}$。

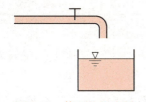 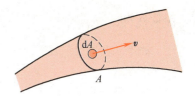

图 3-14 体积法测流量　　　　　图 3-15 体积流量的计算

体积流量的计算（图 3-15）公式为

$$q_V = \iint_A \boldsymbol{v} \cdot \mathrm{d}\boldsymbol{A} \tag{3-13a}$$

当过流断面为平面时，上式简化为

$$q_V = \iint_A v \mathrm{d}A \tag{3-13b}$$

将流经过流断面的体积流量 q_V 与过流断面面积 A 之比称为该过流断面上的平均流速，记作 $\bar{v}$（在不混淆的情况下，平均流速的 $\bar{v}$ 可写成 v），即

$$\bar{v} = \frac{q_V}{A} \tag{3-14}$$

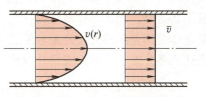

图 3-16 圆管中的实际流速与平均流速

平均流速是将过流断面上不均匀的流速分布看成是均匀的，均匀分布的流速 $\bar{v}$ 所求得的流量与实际流量相等（图 3-16）。

八、动能、动量修正系数

单位时间内通过某一过流断面的流体动能、动量用平均流速表示，与实际速度分布求得的真实流体动能、动量不相等，需要乘以动能、动量修正系数。

在图 3-16 中，实际流速与平均流速分布所求的流量、质量相等，即

$$\int_A v\mathrm{d}A = \bar{v}A, \qquad \int_A \rho v \mathrm{d}A = \rho \bar{v} A$$

或

$$\int_A \rho \mathrm{d}q_V = \rho q_V$$

要求对应的动能相等，需要引入动能修正系数 α，即

$$\int_A \frac{1}{2}\rho v^2 \mathrm{d}q_V = \alpha \frac{1}{2} \rho q_V \bar{v}^2$$

动能修正系数 α 为

$$\alpha = \frac{\int_A \frac{1}{2}\rho v^2 \mathrm{d}q_V}{\frac{1}{2}\rho q_V \bar{v}^2} = \frac{\int_A \frac{1}{2}\rho v^3 \mathrm{d}A}{\frac{1}{2}\rho \bar{v}^3 A} \tag{3-15}$$

要求对应的动量相等，需要引入动量修正系数 β，即

$$\int \rho v \mathrm{d}q_V = \beta \rho q_V \bar{v}$$

动量修正系数 β 为

$$\beta = \frac{\int \rho v \mathrm{d}q_V}{\rho q_V \bar{v}} = \frac{\int \rho v^2 \mathrm{d}A}{\rho \bar{v}^2 A} \tag{3-16}$$

动能、动量修正系数 α、β 均与过流断面上的速度分布有关，速度分布越均匀，修正系数越小。当管中流体做层流流动时，$\alpha = 2$，$\beta = 4/3$；当管中流体做湍流流动时，$\alpha \approx \beta \approx 1.0$。

第三节 连续性方程

流体运动的连续性方程是质量守恒定律在流体力学中的数学表达式。在连续介质假设的前提下，流体运动时连续地充满整个流场。当研究流体经过流场中某一控制体（固定的空间区域）时，若在某一时段内，流入控制体的界面（控制面）的流体质量和流出的流体质量不相等时，则这一控制体内一定会有流体密度的变化，以使流体仍然充满整个控制体。如果流体是不可压缩的，则流入的流体质量必然等于流出的流体质量。将这一描述用数学形式表达成微分方程，称为连续性方程。

一、三元连续性微分方程

在流场中取一以点 $A(x, y, z)$ 为中心的微元六面体作为控制体，边长分别为 $\mathrm{d}x$、$\mathrm{d}y$、$\mathrm{d}z$，如图 3-17 所示。

以 x 轴方向为例讨论微元六面体内的质量变化。设中心点 $A(x,y,z)$ 处三个速度分量为 v_x、v_y、v_z，密度为 ρ。左右表面上的速度分量和密度可用中心点处的速度分量和密度取泰勒级数展开的前两项来表示。

左侧表面上速度的 x 轴方向分量为 $v_x-\dfrac{\partial v_x}{\partial x}\dfrac{\mathrm{d}x}{2}$，

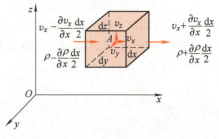

图 3-17　微元六面体作为控制体

密度为 $\rho-\dfrac{\partial \rho}{\partial x}\dfrac{\mathrm{d}x}{2}$；右侧表面上速度的 x 轴方向分量为

$v_x+\dfrac{\partial v_x}{\partial x}\dfrac{\mathrm{d}x}{2}$，密度为 $\rho+\dfrac{\partial \rho}{\partial x}\dfrac{\mathrm{d}x}{2}$。

由于微元六面体很小，认为表面上的速度、密度都是均匀分布的。$\mathrm{d}t$ 时段内沿 x 轴方向流入微元六面体的流体质量为

$$\left(\rho-\frac{\partial \rho}{\partial x}\frac{\mathrm{d}x}{2}\right)\left(v_x-\frac{\partial v_x}{\partial x}\frac{\mathrm{d}x}{2}\right)\mathrm{d}y\mathrm{d}z\mathrm{d}t$$

$\mathrm{d}t$ 时段内沿 x 轴方向流出微元六面体的流体质量为

$$\left(\rho+\frac{\partial \rho}{\partial x}\frac{\mathrm{d}x}{2}\right)\left(v_x+\frac{\partial v_x}{\partial x}\frac{\mathrm{d}x}{2}\right)\mathrm{d}y\mathrm{d}z\mathrm{d}t$$

$\mathrm{d}t$ 时段内沿 x 轴方向流入和流出微元六面体的流体质量差（流入质量—流出质量）为

$$\left(-\rho\frac{\partial v_x}{\partial x}\mathrm{d}x-v_x\frac{\partial \rho}{\partial x}\mathrm{d}x\right)\mathrm{d}y\mathrm{d}z\mathrm{d}t=-\frac{\partial(\rho v_x)}{\partial x}\mathrm{d}x\mathrm{d}y\mathrm{d}z\mathrm{d}t$$

同理可求得 $\mathrm{d}t$ 时段内沿 y、z 轴方向流入和流出微元六面体的流体质量差分别为

$$-\frac{\partial(\rho v_y)}{\partial y}\mathrm{d}x\mathrm{d}y\mathrm{d}z\mathrm{d}t,\quad -\frac{\partial(\rho v_z)}{\partial z}\mathrm{d}x\mathrm{d}y\mathrm{d}z\mathrm{d}t$$

$\mathrm{d}t$ 时段内流入和流出整个微元六面体的质量差为

$$-\left[\frac{\partial(\rho v_x)}{\partial x}+\frac{\partial(\rho v_y)}{\partial y}+\frac{\partial(\rho v_z)}{\partial z}\right]\mathrm{d}x\mathrm{d}y\mathrm{d}z\mathrm{d}t \tag{3-17}$$

以中心点处的密度 ρ 作为微元六面体内的平均密度。$\mathrm{d}t$ 时段开始时，微元六面体内流体的平均密度为 ρ，$\mathrm{d}t$ 时段结束后平均密度变为 $\rho+\dfrac{\partial \rho}{\partial t}\mathrm{d}t$。$\mathrm{d}t$ 时段内控制体内流体的质量增量为

$$\left(\rho+\frac{\partial \rho}{\partial t}\mathrm{d}t\right)\mathrm{d}x\mathrm{d}y\mathrm{d}z-\rho\mathrm{d}x\mathrm{d}y\mathrm{d}z=\frac{\partial \rho}{\partial t}\mathrm{d}t\mathrm{d}x\mathrm{d}y\mathrm{d}z \tag{3-18}$$

由质量守恒定律，$\mathrm{d}t$ 时段内微元六面体内质量的增加必然等于流入与流出微元六面体的质量之差，即式（3-17）与式（3-18）相等，整理得

$$\frac{\partial \rho}{\partial t}+\frac{\partial(\rho v_x)}{\partial x}+\frac{\partial(\rho v_y)}{\partial y}+\frac{\partial(\rho v_z)}{\partial z}=0 \tag{3-19a}$$

矢量形式为

$$\frac{\partial \rho}{\partial t}+\nabla\cdot(\rho v)=0 \tag{3-19b}$$

式 (3-19) 为微分形式的连续性方程,它确定了流场中速度和密度之间应满足的关系。该式表明在单位时间内,经单位体积空间流入与流出的质量差,与其内部质量增加的代数和为零。

对于定常流动,$\partial \rho / \partial t = 0$。方程简化为

$$\frac{\partial (\rho v_x)}{\partial x} + \frac{\partial (\rho v_y)}{\partial y} + \frac{\partial (\rho v_z)}{\partial z} = 0 \tag{3-20a}$$

矢量形式为

$$\nabla \cdot (\rho v) = 0 \tag{3-20b}$$

说明流体在单位时间内经单位体积空间流入与流出的质量相等,或该空间内质量保持不变。

对于不可压缩流体,式 (3-19) 进一步简化为

$$\frac{\partial v_x}{\partial x} + \frac{\partial v_y}{\partial y} + \frac{\partial v_z}{\partial z} = 0 \tag{3-21a}$$

矢量形式为

$$\nabla \cdot v = 0 \tag{3-21b}$$

式 (3-21) 为不可压缩流体的连续性方程,它确定了流场中各速度分量之间应满足的关系,对于定常流动和非定常流动都适用。

对于二元流动,$v_z = 0$,则二元不可压缩流体的连续性方程为

$$\frac{\partial v_x}{\partial x} + \frac{\partial v_y}{\partial y} = 0 \tag{3-22}$$

二、一元定常不可压缩总流的连续性方程

在实际工程中相当多的流动具有一元流动的特征,如有压管道中的流动。这种流动的连续性方程形式比较简单。

在总流中任取 1、2 两个过流断面和管壁所围的体积为控制体(图 3-18)。设过流断面 1、2 的面积分别为 A_1、A_2,平均流速分别为 v_1、v_2,流体密度分别为 ρ_1、ρ_2。

单位时间内流入与流出控制体的质量分别为 $\rho_1 v_1 A_1$、$\rho_2 v_2 A_2$。根据质量守恒定律得

$$\rho_1 v_1 A_1 = \rho_2 v_2 A_2$$

对不可压缩流体,密度为常数,于是

$$v_1 A_1 = v_2 A_2 \tag{3-23}$$

式 (3-23) 是一元定常不可压缩流体的连续性方程,表明流量沿程不变,断面大则流速小,断面小则流速大。

一元定常不可压缩总流的连续性方程是在流量沿程不变的条件下导出的,若沿流程有流量流入或流出,则连续性方程仍然适用,如图 3-19 中的分支管路所示。

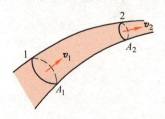

图 3-18　一元流动

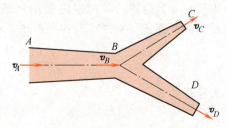

图 3-19　分支管路

例 3-1 不可压缩流体流经水平放置的分支管路，如图 3-19 所示，已知 d_A、d_B、d_C、d_D、v_A、v_C，求 v_B、v_D。

解 AB 段　　　　$q_{V_A} = q_{V_B}$, 　　$v_A \dfrac{1}{4}\pi d_A^2 = v_B \dfrac{1}{4}\pi d_B^2$

$$v_B = v_A \dfrac{d_A^2}{d_B^2}$$

BC、BD 段　　$q_{V_B} = q_{V_C} + q_{V_D}$,　　$v_B \dfrac{1}{4}\pi d_B^2 = v_C \dfrac{1}{4}\pi d_C^2 + v_D \dfrac{1}{4}\pi d_D^2$

$$v_D = \dfrac{v_B d_B^2 - v_C d_C^2}{d_D^2}$$

例 3-2 已知某流场的速度分布为 $v_x = 6(x+y)$、$v_y = 2y+z$、$v_z = x+y+4z$。分析流动是否连续（存在）。

解 由速度分布可得

$$\dfrac{\partial v_x}{\partial x} = 6,\quad \dfrac{\partial v_y}{\partial y} = 2,\quad \dfrac{\partial v_z}{\partial z} = 4$$

对不可压缩流体

$$\dfrac{\partial v_x}{\partial x} + \dfrac{\partial v_y}{\partial y} + \dfrac{\partial v_z}{\partial z} = 6+2+4 = 12 \neq 0$$

对不可压缩流体，以上流动不存在。对可压缩流体，因密度的变化未给出，故无法判断。

第四节　流体微团的运动分析

刚体的运动可分解为平移和转动两种形式，流体与刚体的不同主要在于它具有流动性，极易变形。因此流体微团在运动过程中，除与刚体一样可以平移和转动之外，还将发生变形运动，包括线变形和角变形。在一般情况下，流体微团的运动可以分解为平移运动、旋转运动和变形运动三部分。

一、流体微团的速度分解公式

在流场中取流体微团如图 3-20 所示，边长分别为 dx、dy、dz。设某瞬时参考点 $A\,(x,\,y,\,z)$ 的速度分量 v_x、v_y、v_z，相邻点 $M\,(x+dx,\,y+dy,\,z+dz)$ 的速度分量 v_x'、v_y'、v_z' 可表示为

$$v_x' = v_x + \dfrac{\partial v_x}{\partial x}dx + \dfrac{\partial v_x}{\partial y}dy + \dfrac{\partial v_x}{\partial z}dz \qquad (a)$$

$$v_y' = v_y + \dfrac{\partial v_y}{\partial x}dx + \dfrac{\partial v_y}{\partial y}dy + \dfrac{\partial v_y}{\partial z}dz \qquad (b)$$

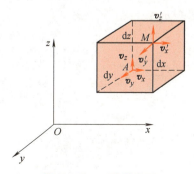

图 3-20　三元流体微团

$$v'_z = v_z + \frac{\partial v_z}{\partial x}dx + \frac{\partial v_z}{\partial y}dy + \frac{\partial v_z}{\partial z}dz \qquad (c)$$

在式（a）中增加 $\pm \frac{1}{2}\frac{\partial v_y}{\partial x}dy \pm \frac{1}{2}\frac{\partial v_z}{\partial x}dz$，并将最后两项也改成带 $\frac{1}{2}$ 系数的四项，得

$$v'_x = v_x + \frac{\partial v_x}{\partial x}dx + \frac{1}{2}\left(\frac{\partial v_x}{\partial y}+\frac{\partial v_y}{\partial x}\right)dy + \frac{1}{2}\left(\frac{\partial v_x}{\partial z}+\frac{\partial v_z}{\partial x}\right)dz +$$

$$\frac{1}{2}\left(\frac{\partial v_x}{\partial z}-\frac{\partial v_z}{\partial x}\right)dz - \frac{1}{2}\left(\frac{\partial v_y}{\partial x}-\frac{\partial v_x}{\partial y}\right)dy$$

按类似的方法也可将式（b）、式（c）的 v'_y、v'_z 写成上式的形式。

采用表 3-1 中的符号，v'_x、v'_y、v'_z 可写成

$$\left.\begin{array}{l} v'_x = v_x + \varepsilon_{xx}dx + (\varepsilon_{xy}dy + \varepsilon_{xz}dz) + (\omega_y dz - \omega_z dy) \\ v'_y = v_y + \varepsilon_{yy}dy + (\varepsilon_{yz}dz + \varepsilon_{yx}dx) + (\omega_z dx - \omega_x dz) \\ v'_z = v_z + \varepsilon_{zz}dz + (\varepsilon_{zx}dx + \varepsilon_{zy}dy) + (\omega_x dy - \omega_y dx) \end{array}\right\} \qquad (3\text{-}24)$$

式（3-24）为流体微团的速度分解公式，称为亥姆霍兹速度分解定理。式（3-24）表明，在一般情况下，流体微团的运动可分为三部分：①以流体微团中某参考点的速度整体做平移运动（v_x、v_y、v_z）；②绕通过该参考点轴的旋转运动（ω_x、ω_y、ω_z）；③流体微团本身的变形运动，其中包括线变形运动（ε_{xx}、ε_{yy}、ε_{zz}）和角变形运动（$\varepsilon_{xy}=\varepsilon_{yx}$、$\varepsilon_{yz}=\varepsilon_{zy}$、$\varepsilon_{xz}=\varepsilon_{zx}$）。

表 3-1　流体微团速度分解公式中的符号

线变形速度	角变形速度	旋转角速度
$\varepsilon_{xx} = \dfrac{\partial v_x}{\partial x}$	$\varepsilon_{xy} = \varepsilon_{yx} = \dfrac{1}{2}\left(\dfrac{\partial v_x}{\partial y}+\dfrac{\partial v_y}{\partial x}\right)$	$\omega_x = \dfrac{1}{2}\left(\dfrac{\partial v_z}{\partial y}-\dfrac{\partial v_y}{\partial z}\right)$
$\varepsilon_{yy} = \dfrac{\partial v_y}{\partial y}$	$\varepsilon_{xz} = \varepsilon_{zx} = \dfrac{1}{2}\left(\dfrac{\partial v_x}{\partial z}+\dfrac{\partial v_z}{\partial x}\right)$	$\omega_y = \dfrac{1}{2}\left(\dfrac{\partial v_x}{\partial z}-\dfrac{\partial v_z}{\partial x}\right)$
$\varepsilon_{zz} = \dfrac{\partial v_z}{\partial z}$	$\varepsilon_{yz} = \varepsilon_{zy} = \dfrac{1}{2}\left(\dfrac{\partial v_y}{\partial z}+\dfrac{\partial v_z}{\partial y}\right)$	$\omega_z = \dfrac{1}{2}\left(\dfrac{\partial v_y}{\partial x}-\dfrac{\partial v_x}{\partial y}\right)$

二、流体质点运动的三种形式

通过分析平面流体微团的运动，说明亥姆霍兹速度分解公式中各项符号的含义。

图 3-21 所示为平面流体微团的运动，A 点的速度分量为 v_x、v_y，C 点的速度分量 v'_x、v'_y 可表示为

$$v'_x = v_x + \frac{\partial v_x}{\partial x}dx + \frac{\partial v_x}{\partial y}dy \qquad (a)$$

$$v'_y = v_y + \frac{\partial v_y}{\partial x}dx + \frac{\partial v_y}{\partial y}dy \qquad (b)$$

对式（a）右端加 $\pm \frac{1}{2}\frac{\partial v_y}{\partial x}dy$，式（b）右端加 $\pm \frac{1}{2}\frac{\partial v_x}{\partial y}dx$，并将另一偏导数项改写成带 $\frac{1}{2}$ 系数的两项。即

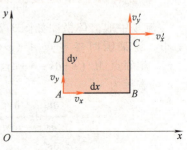

图 3-21　平面流体微团

$$v'_x = v_x + \frac{\partial v_x}{\partial x}dx + \frac{1}{2}\left(\frac{\partial v_x}{\partial y} + \frac{\partial v_y}{\partial x}\right)dy - \frac{1}{2}\left(\frac{\partial v_y}{\partial x} - \frac{\partial v_x}{\partial y}\right)dy$$

$$v'_y = v_y + \frac{\partial v_y}{\partial y}dy + \frac{1}{2}\left(\frac{\partial v_y}{\partial x} + \frac{\partial v_x}{\partial y}\right)dx + \frac{1}{2}\left(\frac{\partial v_y}{\partial x} - \frac{\partial v_x}{\partial y}\right)dx$$

采用表 3-1 中的符号，上两式可写成

$$v'_x = v_x + \varepsilon_{xx}dx + \varepsilon_{xy}dy - \omega_z dy \quad (3\text{-}25\text{a})$$

$$v'_y = v_y + \varepsilon_{yy}dy + \varepsilon_{yx}dx + \omega_z dx \quad (3\text{-}25\text{b})$$

1. 平移运动

如果 $\varepsilon_{xx} = \varepsilon_{yy} = \varepsilon_{xy} = \varepsilon_{yx} = \omega_z = 0$，即

$$v'_x = v_x, \quad v'_y = v_y$$

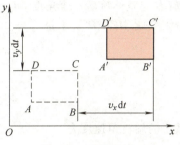

图 3-22 平移运动

经过 dt 时间后，$ABCD$ 平移到 $A'B'C'D'$ 位置，微团形状不变，如图 3-22 所示。v_x、v_y 称为微团的平移速度。

2. 线变形运动

如果 $v_x = v_y = \varepsilon_{xy} = \varepsilon_{yx} = \omega_z = 0$，即

$$v'_x = \frac{\partial v_x}{\partial x}dx, \quad v'_y = \frac{\partial v_y}{\partial y}dy$$

经过 dt 时间后，$ABCD$ 变成 $AB'C'D'$，如图 3-23 所示。AB、DC 边伸长了 $\frac{\partial v_x}{\partial x}dxdt$，而 AD、BC 边则缩短了 $\frac{\partial v_y}{\partial y}dydt$。这种运动为微团的线变形运动，$\frac{\partial v_x}{\partial x}$、$\frac{\partial v_y}{\partial y}$ 称为线变形速度。

注意：由连续性方程 $\frac{\partial v_x}{\partial x} + \frac{\partial v_y}{\partial y} = 0$ 及 $\frac{\partial v_x}{\partial x} > 0$，则必有 $\frac{\partial v_y}{\partial y} < 0$。所以 AB、DC 边伸长，AD、BC 边必缩短，反之亦然。

3. 角变形运动、旋转运动

如果 $v_x = v_y = \varepsilon_{xx} = \varepsilon_{yy} = 0$，即

$$v'_x = \frac{\partial v_x}{\partial y}dy, \quad v'_y = \frac{\partial v_y}{\partial x}dx$$

经过 dt 时间后，$ABCD$ 变成 $AB''C''D''$，如图 3-24 所示。

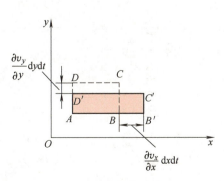

图 3-23 线变形运动

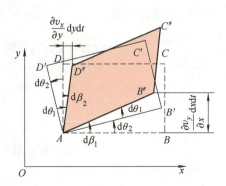

图 3-24 角变形运动和旋转运动

$$d\beta_1 \approx \tan d\beta_1 = \frac{\frac{\partial v_y}{\partial x}dxdt}{dx} = \frac{\partial v_y}{\partial x}dt, \quad d\beta_2 \approx \tan d\beta_2 = \frac{\frac{\partial v_x}{\partial y}dydt}{dy} = \frac{\partial v_x}{\partial y}dt$$

设
$$d\beta_1 = d\theta_1 + d\theta_2, \quad d\beta_2 = d\theta_1 - d\theta_2$$

即两个不相等的角度 $d\beta_1$、$d\beta_2$ 总可以用另外两个角度 $d\theta_1$、$d\theta_2$ 的和与差来表示。设想 $ABCD$ 先整体旋转一个角度 $d\theta_2$ 变成 $AB'C'D'$，然后互相垂直的两边反向各自旋转一个 $d\theta_1$，最终变成 $AB''C''D''$。于是

$$d\theta_1 = \frac{1}{2}(d\beta_1 + d\beta_2) = \frac{1}{2}\left(\frac{\partial v_y}{\partial x} + \frac{\partial v_x}{\partial y}\right)dt$$

$$d\theta_2 = \frac{1}{2}(d\beta_1 - d\beta_2) = \frac{1}{2}\left(\frac{\partial v_y}{\partial x} - \frac{\partial v_x}{\partial y}\right)dt$$

微团的旋转角速度为

$$\frac{d\theta_2}{dt} = \frac{1}{2}\left(\frac{\partial v_y}{\partial x} - \frac{\partial v_x}{\partial y}\right) = \omega_z$$

微团的角变形速度为

$$\frac{d\theta_1}{dt} = \frac{1}{2}\left(\frac{\partial v_y}{\partial x} + \frac{\partial v_x}{\partial y}\right) = \varepsilon_{xy}$$

亥姆霍兹速度分解定理说明：一般情况下，流体微团运动是由平移、旋转、变形（线变形和角变形）三种运动构成的。

三、无旋流动、有旋流动

流体微团不存在旋转运动的流动称为无旋流动或有势流动，否则称为有旋流动。在无旋流动中，微团的旋转角速度为

$$\omega_x = 0, \quad \omega_y = 0, \quad \omega_z = 0 \tag{3-26a}$$

或

$$\frac{\partial v_z}{\partial y} = \frac{\partial v_y}{\partial z}, \quad \frac{\partial v_x}{\partial z} = \frac{\partial v_z}{\partial x}, \quad \frac{\partial v_y}{\partial x} = \frac{\partial v_x}{\partial y} \tag{3-26b}$$

无旋流动的唯一标志是流体质点没有旋转，它与流体运动的轨迹形状无关。

图 3-25 所示的流体微团运动中，图 3-25a、b 的运动轨迹是直线，图 3-25a 所示是无旋流，图 3-25b 所示是有旋流；图 3-25c、d 的运动轨迹是圆周，图 3-25c 所示是无旋流，图 3-25d 所示是有旋流。

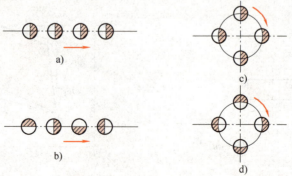

图 3-25　无旋流动和有旋流动

例 3-3 判断下列两种流动是有旋流动还是无旋流动。

1) 已知速度场 $v_x = \dfrac{1}{2}y^2$，$v_y = 0$，$v_z = 0$。

2) 已知速度场 $v_r = 0$，$v_\theta = \dfrac{b}{r}$，其中 b 为常数。

解 1) 图 3-26a 所示是平面剪切流动，流线是平行于 x 轴的直线，即流体微团做直线运动。

$$\omega_z = \frac{1}{2}\left(\frac{\partial v_y}{\partial x} - \frac{\partial v_x}{\partial y}\right) = -\frac{1}{2}y$$

是有旋流动。

2) 图 3-26b 所示是平面点涡流动，流线是以原点为中心的同心圆。角速度在极坐标系中的表达式为

$$\omega_r = \frac{1}{2}\left(\frac{1}{r}\frac{\partial v_z}{\partial \theta} - \frac{\partial v_\theta}{\partial z}\right), \quad \omega_\theta = \frac{1}{2}\left(\frac{\partial v_r}{\partial z} - \frac{\partial v_z}{\partial r}\right)$$

$$\omega_z = \frac{1}{2}\left[\frac{1}{r}\frac{\partial (rv_\theta)}{\partial \theta} - \frac{1}{r}\frac{\partial v_r}{\partial \theta}\right]$$

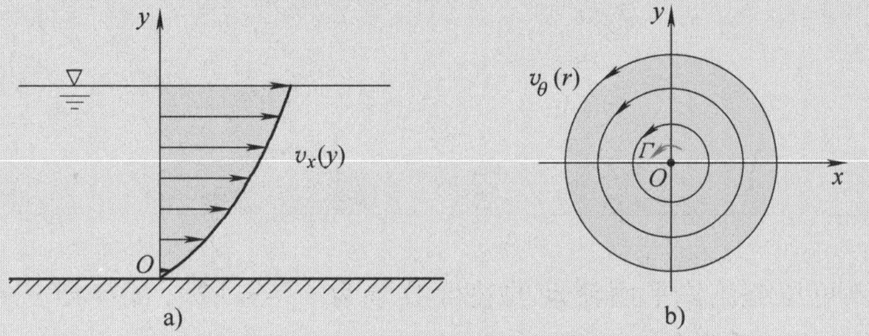

图 3-26 平面剪切流动和平面点涡流动

将 v_r、v_θ 代入得 $\omega_z = 0$，除原点处，点涡流动是无旋流动。

例 3-4 设平面剪切流动的速度分布为 $v_x = ky$，$v_y = 0$，$v_z = 0$，如图 3-27 所示。试进行运动分析。

解 取正方形流体微团 1234，过 dt 时间微团运动到 1'2'3'4' 变成菱形，如图 3-28 所示。先将流体微团整体平移 $v_x dt$ 的距离后，再整体旋转一个角度，使正方形和菱形的对角线重合，再将旋转后的正方形的两边相向转动一个相同角度变成菱形。平面剪切流动的流体微团可分解为平移、旋转和角变形三种运动形式。

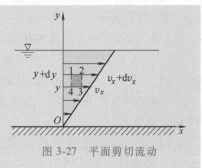

图 3-27 平面剪切流动

由表 3-1 可求得

$$\varepsilon_{xy} = \frac{1}{2}k, \quad \omega_z = -\frac{1}{2}k$$

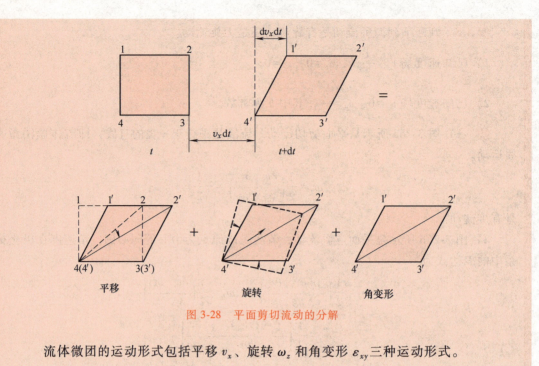

图 3-28 平面剪切流动的分解

流体微团的运动形式包括平移 v_x、旋转 ω_z 和角变形 ε_{xy} 三种运动形式。

习　题

3-1　已知不可压缩流体平面流动的速度分量为 $v_x = xt + 2y$，$v_y = xt^2 - yt$。求在时刻 $t = 1\text{s}$ 时点 A（1，2）处流体质点的加速度 a_x、a_y。

3-2　用欧拉法写出下列各情况下密度变化率的数学表达式：

1）均质流体。
2）不可压缩均质流体。
3）定常流动。

3-3　已知平面不可压缩流体的流速分量为 $v_x = 1 - y$，$v_y = t$。求：

1）$t = 0$ 时过（0，0）点的迹线方程。
2）$t = 1$ 时过（0，0）点的流线方程。

3-4　图 3-29 所示为一流体通过圆管的定常流动，体积流量为 q_V。

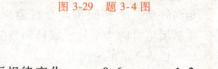

图 3-29　题 3-4 图

1）三个截面处圆管的直径分别为 0.4m、0.2m、0.6m，设流体不可压缩，$q_V = 0.4\text{m}^3/\text{s}$，求三个截面上的平均流速 $\bar{v}$。

2）若截面 1 处的流量 $q_V = 0.4\text{m}^3/\text{s}$，但密度按以下规律变化，$\rho_2 = 0.6\rho_1$，$\rho_3 = 1.2\rho_1$，求三个截面上的平均流速 $\bar{v}$。

3-5　二元定常不可压缩流动，x 方向的速度分量为 $v_x = e^x \cosh y + 1$，设 $y = 0$ 时，$v_y = 0$。

求 y 方向的速度分量 v_y。

3-6 证明下述不可压缩流体的运动是可能存在的。

1) $v_x = 2x^2 + y$, $v_y = 2y^2 + z$, $v_z = -4(x+y)z + xy$。

2) $v_x = yzt$, $v_y = xzt$, $v_z = xyt$。

3-7 已知圆管层流运动的流速分布为 $v_x = \dfrac{\Delta p}{4\mu l}(R^2 - r^2)$，$v_y = 0$，$v_z = 0$。分析流体微团的运动形式。

3-8 下列两个流场的速度分布是：

1) $v_x = -Cy$, $v_y = Cx$, $v_z = 0$。

2) $v_x = \dfrac{Cx}{x^2 + y^2}$, $v_y = \dfrac{Cy}{x^2 + y^2}$, $v_z = 0$。

求旋转角速度 ω（C 为常数）。

3-9 气体在等截面管中做等温流动。证明密度 ρ 与速度 v 之间有关系式

$$\frac{\partial^2 \rho}{\partial t^2} = \frac{\partial^2}{\partial x^2}[\rho(v^2 + RT)]$$

x 轴为管轴线方向，不计质量力。

注：本题流动符合以下方程，即

状态方程 $\qquad\qquad\qquad p = \rho RT$

一元可压缩流体连续性方程 $\qquad \dfrac{\partial \rho}{\partial t} + \dfrac{\partial(\rho v)}{\partial x} = 0$

一元运动方程 $\qquad\qquad\qquad \dfrac{\partial v}{\partial t} + v\dfrac{\partial v}{\partial x} = -\dfrac{1}{\rho}\dfrac{\partial p}{\partial x}$

3-10 不可压缩理想流体做圆周运动，当 $r \leq a$ 时，速度分量为

$$v_x = -\omega y, \qquad v_y = \omega x, \qquad v_z = 0$$

当 $r > a$ 时，速度分量为

$$v_x = -\omega a^2 \frac{y}{r^2}, \qquad v_y = \omega a^2 \frac{x}{r^2}, \qquad v_z = 0$$

其中，$r^2 = x^2 + y^2$，设无穷远处的压强为 p_∞，不计质量力，求压强分布规律。

注：本题流动符合欧拉运动微分方程

$$v_x\frac{\partial v_x}{\partial x} + v_y\frac{\partial v_x}{\partial y} = -\frac{1}{\rho}\frac{\partial p}{\partial x}, \qquad v_x\frac{\partial v_y}{\partial x} + v_y\frac{\partial v_y}{\partial y} = -\frac{1}{\rho}\frac{\partial p}{\partial y}$$

[参考答案]

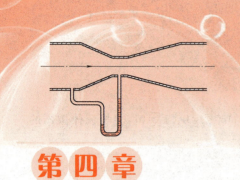

第四章

流体动力学基础

> **本章要点及学习要求**
>
> **本章要点**：一元流动的连续性方程、伯努利方程、动量方程及应用计算。
>
> **学习要求**：基本方程有欧拉运动微分方程、伯努利方程（能量方程）、动量方程。基本计算有应用连续性方程、伯努利方程求解管路速度、压强、流量等，应用动量方程求解水流对弯管的作用力、射流对平板的冲击力等。基本测量及仪器有速度及流量的测量，如毕托管、文丘里流量计、孔板流量计、堰板流量计等。

流体动力学研究流体在外力作用下的运动规律及与边界的相互作用。本章主要根据物理学中的牛顿运动定律、能量守恒定律和动量守恒定律推导流体力学中的欧拉运动微分方程、伯努利方程（能量方程）和动量方程。

第一节 理想流体的运动微分方程

在运动的理想流体中，取一微元六面体，如图4-1所示，边长为dx、dy、dz，中心点为$A(x,y,z)$，中心点处密度为$\rho(x,y,z)$，压强为$p(x,y,z)$，速度为$v(x,y,z)$。理想流体不存在黏性，运动时不产生切应力，只有垂直指向作用面的正应力。

先分析x方向的运动，垂直于x轴的左右两个平面中心点上的压强（取泰勒级数展开的前两项）各等于

$$p - \frac{\partial p}{\partial x}\frac{dx}{2}, \quad p + \frac{\partial p}{\partial x}\frac{dx}{2}$$

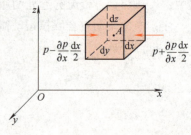

图4-1 理想流体中的微元六面体

它代表各微元面积上的平均压强。相应的表面力为

$$\left(p - \frac{\partial p}{\partial x}\frac{dx}{2}\right)dydz, \quad \left(p + \frac{\partial p}{\partial x}\frac{dx}{2}\right)dydz$$

设作用在微元六面体形心处流体上的单位质量分力为f_x、f_y、f_z，x方向的分力为

$$\rho f_x dxdydz$$

根据牛顿第二定律 $\sum \boldsymbol{F} = m\boldsymbol{a} = m\dfrac{\mathrm{d}\boldsymbol{v}}{\mathrm{d}t}$，$x$ 方向为 $\sum F_x = m\dfrac{\mathrm{d}v_x}{\mathrm{d}t}$，得 x 方向的运动微分方程为

$$\rho f_x \mathrm{d}x\mathrm{d}y\mathrm{d}z + \left(p - \dfrac{\partial p}{\partial x}\dfrac{\mathrm{d}x}{2}\right)\mathrm{d}y\mathrm{d}z - \left(p + \dfrac{\partial p}{\partial x}\dfrac{\mathrm{d}x}{2}\right)\mathrm{d}y\mathrm{d}z = \rho \mathrm{d}x\mathrm{d}y\mathrm{d}z \dfrac{\mathrm{d}v_x}{\mathrm{d}t}$$

将上式各项除以流体微团的质量 $\rho\mathrm{d}x\mathrm{d}y\mathrm{d}z$，化简得

同理
$$\left. \begin{aligned} f_x - \dfrac{1}{\rho}\dfrac{\partial p}{\partial x} &= \dfrac{\mathrm{d}v_x}{\mathrm{d}t} \\ f_y - \dfrac{1}{\rho}\dfrac{\partial p}{\partial y} &= \dfrac{\mathrm{d}v_y}{\mathrm{d}t} \\ f_z - \dfrac{1}{\rho}\dfrac{\partial p}{\partial z} &= \dfrac{\mathrm{d}v_z}{\mathrm{d}t} \end{aligned} \right\} \tag{4-1a}$$

这就是理想流体的运动微分方程，由欧拉 1755 年首先提出，又称欧拉运动微分方程。对于静止流体，速度为零，欧拉运动微分方程简化为欧拉平衡微分方程。

欧拉运动微分方程的矢量表达式为

$$\boldsymbol{f} - \dfrac{1}{\rho}\mathbf{grad}\,p = \dfrac{\mathrm{d}\boldsymbol{v}}{\mathrm{d}t} \quad \text{或} \quad \boldsymbol{f} - \dfrac{1}{\rho}\boldsymbol{\nabla} p = \dfrac{\mathrm{d}\boldsymbol{v}}{\mathrm{d}t} \tag{4-1b}$$

将式（4-1a）中的加速度写成展开式，得欧拉运动微分方程的分量展开形式为

$$\left. \begin{aligned} f_x - \dfrac{1}{\rho}\dfrac{\partial p}{\partial x} &= \dfrac{\partial v_x}{\partial t} + v_x\dfrac{\partial v_x}{\partial x} + v_y\dfrac{\partial v_x}{\partial y} + v_z\dfrac{\partial v_x}{\partial z} \\ f_y - \dfrac{1}{\rho}\dfrac{\partial p}{\partial y} &= \dfrac{\partial v_y}{\partial t} + v_x\dfrac{\partial v_y}{\partial x} + v_y\dfrac{\partial v_y}{\partial y} + v_z\dfrac{\partial v_y}{\partial z} \\ f_z - \dfrac{1}{\rho}\dfrac{\partial p}{\partial z} &= \dfrac{\partial v_z}{\partial t} + v_x\dfrac{\partial v_z}{\partial x} + v_y\dfrac{\partial v_z}{\partial y} + v_z\dfrac{\partial v_z}{\partial z} \end{aligned} \right\} \tag{4-1c}$$

通常作用在流体上的单位质量分力 f_x、f_y、f_z 已知，对理想不可压缩流体，密度为一常数，欧拉运动微分方程中有四个未知数，即 v_x、v_y、v_z 和 p，再加上不可压缩流体的连续性方程，从理论上提供了求解的可能性。但在实际情况中，除少数特殊情形外，一般很难得到这个非线性偏微分方程组的解析解。

例 4-1 设有圆柱形容器，内盛密度为 ρ 的液体，若液体同容器一起以等角速度 ω 绕对称轴旋转，求液体中的压强分布规律。

解 取圆柱坐标系（固结于地球）如图 4-2 所示，欧拉运动微分方程组（含连续性方程）的柱坐标形式为

$$\dfrac{1}{r}\dfrac{\partial(rv_r)}{\partial r} + \dfrac{1}{r}\dfrac{\partial v_\theta}{\partial \theta} + \dfrac{\partial v_z}{\partial z} = 0 \tag{4-2}$$

$$\left. \begin{aligned} f_r - \dfrac{1}{\rho}\dfrac{\partial p}{\partial r} &= \dfrac{\partial v_r}{\partial t} + v_r\dfrac{\partial v_r}{\partial r} + \dfrac{v_\theta}{r}\dfrac{\partial v_r}{\partial \theta} + v_z\dfrac{\partial v_r}{\partial z} - \dfrac{v_\theta^2}{r} \\ f_\theta - \dfrac{1}{\rho}\dfrac{\partial p}{r\partial \theta} &= \dfrac{\partial v_\theta}{\partial t} + v_r\dfrac{\partial v_\theta}{\partial r} + \dfrac{v_\theta}{r}\dfrac{\partial v_\theta}{\partial \theta} + v_z\dfrac{\partial v_\theta}{\partial z} + \dfrac{v_r v_\theta}{r} \\ f_z - \dfrac{1}{\rho}\dfrac{\partial p}{\partial z} &= \dfrac{\partial v_z}{\partial t} + v_r\dfrac{\partial v_z}{\partial r} + \dfrac{v_\theta}{r}\dfrac{\partial v_z}{\partial \theta} + v_z\dfrac{\partial v_z}{\partial z} \end{aligned} \right\} \tag{4-3}$$

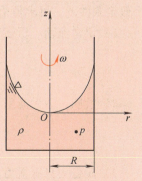

图 4-2 容器做等角速度旋转运动

在这一流场中，速度分量为 $v_r=0$、$v_\theta=\omega r$、$v_z=0$，单位质量分力为 $f_r=0$、$f_\theta=0$、$f_z=-g$。将速度分量、单位质量分力代入式（4-2）、式（4-3）中，连续性方程（4-2）自动满足，欧拉运动微分方程简化为

$$-\omega^2 r = -\frac{1}{\rho}\frac{\partial p}{\partial r}, \quad 0 = -\frac{1}{\rho}\frac{\partial p}{r\partial \theta}, \quad 0 = -g - \frac{1}{\rho}\frac{\partial p}{\partial z}$$

积分第一式

$$p = \frac{1}{2}\rho\omega^2 r^2 + f(\theta,z)$$

利用第二、第三式可求得积分函数

$$f(\theta,z) = -\rho g z + C$$

积分函数回代可得

$$p = \frac{1}{2}\rho\omega^2 r^2 - \rho g z + C$$

利用边界条件 $r=z=0$ 处，$p=p_0$，得 $C=p_0$。压强分布规律为

$$p = p_0 + \frac{1}{2}\rho\omega^2 r^2 - \rho g z = p_0 + \rho g\left(\frac{\omega^2 r^2}{2g} - z\right)$$

这一结果与流体静力学相对平衡中的等角速度旋转运动求解结果相同，不同的是本题中坐标系固结于地球，此时不再满足相对平衡的条件。

第二节 伯努利方程

伯努利方程是能量守恒定律在流体力学中的具体表现，它形式简单，意义明确，在流体力学中有着广泛的应用。

一、理想流体微元流束的伯努利方程

欧拉运动微分方程是非线性偏微分方程组，只有在少数特定条件下才能求解。在以下四个假定条件下，可求得伯努利方程。

1）定常流动。压强 $p=p(x,y,z)$ 与时间 t 无关，则其全微分为

$$dp = \frac{\partial p}{\partial x}dx + \frac{\partial p}{\partial y}dy + \frac{\partial p}{\partial z}dz$$

2）沿同一微元流束（流线）积分。定常流动时，流线与迹线重合，即

$$\frac{dx}{dt}=v_x, \quad \frac{dy}{dt}=v_y, \quad \frac{dz}{dt}=v_z$$

3）质量力只有重力。即

$$f_x=0, \quad f_y=0, \quad f_z=-g$$

将欧拉运动微分方程（4-1a）各式分别乘以同一流线上的微元线段矢量 ds 的投影 dx、dy、dz，然后相加得

$$(f_x dx + f_y dy + f_z dz) - \frac{1}{\rho}\left(\frac{\partial p}{\partial x}dx + \frac{\partial p}{\partial y}dy + \frac{\partial p}{\partial z}dz\right) = \frac{dv_x}{dt}dx + \frac{dv_y}{dt}dy + \frac{dv_z}{dt}dz$$

将以上三个假定条件代入得

$$-g dz - \frac{1}{\rho}dp = v_x dv_x + v_y dv_y + v_z dv_z = d\left(\frac{v_x^2 + v_y^2 + v_z^2}{2}\right) = d\left(\frac{v^2}{2}\right)$$

4）不可压缩流体。流体密度 $\rho = C$，积分上式得

$$gz + \frac{p}{\rho} + \frac{v^2}{2} = C \tag{4-4a}$$

理想流体的运动微分方程沿微元流束（流线）的积分称为伯努利积分，上式两边同除以 g 得

$$z + \frac{p}{\rho g} + \frac{v^2}{2g} = C \tag{4-4b}$$

对沿微元流束（流线）上的任意两过流断面（或两点）有

$$z_1 + \frac{p_1}{\rho g} + \frac{v_1^2}{2g} = z_2 + \frac{p_2}{\rho g} + \frac{v_2^2}{2g} \tag{4-4c}$$

式（4-4）称为伯努利方程。

二、伯努利方程的物理意义和几何意义

1. 物理意义

伯努利方程中前两项的物理意义分别是：gz 表示单位质量流体所具有的位置势能，p/ρ 表示单位质量流体所具有的压强势能。$v^2/2$ 可理解为，质量 m 的物体以速度 v 运动时，动能为 $mv^2/2$，则单位质量流体所具有的动能为 $(mv^2/2)/m = v^2/2$，所以 $v^2/2$ 表示单位质量流体所具有的动能。三项之和表示单位质量流体所具有的机械能。

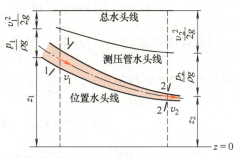

图 4-3 理想流体伯努利方程的几何意义

伯努利方程表示不可压缩理想流体在重力作用下做定常流动时，沿同一微元流束（流线），单位质量流体的机械能守恒，伯努利方程是能量方程。

2. 几何意义

伯努利方程中的前两项的几何意义分别是：z 表示位置水头，$p/(\rho g)$ 表示压强水头。$v^2/(2g)$ 也具有长度的量纲，称为速度水头。三项之和称为总水头，如图 4-3 所示。

伯努利方程表示不可压缩理想流体在重力作用下做定常流动时，沿同一微元流束（流线），各点的位置水头、压强水头、速度水头之和保持不变，总水头线是一条水平线。

三、实际流体微元流束的伯努利方程

实际流体具有黏性，流动时会产生阻力，流体的机械能不可逆地转化为热能而散失。因此实际流体流动时，单位质量流体所具有的机械能必然沿程减少，总水头线沿程下降。

设 h'_w 为流体从过流断面 1—1 运动至 2—2 的微元流束的水头损失。根据能量守恒定律，

可得实际流体微元流束的伯努利方程为

$$z_1+\frac{p_1}{\rho g}+\frac{v_1^2}{2g}=z_2+\frac{p_2}{\rho g}+\frac{v_2^2}{2g}+h'_w \qquad (4-5)$$

四、实际流体总流的伯努利方程

在实际工程中，如流体在管道、渠道中的流动问题，需要对微元流束的伯努利方程在整个过流断面上积分，然后推广到总流上。图4-4所示为实际流体总流伯努利方程的几何意义。

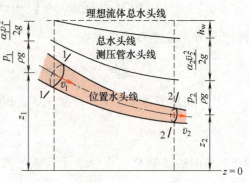

图 4-4 实际流体总流伯努利方程的几何意义

将方程（4-5）两边同乘以流体的重量流量 $\rho g \mathrm{d}q_V$，得单位时间内微元流束总机械能的关系，即

$$\left(z_1+\frac{p_1}{\rho g}+\frac{v_1^2}{2g}\right)\rho g \mathrm{d}q_V=\left(z_2+\frac{p_2}{\rho g}+\frac{v_2^2}{2g}\right)\rho g \mathrm{d}q_V+h'_w\rho g \mathrm{d}q_V$$

将上式在过流断面上积分，可得单位时间内通过总流过流断面上机械能的关系为

$$\int_{A_1}\left(z_1+\frac{p_1}{\rho g}+\frac{v_1^2}{2g}\right)\rho g \mathrm{d}q_V=\int_{A_2}\left(z_2+\frac{p_2}{\rho g}+\frac{v_2^2}{2g}+h'_w\right)\rho g \mathrm{d}q_V \qquad (4-6a)$$

式（4-6a）包含有三种类型的积分，分别确定如下：

(1) 势能积分 $\int\left(z+\frac{p}{\rho g}\right)\rho g \mathrm{d}q_V$ 设所取过流断面为缓变流断面，在缓变流断面上流体动压强近似按静压强规律分布，$z+\frac{p}{\rho g}\approx C$（图3-9）。于是

$$\int\left(z+\frac{p}{\rho g}\right)\rho g \mathrm{d}q_V=\left(z+\frac{p}{\rho g}\right)\int\rho g \mathrm{d}q_V=\left(z+\frac{p}{\rho g}\right)\rho g q_V \qquad (4-6b)$$

(2) 动能积分 $\int\frac{v^2}{2g}\rho g \mathrm{d}q_V$ 为计算方便，用平均流速求得的动能乘以动能修正系数来表示实际流速分布求得的动能，即

$$\int\frac{v^2}{2g}\rho g \mathrm{d}q_V=\frac{\alpha \bar{v}^2}{2g}\rho g q_V \qquad (4-6c)$$

动能修正系数 α 值与过流断面上的速度分布有关，层流 $\alpha=2$，湍流 $\alpha\approx1.0$。

(3) 水头损失积分 $\int h'_w \rho g \mathrm{d}q_V$ 设 h_w 为总流单位重量流体由 1—1 至 2—2 断面的平均机械能损失，称为总流的水头损失。即

$$\int h'_w \rho g \mathrm{d}q_V=h_w \rho g q_V \qquad (4-6d)$$

将式（4-6b）~式（4-6d）代入式（4-6a），并同时除以 $\rho g q_V$，得

$$z_1+\frac{p_1}{\rho g}+\frac{\alpha_1 \bar{v}_1^2}{2g}=z_2+\frac{p_2}{\rho g}+\frac{\alpha_2 \bar{v}_2^2}{2g}+h_w \qquad (4-7a)$$

式（4-7a）为实际流体定常总流的伯努利方程。

将微元流束的伯努利方程推广为总流的伯努利方程,引入了一些限制条件,也就是总流伯努利方程的应用条件,包括不可压缩流体、定常流动、质量力只有重力、所取过流断面为缓变流断面等。

平均流速 $\bar{v}$ 可写成 v,式(4-7a)可写成

$$z_1 + \frac{p_1}{\rho g} + \frac{\alpha_1 v_1^2}{2g} = z_2 + \frac{p_2}{\rho g} + \frac{\alpha_2 v_2^2}{2g} + h_w \tag{4-7b}$$

五、有能量输入、输出的伯努利方程

当总流在两过流断面之间安装有水泵、水轮机等流体机械时,单位重量流体额外获得或失去了机械能(水头),则总流的伯努利方程为

$$z_1 + \frac{p_1}{\rho g} + \frac{\alpha_1 v_1^2}{2g} \pm H = z_2 + \frac{p_2}{\rho g} + \frac{\alpha_2 v_2^2}{2g} + h_w \tag{4-8}$$

式中,H 为水力机械的扬程(或作用水头),正、负号分别对应于水泵(H—扬程)和水轮机(H—作用水头)。

例 4-2 图 4-5 所示为水泵管路,已知体积流量 $q_V = 0.028\text{m}^3/\text{s}$,管径 $d = 150\text{mm}$,管路的总水头损失 $h_w = 25.4\text{m}$,水泵效率 $\eta = 75.5\%$。求:

1)水泵的扬程 H。
2)水泵的功率 P。

解 1)列吸水池水面 1—1 至出水池水面 2—2 的伯努利方程

$$z_1 + \frac{p_1}{\rho g} + \frac{\alpha_1 v_1^2}{2g} + H = z_2 + \frac{p_2}{\rho g} + \frac{\alpha_2 v_2^2}{2g} + h_w$$

取 $\alpha_1 = \alpha_2 \approx 1.0$,由题意得 $z_1 = 0$,$z_2 = 102\text{m}$,$p_1 = 0$,$p_2 = 0$,$v_1 = 0$,$v_2 = 0$。代入上式可求得

$$H = (102 + 25.4)\text{m} = 127.4\text{m}$$

2)水泵功率 = 水力功率/效率

$$P = \frac{\rho g q_V H}{\eta} = \frac{1000 \times 9.81 \times 0.028 \times 127.4}{0.755}\text{W} = 46.35\text{kW}$$

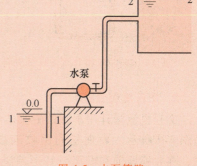

图 4-5 水泵管路

六、伯努利方程的应用

1. 毕托管

毕托管是将流体动能转化为压能,通过测压计测出流体速度的仪器。图 4-6 所示的弯成直角形状的细管是最简单的毕托管(总压管),开口端正对着来流方向,水流冲击使总压管中水柱上升。

设毕托管前点 1 的速度 $v_1 = v$,压强 $p_1 = \rho g H$,毕托管头部驻点 2 的速度 $v_2 = 0$,压强 $p_2 = \rho g (H+h)$。对同一流线的 1、2 两点列伯努利方程,即

$$\frac{p_1}{\rho g}+\frac{v_1^2}{2g}=\frac{p_2}{\rho g}+\frac{v_2^2}{2g}$$

解得
$$v=\sqrt{2g\frac{p_2-p_1}{\rho g}}=\sqrt{2gh}$$

由于毕托管对流动产生一定的影响，计算时要对速度公式进行修正，即

$$v=\zeta\sqrt{2gh} \quad (4\text{-}9\text{a})$$

式中，ζ 为毕托管的流速系数，由实验标定（$\zeta\approx 1.0$）。

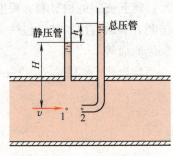

图 4-6 毕托管

当毕托管和 U 形差压计联合使用（图 4-7）时，速度公式为

$$v=\zeta\sqrt{2g\frac{p_2-p_1}{\rho g}}=\zeta\sqrt{2gh\frac{\rho'-\rho}{\rho}} \quad (4\text{-}9\text{b})$$

在实际中将静压管和总压管组成实用毕托管，如图 4-8 所示。

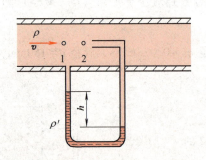

图 4-7 毕托管和 U 形差压计联合使用

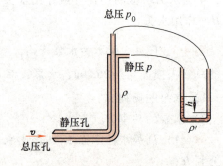

图 4-8 实用毕托管

2. 文丘里流量计

文丘里流量计用于管道中流体流量的测量，主要由收缩段、喉部和扩散段三部分组成，如图 4-9 所示。原理是利用收缩段造成一定的压差，在收缩段前和喉部用 U 形差压计测出压差，可得管道中流体的流量。

收缩段管径从 d_1 收缩至喉部 d_2，收缩角为 $19°\sim 23°$，喉部直径常取为管径的 $1/4\sim 1/2$，喉部长度约等于 d_2，扩散角为 $8°\sim 15°$。

在文丘里流量计入口前直管段上断面 1（面积 A_1）和喉部断面 2（面积 A_2）两处布置测压孔，并与 U 形差压计相连，由压差求出流量。对过流断面

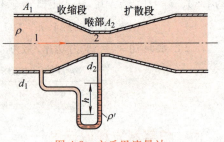

图 4-9 文丘里流量计

1、2 列伯努利方程，略去两过流断面之间的水头损失，取 $\alpha_1=\alpha_2\approx 1.0$，即

$$z_1+\frac{p_1}{\rho g}+\frac{v_1^2}{2g}=z_2+\frac{p_2}{\rho g}+\frac{v_2^2}{2g}$$

由 U 形差压计得两断面的压差，有

$$\frac{p_1-p_2}{\rho g}=\frac{(\rho'-\rho)gh}{\rho g}=\frac{(\rho'-\rho)}{\rho}h$$

由连续性方程 $v_1A_1=v_2A_2$，得

$$v_2=\frac{\sqrt{2g\dfrac{p_2-p_1}{\rho g}}}{\sqrt{1-\left(\dfrac{A_2}{A_1}\right)^2}}=\frac{\sqrt{2gh\dfrac{\rho'-\rho}{\rho}}}{\sqrt{1-\left(\dfrac{A_2}{A_1}\right)^2}}$$

$q_V=v_2A_2$，实际流量应乘以一修正系数，即

$$q_V=\mu v_2A_2=\mu\frac{A_2}{\sqrt{1-\left(\dfrac{A_2}{A_1}\right)^2}}\sqrt{2gh\dfrac{\rho'-\rho}{\rho}} \tag{4-10}$$

式中，μ 为文丘里流量计的流量系数，由实验标定。

七、相对运动的伯努利方程

离心式叶轮机械（泵、风机等）中的流体既沿叶片间的通道做相对运动，又随叶轮一起以等角速度旋转。将坐标系取在转动的叶轮上，在此坐标上观察到的流体运动是定常的。图 4-10 所示为流体在离心式叶轮中的运动。

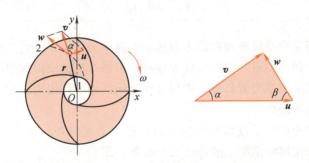

图 4-10　流体在离心式叶轮中的运动

假设叶轮上叶片数目无穷多，叶片无厚度，则相对速度 w 与叶片骨线相切。在某一瞬时，叶轮中某点 r 处，叶轮的旋转速度为 $u=\omega r$，流体相对于叶片的速度为 w，合成的绝对速度为 v。

取相对运动中的流线 1—2，对这一相对运动，欧拉运动微分方程中的 v_x、v_y、v_z 应用相对速度 w_x、w_y、w_z 来代替，得

$$f_x-\frac{1}{\rho}\frac{\partial p}{\partial x}=\frac{\mathrm{d}w_x}{\mathrm{d}t},\quad f_y-\frac{1}{\rho}\frac{\partial p}{\partial y}=\frac{\mathrm{d}w_y}{\mathrm{d}t},\quad f_z-\frac{1}{\rho}\frac{\partial p}{\partial z}=\frac{\mathrm{d}w_z}{\mathrm{d}t}$$

将上式分别乘以 $\mathrm{d}x$、$\mathrm{d}y$、$\mathrm{d}z$，然后相加得

$$f_x\mathrm{d}x+f_y\mathrm{d}y+f_z\mathrm{d}z-\frac{1}{\rho}\left(\frac{\partial p}{\partial x}\mathrm{d}x+\frac{\partial p}{\partial y}\mathrm{d}y+\frac{\partial p}{\partial z}\mathrm{d}z\right)=\frac{\mathrm{d}w_x}{\mathrm{d}t}\mathrm{d}x+\frac{\mathrm{d}w_y}{\mathrm{d}t}\mathrm{d}y+\frac{\mathrm{d}w_z}{\mathrm{d}t}\mathrm{d}z$$

将单位质量分力 $f_x=\omega^2x$、$f_y=\omega^2y$、$f_z=-g$，压强的全微分 $\mathrm{d}p=\dfrac{\partial p}{\partial x}\mathrm{d}x+\dfrac{\partial p}{\partial y}\mathrm{d}y+\dfrac{\partial p}{\partial z}\mathrm{d}z$，代入上式得

$$\omega^2 x\mathrm{d}x + \omega^2 y\mathrm{d}y - g\mathrm{d}z - \frac{\mathrm{d}p}{\rho} = w_x \mathrm{d}w_x + w_y \mathrm{d}w_y + w_z \mathrm{d}w_z$$

$$\frac{\omega^2 \mathrm{d}r^2}{2} - g\mathrm{d}z - \frac{\mathrm{d}p}{\rho} = \frac{\mathrm{d}w^2}{2}$$

其中

$$\frac{\omega^2 \mathrm{d}r^2}{2} = \frac{\mathrm{d}(\omega^2 r^2)}{2} = \frac{\mathrm{d}u^2}{2}$$

于是

$$g\mathrm{d}z + \frac{\mathrm{d}p}{\rho} + \frac{\mathrm{d}w^2}{2} - \frac{\mathrm{d}u^2}{2} = 0$$

积分并整理得

$$z + \frac{p}{\rho g} + \frac{w^2}{2g} - \frac{u^2}{2g} = C \tag{4-11a}$$

对流线上任意 1、2 两点（如进口 1，出口 2），有

$$z_1 + \frac{p_1}{\rho g} + \frac{w_1^2}{2g} + \frac{u_2^2 - u_1^2}{2g} = z_2 + \frac{p_2}{\rho g} + \frac{w_2^2}{2g} \tag{4-11b}$$

与式（4-4b）的伯努利方程相比，多了离心力引起的 $\dfrac{u_2^2 - u_1^2}{2g}$ 项，它表示离心力对流体所做的功。

第三节 动量方程

动量方程是物理学中动量定理在流体力学中的具体表达形式，它反映了流体运动的动量变化与所受作用力之间的关系。在用动量方程时，不必知道流动内部的情况，只需知道边界上的流动情况，即可求解急变流动中流体与边界之间的相互作用力，如求解流体对弯管的作用力、射流对平板的冲击力等。

将质点系动量定理应用于流体系统的运动，根据动量定理，流体质点系（系统）内动量的时间变化率等于作用在系统上的合外力矢量和，即

$$\sum F = \frac{\mathrm{d}(\sum mv)}{\mathrm{d}t} = \frac{\Delta(\sum mv)}{\Delta t} \tag{4-12}$$

设不可压缩流体在管中做一元定常流动，如图 4-11 所示。将过流断面 1、2 和管壁所围空间作为控制体，取控制体内的流体质点系（系统）作为研究对象，两过流断面的面积分别为 A_1、A_2，平均流速分别为 v_1 和 v_2。经过 $\mathrm{d}t$ 时间后，系统从 1—2 位置运动到 $1'$—$2'$ 位置，发生的动量变化等于流体在 $1'$—$2'$ 和 1—2 位置时的动量之差。

对于定常流动，Δt 时段前后共有的 $1'$—2 流段内的流体，尽管不是同一部分流体，但它们位置相同，流速大小与方向不变，密度也不变，因此动量相等。所以 1—$1'$、2—$2'$ 的动量分别等于 Δt 时间通过 A_1、A_2 流入与流出控制体的动量，用平均流速表

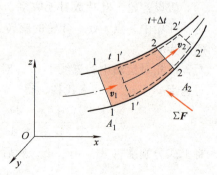

图 4-11 动量方程

示为

$$\beta_1 \rho q_V v_1 \Delta t, \quad \beta_2 \rho q_V v_2 \Delta t$$

式中，β 为动量修正系数，通常取 $\beta \approx 1$。

系统 1—2 在 Δt 时间前后的动量变化为

$$\Delta(\sum m v) = \beta_2 \rho q_V v_2 \Delta t - \beta_1 \rho q_V v_1 \Delta t$$

代入式（4-12）中，得

$$\sum F = \rho q_V (\beta_2 v_2 - \beta_1 v_1) \tag{4-13a}$$

式中，$\sum F$ 为作用在所研究的流体质点系上所有外力的矢量和，写成分量形式为

$$\left.\begin{array}{l}\sum F_x = \rho q_V (\beta_2 v_{2x} - \beta_1 v_{1x}) \\ \sum F_y = \rho q_V (\beta_2 v_{2y} - \beta_1 v_{1y}) \\ \sum F_z = \rho q_V (\beta_2 v_{2z} - \beta_1 v_{1z})\end{array}\right\} \tag{4-13b}$$

式（4-13）即为不可压缩流体定常流动的动量方程。应用动量方程时要注意：

1) 动量方程是矢量方程，应建立一个坐标系。

2) 选择一个合适的控制体，使两个过流断面，既紧接动量变化的急变流段，又都在缓变流区域，以便计算动水压强 p_1、p_2。

3) 方程中 $\sum F$ 是外界对流体的力，而不是流体对固体的作用力。

例 4-3 水平放置的输水弯管，$\theta = 60°$，直径由 $d_1 = 200 \text{mm}$ 变为 $d_2 = 150 \text{mm}$。已知转弯前 1—1 断面的压强为 $p_1 = 1.8 \times 10^4 \text{Pa}$（计示压强），输水流量 $q_V = 0.1 \text{m}^3/\text{s}$，不计水头损失，求水流对弯管的作用力 $F(F_x, F_y)$。

解 取图 4-12 所示坐标系，在弯管段前后取过流断面 1—1、2—2 及管壁所围成的空间为控制体，将控制体内的流体作为研究对象。列动量方程（取 $\beta \approx 1.0$），即

$$\left.\begin{array}{l}\sum F_x = \rho q_V (\beta_2 v_{2x} - \beta_1 v_{1x}) \\ \sum F_y = \rho q_V (\beta_2 v_{2y} - \beta_1 v_{1y})\end{array}\right\}$$

受力情况为：两过流断面上的流体压力为 $p_1 A_1$、$p_2 A_2$，管壁对控制体中的流体作用力为 F。代入上式得

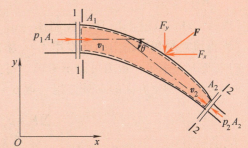

图 4-12 水平放置的输水弯管

$$\left.\begin{array}{l}p_1 A_1 - p_2 A_2 \cos 60° - F_x = \rho q_V (\beta_2 v_2 \cos 60° - \beta_1 v_1) \\ p_2 A_2 \sin 60° - F_y = \rho q_V (-\beta_2 v_2 \sin 60° - 0)\end{array}\right\}$$

列 1—1、2—2 断面的伯努利方程，不计水头损失（弯管水平放置，$z_1 = z_2$），即

$$z_1 + \frac{p_1}{\rho g} + \frac{v_1^2}{2g} = z_2 + \frac{p_2}{\rho g} + \frac{v_2^2}{2g}$$

$$v_1 = \frac{q_V}{\frac{1}{4}\pi d_1^2} = 3.18 \text{m/s}, \quad v_2 = \frac{q_V}{\frac{1}{4}\pi d_2^2} = 5.66 \text{m/s}$$

将 v_1、v_2 的值代入伯努利方程求得

$$p_2 = p_1 + \rho \frac{v_1^2 - v_2^2}{2} = 7.04 \times 10^3 \text{Pa}$$

代入动量方程中，取 $\beta_1 = \beta_2 = 1.0$，解出 F_x、F_y 为

$$F_x = 538\text{N}, \quad F_y = 597\text{N}$$

例 4-4 速度为 v、流量为 q_V 的自由射流（自由射流指从有压喷嘴或者孔口射入大气的一股流束，特点是流束上的压强均为大气压）冲击到静止的挡板上，水流向四周散开，求射流对挡板的冲击力 F，如图 4-13 所示。

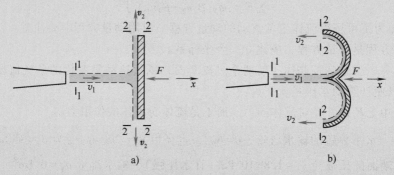

图 4-13 水流对平面、反向曲面的冲击力

解 1) 取图 4-13 所示控制体（由 1—1，2—2 及壁面组成），平板对水的作用力（即射流对平板冲击力的反作用力）为 F。控制体四周为大气压，作用相互抵消，同时射流方向水平，重力可以不考虑。略去射流运动的机械能损失，由伯努利方程可得 $v_1 = v_2 = v$。列 x 方向的动量方程（取 $\beta \approx 1.0$）得

$$\sum F_x = \rho q_V (\beta_2 v_{2x} - \beta_1 v_{1x})$$

其中 $v_{1x} = v_1 = v$，$v_{2x} = 0$，于是

$$-F = \rho q_V (0 - v)$$
$$F = \rho q_V v$$

2) 图 4-13b 所示速度为 v，流量为 q_V 的自由射流冲击到固定的反向曲面后，左右对称地分成两股，两股流量均为 $q_V/2$，不计损失，由伯努利方程可得 $v_2 = v_1 = v$。

$$-F = \rho \left[2 \frac{q_V}{2} (-v) - q_V v \right] = -2\rho q_V v$$

$$F = 2\rho q_V v$$

这种反向曲面所受的冲击力是平板的两倍。为了充分利用水流的动力，在冲击式水轮机上采用这种反向曲面作为叶片形状。为了回水方便，反向角常用 160°~170°。

第四节 动量矩方程

在力学中,一个物体单位时间内对转动轴的动量矩变化,等于作用于物体上的所有外力对同一轴的力矩之和,即动量矩定理。

一、方程的建立

设有某一固定参考点,令 r_1、r_2、r 分别代表从固定参考点到过流断面1、2及外力作用点的矢径,由动量矩定理得

$$M = \sum F \times r = \rho q_V (\beta_2 v_2 \times r_2 - \beta_1 v_1 \times r_1)$$

动量矩方程为

$$M = \rho q_V (\beta_2 v_2 \times r_2 - \beta_1 v_1 \times r_1) \tag{4-14}$$

式(4-14)表明单位时间内流出、流入控制面的动量矩之差等于作用在控制体内流体上所有外力对同一参考点力矩的矢量和。

二、叶轮机械的动量矩方程

水流通过水泵或水轮机等流体机械时,水流对叶片有作用力,受水流作用的转轮叶片绕某一固定轴旋转。以水流通过水泵叶轮的流动情况为例,设一离心泵叶轮如图4-14所示,水流从叶轮内周进入,从外周流出。假设叶轮中叶片数无穷多,液体无黏性,则相对运动是定常的。

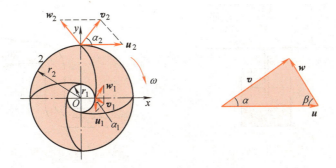

图 4-14 离心泵叶轮示意图

流体作用在叶轮上的力矩为

$$M = \rho q_V (v_2 \times r_2 - v_1 \times r_1) \tag{4-15}$$

由速度三角形得

$$|v \times r| = vr\cos\alpha$$

将上式代入式(4-15),并写成标量形式为

$$M = \rho q_V (v_2 r_2 \cos\alpha_2 - v_1 r_1 \cos\alpha_1)$$

例 4-5 图 4-15 所示为一洒水器，流量 q_V 的水从转轴流入转臂并从喷嘴流出，喷嘴与圆周切向的夹角为 θ，喷嘴面积为 A，当水喷出时，水流的反推力使洒水器转动。不计摩擦力，求洒水器转动角速度 ω。

解 不计摩擦力，转臂所受的外力矩为零，取固定于地球的坐标系，则

$$v_{\text{绝}} = v\cos\theta - \omega R, \qquad v = \frac{q_V}{2A}$$

由动量矩定理得

$$M = \rho q_V[(v\cos\theta - \omega R)R - 0] = 0$$

因此

$$\omega = \frac{v}{R}\cos\theta$$

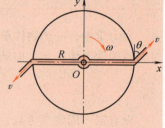

图 4-15 洒水器示意图

习 题

4-1 图 4-16 所示为一通风机，风量 $q_V = 2.35\text{m}^3/\text{s}$，风管直径 $d = 0.3\text{m}$，空气的密度 $\rho = 1.29\text{kg/m}^3$。求通风机进口处的真空度 h_v（不计损失）。

4-2 图 4-17 所示为一管路，A、B 两点的高度差 $\Delta z = 1\text{m}$，A 处直径 $d_A = 0.25\text{m}$，压强 $p_A = 7.8 \times 10^4 \text{Pa}$，$B$ 处直径 $d_B = 0.5\text{m}$，压强 $p_B = 4.9 \times 10^4 \text{Pa}$。平均流速 $v_B = 1.2\text{m/s}$。求平均流速 v_A 和管中水流方向。

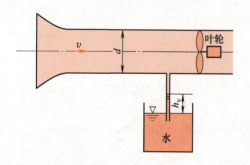

图 4-16 题 4-1 图

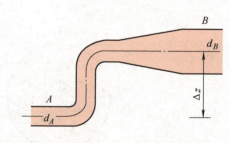

图 4-17 题 4-2 图

4-3 图 4-18 所示为水泵吸水管装置，已知管径 $d = 0.25\text{m}$，水泵进口处的真空度 $p_v = 4 \times 10^4 \text{Pa}$，水泵进口以前的沿程水头损失为 $2.2v^2/(2g)$，弯管等局部水头损失为 $6.3v^2/(2g)$。求水泵的流量 q_V。

4-4 图 4-19 所示为一虹吸管，已知 $a = 1.8\text{m}$，$b = 3.6\text{m}$，由水池引水至 C 端后流入大气。若不计损失，设大气压的压强水头为 10m。求：

1) 管中流速 v 及 B 点的绝对压强 p。

2) 若 B 点绝对压强下降到 $0.24\text{mH}_2\text{O}$ 以下时，将发生汽化，设 C 端保持不动，问欲不发生汽化，a 不能超过多少？

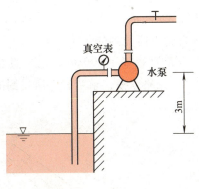

图 4-18 题 4-3 图

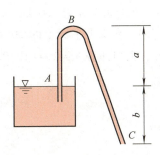

图 4-19 题 4-4 图

4-5 图 4-20 所示为射流泵装置简图,原理是利用喷嘴处的高速水流产生真空,将容器中流体吸入泵内,再与射流一起流至下游。要求在喷嘴处产生压强水头为-2.5m,已知 $H_2=$ 1.5m,喷嘴直径 $d_1=50$mm,管道直径 $d_2=70$mm。若不计损失,求上游液面高度 H_1。

4-6 图 4-21 所示敞口水池中的水沿一截面变化的管道排出,流量 $q_V=0.014$m³/s,若 $d_1=100$mm,$d_2=75$mm,$d_3=50$mm,不计损失,求所需的水头 H 以及第二管段中 M 点的压强 p_M。

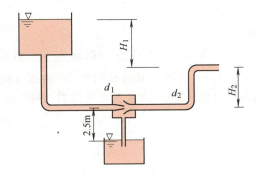

图 4-20 题 4-5 图

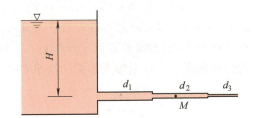

图 4-21 题 4-6 图

4-7 图 4-22 所示虹吸管直径 $d_1=10$cm,喷嘴直径 $d_2=5$cm,$a=3$m,$b=4.5$m。管中充满水流并由喷嘴射入大气,忽略摩擦,求 1、2、3、4 点的计示压强。

4-8 图 4-23 所示一射流在平面上以 $v=5$m/s 的速度冲击一斜置平板,射流与平板之间夹角 $\alpha=60°$,射流截面积 $A=0.008$m²,不计水流与平板之间的摩擦力。求:

1) 垂直于平板的射流作用力 F。
2) 流量 q_{V_1} 与 q_{V_2} 之比。

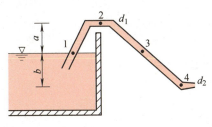

图 4-22 题 4-7 图

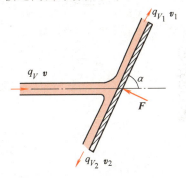

图 4-23 题 4-8 图

4-9 图 4-24 所示水流经一 30°水平弯管流入大气，已知 $d_1 = 100\text{mm}$，$d_2 = 75\text{mm}$，$v_2 = 23\text{m/s}$，水的密度 ρ 为 1000kg/m^3。不计水头损失，求弯管上所受到的作用力 F。

4-10 在水平平面上的 30°弯管如图 4-25 所示，入口直径 $d_1 = 600\text{mm}$，出口直径 $d_2 = 300\text{mm}$，入口压强 $p_1 = 1.4 \times 10^5\text{Pa}$，流量 $q_V = 0.425\text{m}^3/\text{s}$。忽略摩擦，求弯管上所受到的作用力 F。

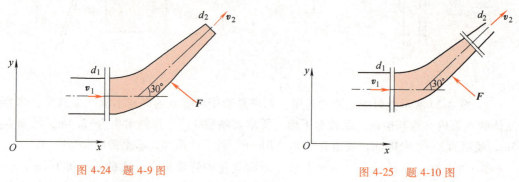

图 4-24　题 4-9 图　　　　　　　　图 4-25　题 4-10 图

4-11 图 4-26 所示为一洒水器，流量 $q_V = 6 \times 10^{-4}\text{m}^3/\text{s}$，每个喷嘴的面积 $A = 1.0\text{cm}^2$，臂长 $R = 30\text{cm}$，不计阻力。求：

1) 不计摩擦，旋臂的旋转速度 ω。
2) 如不让洒水器转动，应施加多大的力矩 M？

4-12 图 4-27 所示为一水泵叶轮，$r_1 = 10\text{cm}$，$r_2 = 20\text{cm}$，叶片宽度（即垂直于纸面方向）$b = 4\text{cm}$，水在叶轮入口处沿径向流入（绝对速度 v_1），在出口处与径向成 30°流出（绝对速度 v_2），已知质量流量 $q_m = 92\text{kg/s}$，叶轮转速 $n = 1450\text{r/min}$。求水在叶轮入口与出口处的绝对速度 v_1、v_2 及输入水泵的功率 P（不计损失）。

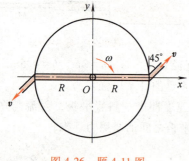 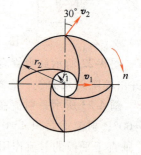

图 4-26　题 4-11 图　　　　　　　　图 4-27　题 4-12 图

[参考答案]

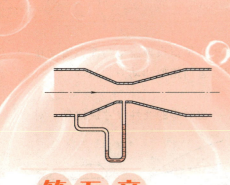

第五章

相似理论与量纲分析

> **本章要点及学习要求**
>
> **本章要点**：对工程性的模型试验，由相似理论保证模型与原型有相似的流动规律。并解决模型试验的两个问题：①模型形状及尺寸的确定，模型实验中流体介质的选取；②将实验结果换算到原型流动中。对探索性的研究实验，由量纲分析寻求物理量之间的联系，确定各物理量之间的函数关系式。
>
> **学习要求**：基本概念有力学相似（几何相似、运动相似、动力相似、初始条件和边界条件相似）、相似准则（重力相似准则、压力相似准则、黏性力相似准则）。基本试验方法有模型试验的设计、近似模型法（弗劳德模型法、雷诺模型法）。基本数据处理有模型试验数据与原型数据之间的换算。基本分析方法有量纲和谐原理、量纲分析的瑞利法和π定理。

实验研究是探索流动规律和解决工程实际问题的重要手段。相似理论与量纲分析是指导实验的理论基础。实验研究以可靠性、真实性，在建立物理模型和检验理论及数值计算结果的正确性方面起着重要的作用。

流体力学中的实验主要有两种：一是工程性的模型实验，目的在于预测即将建造的大型流体机械或水利工程上的流动情况；二是探索性的研究实验，目的在于探索未知的流动规律。本章介绍相似理论与量纲分析的基本方法及其应用。

第一节 相 似 理 论

"相似"概念来源于几何学。图 5-1 所示的两个三角形，对应边成比例，对应角相等，则称两个三角形几何相似。流体力学中的相似概念是几何学相似概念的扩展。

一、力学相似

进行模型实验时，为使模型流动表现出原型流动的主要特性，并能从模型流动上预测原型流动的

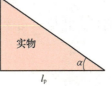

图 5-1 相似三角形

结果，必须使模型流动与原型流动保持力学相似关系。力学相似是指模型流动与原型流动在对应点上对应物理量都具有一定的比例关系，包括几何相似、运动相似和动力相似等。

1. 几何相似

几何相似是指模型流动与原型流动有相似的边界形状，一切对应的线性尺寸成比例，对应角相等，图 5-2 所示为两个相似的翼型。如果用下标 m 表示模型流动，用下标 p 表示原型流动，则线性比例尺为

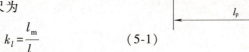

$$k_l = \frac{l_m}{l_p} \quad (5-1)$$

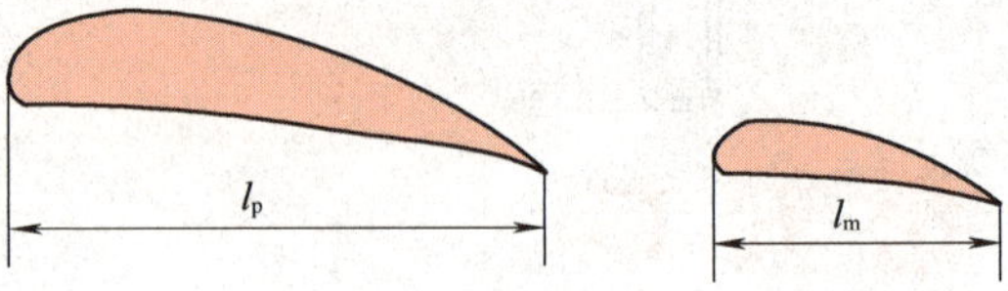

图 5-2 几何相似

k_l 是一个基本比例尺，在线性尺寸成相同比例的情况下，对应的夹角都相等。由线性比例尺可得面积比例尺，即

$$k_A = \frac{A_m}{A_p} = \frac{l_m^2}{l_p^2} = k_l^2$$

体积比例尺为

$$k_V = \frac{V_m}{V_p} = \frac{l_m^3}{l_p^3} = k_l^3$$

因为线性尺寸 l 的量纲是 L，面积 A 的量纲是 L^2，体积 V 的量纲是 L^3，对照导出物理量的量纲，可以直接写出导出物理量的比例尺。这一结论不但适用于几何相似，也适用于运动相似和动力相似。

严格来说，模型和原型表面粗糙度也应该具有相同的线性比例尺，但实际上只能近似地做到。

2. 运动相似

运动相似是指模型流动与原型流动的速度场相似，对应点上的速度方向相同，大小成比例。图 5-3 所示的绕翼型流动，流场中任一点 A 处，速度 v 大小成比例，方向相同。

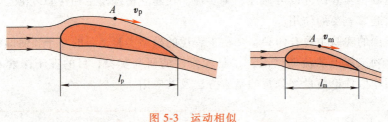

图 5-3 运动相似

速度比例尺为

$$k_v = \frac{v_m}{v_p} \quad (5-2)$$

k_v 是第二个基本比例尺，其他运动学的比例尺可以按照物理量的定义或量纲由 k_l 及 k_v 确定。

时间比例尺为

$$k_t = \frac{t_m}{t_p} = \frac{l_m/v_m}{l_p/v_p} = \frac{k_l}{k_v}$$

加速度比例尺为

$$k_a = \frac{a_m}{a_p} = \frac{v_m/t_m}{v_p/t_p} = \frac{k_v}{k_t} = \frac{k_v^2}{k_l}$$

流量比例尺为

$$k_{q_V} = \frac{q_{V_m}}{q_{V_p}} = \frac{l_m^3/t_m}{l_p^3/t_p} = \frac{k_l^3}{k_t} = k_l^2 k_v$$

运动黏度比例尺为

$$k_\nu = \frac{\nu_m}{\nu_p} = \frac{l_m^2/t_m}{l_p^2/t_p} = \frac{k_l^2}{k_t} = k_l k_v$$

角速度比例尺为

$$k_\omega = \frac{\omega_m}{\omega_p} = \frac{v_m/l_m}{v_p/l_p} = \frac{k_v}{k_l}$$

由以上关系式可以看出，只要确定了 k_l 及 k_v，其他运动学比例尺都可以确定。

3. 动力相似

动力相似是指模型流动与原型流动受同种外力作用，而且对应点上的力方向相同，大小成比例。对图5-3中的绕翼型流动，作用在翼型上的重力 G、压力 F、黏性力 T、惯性力 I 等力大小成比例，方向相同，力矢多边形几何相似（图5-4）。即

$$\frac{G_m}{G_p} = \frac{F_m}{F_p} = \frac{T_m}{T_p} = \frac{I_m}{I_p} \quad (5-3)$$

密度比例尺为

$$k_\rho = \frac{\rho_m}{\rho_p} \quad (5-4)$$

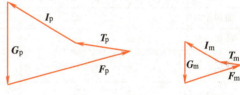

图 5-4 动力相似

k_ρ 是第三个基本比例尺，其他动力学的比例尺均可按照物理量的定义或量纲由 k_ρ、k_l 及 k_v 确定。

质量比例尺为

$$k_m = \frac{m_m}{m_p} = \frac{\rho_m V_m}{\rho_p V_p} = k_\rho k_l^3$$

力比例尺为

$$k_F = \frac{F_m}{F_p} = \frac{m_m a_m}{m_p a_p} = k_m k_a = k_\rho k_l^2 k_v^2 \quad (5-5)$$

力矩（功、能）比例尺为

$$k_M = \frac{F_m l_m}{F_p l_p} = k_F k_l = k_\rho k_l^3 k_v^2$$

压强（应力）比例尺为

$$k_p = \frac{F_m/A_m}{F_p/A_p} = \frac{k_F}{k_A} = k_\rho k_v^2$$

动力黏度比例尺为

$$k_\mu = \frac{\mu_m}{\mu_p} = \frac{\rho_m \nu_m}{\rho_p \nu_p} = k_\rho k_\nu = k_\rho k_l k_v$$

功率比例尺为

$$k_P = \frac{P_m}{P_p} = \frac{k_\rho k_l^3 k_v^2}{k_t} = k_\rho k_l^2 k_v^3$$

值得注意的是量纲一的系数的比例尺为

$$k_C = 1$$

即在相似的模型流动与原型流动之间存在着一切量纲一的系数都对应相等的关系,这提供了在模型流动上测定原型流动中的流量系数、阻力系数等的可能性。

所有这些力学相似的比例尺均列于表 5-1 中,基本比例尺 k_l、k_v、k_ρ 是各自独立的,基本比例尺确定之后,其他物理量的比例尺都可确定。模型流动与原型流动之间物理量的换算关系也就都确定了。

表 5-1 力学相似及近似模型法的比例尺

模型法	力学相似	重力相似弗劳德模型法	黏性力相似雷诺模型法	压力相似欧拉模型法
相似准则	$Fr_m = Fr_p$ $Re_m = Re_p$ $Eu_m = Eu_p$	$\dfrac{v_m^2}{g_m l_m} = \dfrac{v_p^2}{g_p l_p}$	$\dfrac{v_m l_m}{\nu_m} = \dfrac{v_p l_p}{\nu_p}$	$\dfrac{p_m}{\rho_m v_m^2} = \dfrac{p_p}{\rho_p v_p^2}$
比例尺的制约关系	k_l、k_v、k_ρ 各自独立	$k_v = k_l^{\frac{1}{2}}$	$k_v = \dfrac{k_\nu}{k_l}$	$k_p = k_\rho k_v^2$
线性比例尺 k_l	基本比例尺	基本比例尺	基本比例尺	
面积比例尺 k_A	k_l^2	k_l^2	k_l^2	
体积比例尺 k_V	k_l^3	k_l^3	k_l^3	
速度比例尺 k_v	基本比例尺	$k_l^{\frac{1}{2}}$	$\dfrac{k_\nu}{k_l}$	
时间比例尺 k_t	$\dfrac{k_l}{k_v}$	$k_l^{\frac{1}{2}}$	$\dfrac{k_l^2}{k_\nu}$	
加速度比例尺 k_a	$\dfrac{k_v^2}{k_l}$	1	$\dfrac{k_\nu^2}{k_l^3}$	
流量比例尺 k_{q_V}	$k_l^2 k_v$	$k_l^{\frac{5}{2}}$	$k_\nu k_l$	
运动黏度比例尺 k_ν	$k_l k_v$	$k_l^{\frac{3}{2}}$	基本比例尺	
角速度比例尺 k_ω	$\dfrac{k_v}{k_l}$	$k_l^{-\frac{1}{2}}$	$\dfrac{k_\nu}{k_l^2}$	
密度比例尺 k_ρ	基本比例尺	基本比例尺	基本比例尺	与"力学相似"栏相同
质量比例尺 k_m	$k_\rho k_l^3$	$k_\rho k_l^3$	$k_\rho k_l^3$	
力比例尺 k_F	$k_\rho k_l^2 k_v^2$	$k_\rho k_l^3$	$k_\rho k_\nu^2$	
力矩比例尺 k_M	$k_\rho k_l^3 k_v^2$	$k_\rho k_l^4$	$k_\rho k_l k_\nu^2$	
功、能比例尺 k_E	$k_\rho k_l^3 k_v^2$	$k_\rho k_l^4$	$k_\rho k_l k_\nu^2$	
压强(应力)比例尺 k_p	$k_\rho k_v^2$	$k_\rho k_l$	$\dfrac{k_\rho k_\nu^2}{k_l^2}$	
动力黏度比例尺 k_μ	$k_\rho k_l k_v$	$k_\rho k_l^{\frac{3}{2}}$	$k_\rho k_\nu$	
功率比例尺 k_P	$k_\rho k_l^2 k_v^3$	$k_\rho k_l^{\frac{7}{2}}$	$\dfrac{k_\rho k_\nu^3}{k_l}$	
量纲一的系数比例尺 k_C	1	1	1	

（续）

模 型 法	力 学 相 似	重力相似弗劳德模型法	黏性力相似雷诺模型法	压力相似欧拉模型法
适用范围	原理论证、自动模型区的管流等	水工结构、明渠水流、波浪阻力、闸孔出流等	管中流动、液压技术、孔口出流、水力机械等	自动模型区的管流、风洞实验、气体绕流等

注：表中 v 为速度，ν 为运动黏度。

4. 初始条件和边界条件相似

初始条件和边界条件相似是保证相似的充分条件。在非定常流动中，初始条件的相似是必需的。在定常流动中，则无初始条件的相似。

边界条件相似是指两个流动相应边界性质相同，在一般情况下，边界条件可分为几何学、运动学和动力学几个方面。如固体边界上的法向速度为零，自由表面上的压强为大气压等。

二、相似准则

两流动相似应具有几何相似、运动相似、动力相似以及初始条件和边界条件的相似。满足流动相似，则长度比例尺 k_l、速度比例尺 k_v、密度比例尺 k_ρ 等应遵循一定的约束关系，这种表达流动相似的约束关系称为相似准则。

通常几何相似是运动相似和动力相似的前提和依据，动力相似是决定两流动相似的主导因素，运动相似是几何相似和动力相似的表现。因此在几何相似的前提下，要保证流动相似，主要看动力相似，即满足式 (5-3)。

力比例尺 $k_F = k_\rho k_l^2 k_v^2$ 可表示为所受力的比等于惯性力的比，即

$$\frac{F_\mathrm{m}}{F_\mathrm{p}} = \frac{\rho_\mathrm{m} l_\mathrm{m}^2 v_\mathrm{m}^2}{\rho_\mathrm{p} l_\mathrm{p}^2 v_\mathrm{p}^2} \quad \text{或} \quad \frac{F_\mathrm{m}}{\rho_\mathrm{m} l_\mathrm{m}^2 v_\mathrm{m}^2} = \frac{F_\mathrm{p}}{\rho_\mathrm{p} l_\mathrm{p}^2 v_\mathrm{p}^2}$$

引入量纲一的相似准则数

$$Ne = \frac{F_0}{\rho l^2 v^2}$$

它表示了作用在流体上的某一种外力与惯性力的比值，称为牛顿（Newton）数。对模型流动和原型流动满足

$$Ne_\mathrm{m} = Ne_\mathrm{p} \tag{5-6}$$

两个动力相似的流动中，不管对于哪一类的外力，牛顿数必须保持相等。反之两个流动的牛顿数相等，则这两个流动力学相似。这是流动相似的重要标志和判据，称为牛顿相似准则。

在牛顿数中，F_0 可以是重力 G、压力 F、黏性力 T 等，可分别得出以下相似准则。

1. 重力相似准则

当原型和模型重力相似时，牛顿数中的 F_0 用重力 G 代入，得

$$\frac{G_\mathrm{m}}{\rho_\mathrm{m} l_\mathrm{m}^2 v_\mathrm{m}^2} = \frac{G_\mathrm{p}}{\rho_\mathrm{p} l_\mathrm{p}^2 v_\mathrm{p}^2}$$

重力可表示为

代入上式得

$$G = mg = \rho V g = \rho l^3 g$$

$$\frac{\rho_m l_m^3 g_m}{\rho_m l_m^2 v_m^2} = \frac{\rho_p l_p^3 g_p}{\rho_p l_p^2 v_p^2}$$

化简得

$$\frac{l_m g_m}{v_m^2} = \frac{l_p g_p}{v_p^2}$$

将上式改写成

$$\frac{v_m^2}{g_m l_m} = \frac{v_p^2}{g_p l_p}$$

将量纲一的组合数 $v^2/(gl)$ 称为弗劳德数，以 Fr 表示，即动力相似中要求

$$Fr_m = Fr_p \tag{5-7}$$

上式表示模型流动和原型流动的弗劳德数相等，称为弗劳德相似准则。弗劳德数是一个量纲一的量，是由 v、g、l 这三个物理量组合的一个综合物理量，它代表了流动中惯性力和重力之比。

2. 压力相似准则

当原型和模型压力相似时，牛顿数中的 F_0 用压力 F 代入，得

$$\frac{F_m}{\rho_m l_m^2 v_m^2} = \frac{F_p}{\rho_p l_p^2 v_p^2}$$

压力可表示为

$$F = pA = pl^2$$

代入上式得

$$\frac{p_m l_m^2}{\rho_m l_m^2 v_m^2} = \frac{p_p l_p^2}{\rho_p l_p^2 v_p^2}$$

化简得

$$\frac{p_m}{\rho_m v_m^2} = \frac{p_p}{\rho_p v_p^2}$$

将量纲一的组合数 $p/(\rho v^2)$ 称为欧拉数，以 Eu 表示，即动力相似中要求

$$Eu_m = Eu_p \tag{5-8}$$

上式表示模型流动和原型流动的欧拉数相等，称为欧拉相似准则。欧拉数也是一个量纲一的量，是由 p、ρ、v 这三个物理量组合的一个综合物理量，它代表了流动中所受的压力和惯性力之比。

3. 黏性力相似准则

当原型流动和模型流动黏性力相似时，牛顿数中的 F_0 用黏性力 T 代入，得

$$\frac{T_m}{\rho_m l_m^2 v_m^2} = \frac{T_p}{\rho_p l_p^2 v_p^2}$$

由牛顿内摩擦定律，黏性力可表示为

$$T = \mu \frac{dv}{dy} A = \mu v l$$

代入上式得

$$\frac{\mu_m v_m l_m}{\rho_m l_m^2 v_m^2} = \frac{\mu_p v_p l_p}{\rho_p l_p^2 v_p^2}$$

由动力黏度与运动黏度的关系 $\nu = \mu/\rho$，上式为

$$\frac{v_m l_m}{\nu_m} = \frac{v_p l_p}{\nu_p}$$

将量纲一的组合数 $\dfrac{vl}{\nu}$ 称为雷诺数，以 Re 表示，即动力相似中要求

$$Re_m = Re_p \tag{5-9}$$

上式表示模型流动和原型流动的雷诺数相等，称为雷诺相似准则。雷诺数也是一个量纲一的量，是 v、l、ν 这三个物理量组合的一个综合物理量，它代表了流动中的惯性力和所受的黏性力之比。

4. 其他相似准则

以上分析了流体常见的几种受力及对应的相似准则，对于不同的流动问题，有时还有其他不可忽视的作用力。例如，在非定常流动中的时变惯性力，考虑流体压缩性时的弹性力，在水深很小的明渠水流、多孔介质中的缓慢流动等问题时的表面张力等。根据流体相似要求，这些力应具有相应的相似准则。

斯特劳哈尔相似准则为

$$Sr = \frac{l}{vt} \tag{5-10}$$

斯特劳哈尔数代表了时变惯性力和位变惯性力之比，反映了流体运动随时间变化的情况。

马赫相似准则为

$$Ma = \frac{v}{c} \tag{5-11}$$

式中，c 为声速。

马赫数代表了流动中的压缩程度。$Ma<1$ 为亚声速流，$Ma>1$ 为超声速流。一般来说，马赫数小于 0.2 时，可作为不可压缩流体来处理。

韦伯相似准则为

$$We = \frac{\rho l v^2}{\sigma} \tag{5-12}$$

式中，σ 为表面张力。

韦伯数代表惯性力与表面张力之比。

为使模型流动的数据转换到原型流动中，必须要保证模型流动与原型流动力学相似，即要求对应的相似准则相等。由以上分析可以看出，动力相似用相似准则来表示，则有

$$Fr_m = Fr_p, \quad Eu_m = Eu_p, \quad Re_m = Re_p, \quad Sr_m = Sr_p, \quad Ma_m = Ma_p, \quad \cdots$$

三、近似模型法

对于不可压缩流体定常流动，如果模型流动和原型流动力学相似，则它们的弗劳德数、欧拉数、雷诺数必须各自相等，于是

$$Fr_m = Fr_p, \quad Eu_m = Eu_p, \quad Re_m = Re_p \tag{5-13}$$

式（5-13）称为不可压缩流体定常流动的力学相似准则。

由伯努利方程可知，给定速度场后，压强可由伯努利方程求出。即 Eu 可由 Fr、Re 确定。所以对不可压缩流体定常流动，只要 Fr、Re 相等就能达到动力相似。现讨论实际工程中要同时满足

$$Fr_m = Fr_p, \quad Re_m = Re_p$$

是否存在困难。

将以上两个相似准则写成

$$\frac{v_m^2}{g_m l_m} = \frac{v_p^2}{g_p l_p}, \quad \frac{v_m l_m}{\nu_m} = \frac{v_p l_p}{\nu_p}$$

即

$$k_v^2 = k_g k_l, \quad k_v = \frac{k_\nu}{k_l}$$

设计模型时，所选择的三个基本比例尺 k_l、k_v、k_ρ 如果能满足以上制约关系，模型流动与原型流动是力学相似的。但这是有困难的，因为一般重力加速度的比例尺 $k_g = 1$，于是

$$k_v = k_l^{\frac{1}{2}}, \quad k_v = \frac{k_\nu}{k_l}$$

由此得

$$k_\nu = k_l^{\frac{3}{2}}$$

模型的线性比例尺是可以任意选择的，但流体运动黏度的比例尺 k_ν 很难保持 $k_l^{\frac{3}{2}}$ 的数值。一般情况下，模型流动与原型流动中的流体往往就是同一种介质，例如航空器在风洞中实验，水工模型用水实验，液压元件用工作油实验，此时 $k_\nu = 1$，于是

$$k_v = k_l^{\frac{1}{2}}, \quad k_v = \frac{1}{k_l}$$

显然速度比例尺 k_v 不可能同时满足，除非 $k_l = 1$，即模型尺寸与原型尺寸相同。

近似模型法的依据是：弗劳德数代表惯性力与重力之比，雷诺数代表惯性力与黏性力之比，这三种力在一个具体问题上不一定具有同等的重要性，针对具体问题，突出主要因素有利于实际问题的研究，近似模型法有以下三种。

1. 弗劳德模型法

在水利工程（如明渠无压流动）中，处于主要地位的力是重力。用水位落差形式表现的重力是支配流动的原因，用静水压力表现的重力是水工结构中的主要矛盾。黏性力是次要因素，弗劳德模型法的主要相似准则是

$$\frac{v_m^2}{g_m l_m} = \frac{v_p^2}{g_p l_p}$$

一般模型流动与原型流动中的重力加速度相同，即 $g_m = g_p$，于是

$$\frac{v_m^2}{l_m} = \frac{v_p^2}{l_p} \quad 或 \quad k_v = k_l^{\frac{1}{2}} \tag{5-14}$$

上式说明在弗劳德模型法中,速度比例尺不再作为需要选取的基本比例尺。弗劳德模型法在水利工程中应用广泛。

2. 雷诺模型法

管中有压流动是压差作用下克服管道摩擦而产生的流动,黏性力决定管内流动的性质,重力是次要因素。雷诺模型法的主要准则是

$$\frac{v_m l_m}{\nu_m} = \frac{v_p l_p}{\nu_p} \quad \text{或} \quad k_v = \frac{k_\nu}{k_l} \tag{5-15}$$

雷诺模型法常用于管道流动、液压技术、水力机械等方面的模型实验。

3. 欧拉模型法

黏性流动中存在一种特殊现象,当雷诺数增大到一定数值以后,黏性力的影响相对减弱,继续提高雷诺数,不再对流动性能发生影响,如圆管流动时的阻力平方区。这种现象称为自动模型化,产生这种现象的雷诺数范围称为自动模型区,雷诺数处在自动模型区时,雷诺准则失去判别相似的作用。

如雷诺数处于自动模型区,在设计模型时,不必考虑黏性力。如果是管中流动,或者是气体流动,重力也不必考虑。于是需考虑代表压力和惯性力之比的欧拉准则,欧拉相似准则的比例尺制约关系为

$$\frac{p_m}{\rho_m v_m^2} = \frac{p_p}{\rho_p v_p^2} \quad \text{或} \quad k_p = k_\rho k_v^2 \tag{5-16}$$

按欧拉准则设计模型时,其他物理量的比例尺与力学相似的各比例尺是完全一致的。欧拉模型法用于自动模型区的管流、风洞实验及气体绕流等。

例 5-1 在图 5-5 中,已知一轿车高 $h = 1.5\text{m}$,速度 $v = 30\text{m/s}$。设在风洞内风速为 $v_m = 60\text{m/s}$ 时,测得模型轿车的迎面空气阻力 $F_m = 1500\text{N}$。试设计模型高度并求出轿车迎面阻力 F。

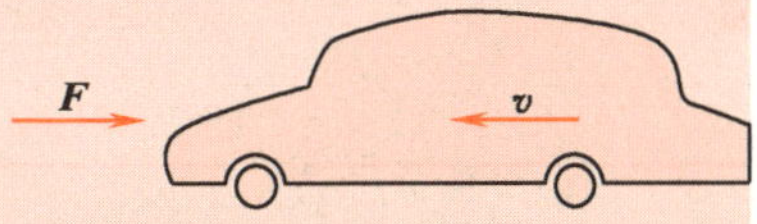

解 此模型在风洞中进行实验,空气的黏性摩擦力决定迎面阻力,重力的作用很小。选用雷诺模型法,则

图 5-5 汽车阻力模型实验

$$Re_m = Re_p \quad \text{或} \quad \frac{v_m l_m}{\nu_m} = \frac{v_p l_p}{\nu_p}, \quad \frac{v_m h_m}{\nu_m} = \frac{v_p h_p}{\nu_p}$$

线性尺寸取高度 h,将 $v_m = 60\text{m/s}$,$v_p = 30\text{m/s}$,$h_p = 1.5\text{m}$,$\nu_p = \nu_m$(都是空气流动)代入上式。代入雷诺相似准则得

$$h_m = \frac{v_p h_p}{v_m} = 0.75\text{m}$$

即模型轿车高为 $h_m = 0.75\text{m}$。模型轿车的其他尺寸也应按高度比例来决定。

由表 5-1 中雷诺模型法中力比例尺 $k_F = k_\rho k_\nu^2$,因 $\rho_m = \rho_p$,$\nu_m = \nu_p$,故

$$k_F = 1, \quad F = 1500\text{N}$$

例 5-2 图 5-6 所示为管嘴出流装置，已知 $d_p = 0.25\text{m}$，$q_{Vp} = 0.14\text{m}^3/\text{s}$，模型线性比例尺为 $k_l = 1/5$，模型实验时，在水箱自由表面出现旋涡时的水头 $h_{\min\text{ m}} = 0.2\text{m}$，求模型实验时的流量 q_{Vm} 和实际出流出现旋涡时的水头 $h_{\min\text{ p}}$。

解 在具有自由表面的管嘴出流中重力起主要作用。因流程较短，黏性力可不考虑。选用弗劳德模型法，则

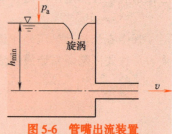

图 5-6 管嘴出流装置

$$Fr_m = Fr_p \quad \text{或} \quad \frac{v_m^2}{gl_m} = \frac{v_p^2}{gl_p}, \quad \frac{v_m^2}{gd_m} = \frac{v_p^2}{gd_p}$$

线性尺寸取管嘴直径 d，将 $d_p = 0.25\text{m}$，$d_m = d_p/5 = 0.05\text{m}$，$v_p = \dfrac{q_{Vp}}{\pi d_p^2/4} = 2.85\text{m/s}$ 代入上式

$$v_m^2 = \frac{d_m}{d_p}v_p^2 = \frac{1}{5}v_p^2, \quad v_m = \frac{1}{\sqrt{5}}v_p = 1.27\text{m/s}$$

故

$$q_{Vm} = v_m \frac{\pi d_m^2}{4} = \left(1.27 \times \frac{\pi \times 0.05^2}{4}\right)\text{m}^3/\text{s} = 2.5 \times 10^{-3}\text{m}^3/\text{s}$$

又因 $d_p/d_m = h_{\min\text{ p}}/h_{\min\text{ m}}$，可得实际的 $h_{\min\text{ p}}$ 为

$$h_{\min\text{ p}} = \frac{d_p}{d_m}h_{\min\text{ m}} = \left(\frac{0.25}{0.05} \times 0.2\right)\text{m} = 1.0\text{m}$$

第二节 量纲分析

量纲分析是指通过对运动中有关物理量的量纲进行分析，使各函数关系中的自变量数目最少，以简化实验。常用的量纲分析法有瑞利法和 π 定理。

一、单位和量纲

物理量单位的种类称为量纲。例如小时、分、秒是时间的不同单位，它们的量纲是 T。米、毫米、尺、码同属长度的单位，量纲是 L。吨、千克、克同属于质量的单位，量纲是 M。

物理量的量纲分为基本量纲和导出量纲，通常流体力学中取长度、时间和质量的量纲 L、T、M 为基本量纲，在与温度有关的问题中，增加温度的量纲 Θ 为基本量纲。导出量纲有：速度 $[v] = \text{LT}^{-1}$，流量 $[q_V] = \text{L}^3\text{T}^{-1}$，加速度 $[a] = \text{LT}^{-2}$，密度 $[\rho] = \text{ML}^{-3}$，力 $[F] = \text{MLT}^{-2}$，压强 $[p] = \text{ML}^{-1}\text{T}^{-2}$，切应力 $[\tau] = \text{ML}^{-1}\text{T}^{-2}$，动力黏度 $[\mu] = \text{ML}^{-1}\text{T}^{-1}$，运动黏度 $[\nu] = \text{L}^2\text{T}^{-1}$。

例 5-3 试用国际单位制表示流体动力黏度 μ 的量纲。

解 由牛顿内摩擦公式 $\tau = \mu \dfrac{dv}{dy}$，可知

$$[\mu] = \frac{[\tau][l]}{[v]}$$

所以

$$[\mu] = \frac{ML^{-1}T^{-2}L}{LT^{-1}} = ML^{-1}T^{-1}$$

二、量纲和谐性原理

一个正确、完善的反映客观规律的物理方程中，各项的量纲是一致的，这就是量纲和谐性原理，也称量纲一致性原理。以流体力学中的连续性方程、伯努利方程、动量方程来说明。

连续性方程

$$v_1 A_1 = v_2 A_2$$

每一项的量纲皆为

$$LT^{-1}L^2 = L^3 T^{-1}$$

即连续性方程每一项皆为流量的量纲 $L^3 T^{-1}$，量纲是和谐的。

伯努利方程

$$z_1 + \frac{p_1}{\rho g} + \frac{\alpha_1 v_1^2}{2g} = z_2 + \frac{p_2}{\rho g} + \frac{\alpha_2 v_2^2}{2g} + h_w$$

每一项的量纲为 L，即各项皆为长度（水头）的量纲，量纲也是和谐的。

动量方程

$$\sum \boldsymbol{F} = \rho q_V (\beta_2 v_2 - \beta_1 v_1)$$

每一项的量纲为 MLT^{-2}，即各项皆为力的量纲，也符合量纲和谐性原理。

量纲和谐性原理还可以用来确定方程中系数的量纲，以及分析经验公式的结构是否合理。量纲和谐性原理的最重要用途在于能确定方程中物理量的指数，从而找到物理量间的函数关系，建立结构合理的数学方程。

应用量纲和谐性原理来探求物理量之间函数关系的方法称为量纲分析法。量纲分析法常用的有两种：一种适合于影响因素间的关系为单项指数形式的结合，称为瑞利法；另一种具有普遍性的方法，称为 π 定理。

三、瑞利法

如果对某一物理现象经过大量的观察、实验、分析，找出影响该物理现象的主要因素 y、x_1、x_2、…、x_n，它们之间待定的函数关系为

$$y = f(x_1, x_2, \cdots, x_n)$$

瑞利（Rayleigh）法是用物理量 x_1、x_2、…、x_n 的某种幂次乘积的函数来表示物理量 y 的，即

$$y = kx_1^{\alpha_1} x_2^{\alpha_2} \cdots x_n^{\alpha_n} \tag{5-17}$$

式中，k 为量纲一的系数；α_1、α_2、$\cdots$、α_n 为待定指数，根据量纲和谐性原理确定。

下面通过例题介绍瑞利法的解题步骤。

例 5-4 流动有层流和湍流两种流动状态，流动状态相互转变时的流速称临界流速。实验指出，恒定有压管流下临界流速 v_c 与管径 d、流体密度 ρ 和流体动力黏度 μ 有关。用瑞利法求出它们的函数关系。

解 按瑞利法写出待定函数关系为

$$v_c = f(d, \rho, \mu)$$

写成幂次乘积的形式为

$$v_c = k d^{\alpha_1} \rho^{\alpha_2} \mu^{\alpha_3}$$

用基本量纲表示上式中各物理量的量纲，写成量纲方程为

$$LT^{-1} = L^{\alpha_1} (ML^{-3})^{\alpha_2} (ML^{-1}T^{-1})^{\alpha_3}$$

根据物理方程的量纲和谐性原理，对 L、M、T 各量纲分别有

$$L: 1 = \alpha_1 - 3\alpha_2 - \alpha_3, \quad M: 0 = \alpha_2 + \alpha_3, \quad T: -1 = -\alpha_3$$

求解这一方程组解得 $\alpha_1 = -1$，$\alpha_2 = -1$，$\alpha_3 = 1$。代入幂次乘积关系式中

$$v_c = k \frac{\mu}{\rho d} = k \frac{\nu}{d}$$

将上式化为量纲一的形式后，有

$$k = \frac{v_c d}{\nu}$$

这一量纲一的系数 k 称为临界雷诺数，以 Re_c 表示，即

$$Re_c = \frac{v_c d}{\nu}$$

根据雷诺实验，临界雷诺数在恒定有压圆管流动中为 2320，用来判别层流与湍流。

四、π 定理

下面介绍量纲分析法的另一个重要定理，即 π 定理，又称布金汉（E. Buckingham）定理。

π 定理可描述如下：某一物理现象与 n 个物理量 x_1、x_2、$\cdots$、x_n 有关，而这 n 个物理量存在函数关系，即

$$f(x_1, x_2, \cdots, x_n) = 0$$

若这 n 个物理量的基本量纲数为 m，则这 n 个物理量可组合成 $n-m$ 个独立的量纲一的数 π_1、π_2、$\cdots$、π_{n-m}，这些量纲一的数也存在某种函数关系，即

$$F(\pi_1, \pi_2, \cdots, \pi_{n-m}) = 0 \tag{5-18}$$

这个定理表达了物理现象明确的量间关系，把方程的变量数减少了 m 个，更主要的是，这个定理把物理现象概括地表示在此函数式中。

运用 π 定理时，关键问题是如何确定独立的量纲一的数。现将方法介绍如下：

1) 如果 n 个物理量的基本量纲为 M、L、T，即基本量纲数 $m=3$，则在这 n 个物理量中选取 m 个作为循环量，例如选取 x_1、x_2、x_3。循环量选取的一般原则是：为了保证几何相似，应选取一个长度变量，例如直径 d 或长度 l；为了保证运动相似，应选一个速度变量，如 v；为了保证动力相似，应选一个与质量有关的物理量，如密度 ρ。通常这 m 个循环量应包含 M、L、T 这三个基本量纲。

2) 用这三个循环量与其他 $n-m$ 个物理量中的任一量组合成量纲一的数，这样就得到 $n-m$ 个独立的量纲一的数。下面通过例题介绍 π 定理的求解过程。

例 5-5 管中流动的沿程水头损失——达西公式。

根据实际观测知道，管中流动由于沿程摩擦而造成的压差 Δp 与下列因素有关：管路直径 d、管中平均速度 v、流体密度 ρ、流体动力黏度 μ、管路长度 l、管壁的绝对粗糙度 Δ 等。求管中流动的沿程水头损失 $h_f = \dfrac{\Delta p}{\rho g}$。

解 根据题意压差 $\Delta p = f(d, v, \rho, \mu, l, \Delta)$，选择 d、v、ρ 作为基本物理量，于是

$$\pi = \frac{\Delta p}{d^\alpha v^\beta \rho^\gamma}, \quad \pi_4 = \frac{\mu}{d^{\alpha_4} v^{\beta_4} \rho^{\gamma_4}}, \quad \pi_5 = \frac{l}{d^{\alpha_5} v^{\beta_5} \rho^{\gamma_5}}, \quad \pi_6 = \frac{\Delta}{d^{\alpha_6} v^{\beta_6} \rho^{\gamma_6}}$$

各物理量的量纲见下表。

物理量	d	v	ρ	Δp	μ	l	Δ
量纲	L	LT^{-1}	ML^{-3}	ML^{-1}T^{-2}	ML^{-1}T^{-1}	L	L

首先分析 Δp 的量纲，要求分子分母的量纲相同，所以有

$$ML^{-1}T^{-2} = (L)^\alpha (LT^{-1})^\beta (ML^{-3})^\gamma = M^\gamma L^{\alpha+\beta-3\gamma} T^{-\beta}$$

解得

$$\alpha = 0, \quad \beta = 2, \quad \gamma = 1$$

得

$$\pi = \frac{\Delta p}{\rho v^2}$$

分析 μ 的量纲，同理有

$$ML^{-1}T^{-1} = (L)^{\alpha_4} (LT^{-1})^{\beta_4} (ML^{-3})^{\gamma_4} = M^{\gamma_4} L^{\alpha_4+\beta_4-3\gamma_4} T^{-\beta_4}$$

解得

$$\alpha_4 = 1, \quad \beta_4 = 1, \quad \gamma_4 = 1$$

于是

$$\pi_4 = \frac{\mu}{vd\rho} = \frac{\nu}{vd}$$

再分析 l 的量纲，同理有

$$L = (L)^{\alpha_5} (LT^{-1})^{\beta_5} (ML^{-3})^{\gamma_5} = M^{\gamma_5} L^{\alpha_5+\beta_5-3\gamma_5} T^{-\beta_5}$$

解得

$$\alpha_5 = 1, \quad \beta_5 = 0, \quad \gamma_5 = 0$$

得

$$\pi_5 = \frac{l}{d}$$

同理可得

$$\pi_6 = \frac{\Delta}{d}$$

将所有 π 值汇总可得

$$\frac{\Delta p}{\rho v^2} = f\left(\frac{\nu}{vd}, \frac{l}{d}, \frac{\Delta}{d}\right)$$

因为管中流动的水头损失 $h_f = \frac{\Delta p}{\rho g}$，$Re = \frac{vd}{\nu}$，则

$$h_f = \frac{\Delta p}{\rho g} = \frac{v^2}{g} f\left(\frac{1}{Re}, \frac{l}{d}, \frac{\Delta}{d}\right)$$

从实验得出沿程损失与管长 l 成正比，与管径 d 成反比，故 l/d 可从函数符号中提出。另外，Re 倒数的函数与 Re 的函数意义相同，为写成动能形式，在分母上乘以 2 也不影响公式的结构，故最后公式可写成

$$h_f = f\left(Re, \frac{\Delta}{d}\right) \frac{l}{d} \frac{v^2}{2g} = \lambda \frac{l}{d} \frac{v^2}{2g}$$

此式称为达西（Darcy）公式，是计算管路沿程水头损失的一个重要公式。其中

$$\lambda = f\left(Re, \frac{\Delta}{d}\right)$$

称为沿程阻力系数，它是雷诺数 Re 和管壁的相对粗糙度 Δ/d 的函数，在实验中只要改变 Re、Δ/d，即可得出 λ 的变化规律，这种实验曲线称为莫迪图。利用莫迪图及达西公式可进行沿程水头损失的计算。

习　题

5-1　什么是相似准则？在近似模型法中如何选定相似准则？

5-2　如何安排模型流动？如何将模型流动中测定的数据换算到原型流动中去？

5-3　什么是量纲、基本量纲、导出量纲？在不可压缩流体流动问题中，基本量纲有哪几个？量纲分析法的依据是什么？

5-4　写出以下量纲为一的数的表达式：Fr（弗劳德数）、Re（雷诺数）、Eu（欧拉数）、Sr（斯特劳哈尔数）、Ma（马赫数），C_L（升力系数）、C_D（阻力系数）、C_p（压强系数）。

5-5　Re 越大，意味着流动中黏性力相对于惯性力来说就越小。解释为什么当管流中 Re 很大时（相当于水力粗糙管流动），管内流动进入了自动模型区。

5-6　水流自滚水坝顶下泄，流量 $q_V = 32\text{m}^3/\text{s}$，现取模型和原型的线性比例尺 $k_l = l_m/l_p = 1/4$，求模型流动中的流量 q_{V_m}；若测得模型流动的坝顶水头 $H_m = 0.5\text{m}$，求实际流动中的坝顶水头 H_p。

5-7　有一水库模型和实际水库的线性比例尺是 1/225，模型水库开闸放水 4min 可泄空水库中的水，求实际水库将库水放空所需的时间 t_p。

5-8　一离心泵输送运动黏度 $\nu_p = 18.8 \times 10^{-5} \text{m}^2/\text{s}$ 的油液，泵转速 $n_p = 2900\text{r/min}$，若采

用叶轮直径为原型叶轮直径 1/3 的模型泵来做实验，模型流动中采用 20℃ 的清水，$\nu_m = 1 \times 10^{-6} \text{m}^2/\text{s}$。求选用模型离心泵的转速 n_m。

5-9 气流在圆管中流动的压降可通过水流在有机玻璃管中的实验得到。已知圆管气流的 $v_p = 20 \text{m/s}$，$d_p = 0.5 \text{m}$，$\rho_p = 1.2 \text{kg/m}^3$，$\nu_p = 15 \times 10^{-6} \text{m}^2/\text{s}$；模型采用 $d_m = 0.1 \text{m}$，$\rho_m = 1000 \text{kg/m}^3$，$\nu_m = 1 \times 10^{-6} \text{m}^2/\text{s}$。求：

1）模型流动中水流速度 v_m。

2）若测得模型圆管中 2m 长的压降 $\Delta p_m = 2.5 \times 10^3 \text{Pa}$，求气流通过 20m 长管道的压降 Δp_p。

5-10 Re 是流速 v、物体特征长度 L、流体密度 ρ 及流体动力黏度 μ 这四个物理量的综合表达，用 π 定理推出雷诺数的表达形式。

5-11 机翼的升力 F_L 和阻力 F_D 与机翼的平均气动弦长 L、机翼的面积 A、飞行速度 v、攻角 α、空气的密度 ρ、空气的动力黏度 μ 及声速 c 等因素有关。用量纲分析法求出其函数关系式。

[参考答案]

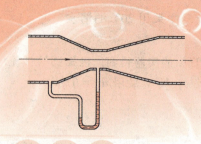

第六章

流动阻力与水头损失

> **本章要点及学习要求**
>
> **本章要点：** 实际流体的黏性，在伯努利方程中体现为水头损失。在研究水头损失时，实验发现流体的流动存在层流和湍流两种流态，其运动规律、流动结构、水头损失规律等明显不同。本章介绍水流的两种流态：层流和湍流。水头损失的两种形式：沿程水头损失和局部水头损失。管路中水头损失的计算等。
>
> **学习要求：** 基本概念有层流、湍流，时均流动、附加切应力、水力光滑管、水力粗糙管。基本实验有雷诺实验、尼古拉兹实验。实验图表有尼古拉兹实验曲线、莫迪图、局部装置的局部阻力系数。实验系数有沿程阻力系数、局部阻力系数。基本计算有管路中沿程水头损失和局部水头损失的计算。

实际流体具有黏性，流体在运动过程中克服黏性阻力而消耗的机械能称为水头损失。通常将水头损失 h_w 分为沿程水头损失 h_f 和局部水头损失 h_j 两种。

沿程水头损失 h_f 是流体克服沿程黏性阻力而产生的损失（简称沿程损失，图 6-1），用符号 h_f 表示。在管道流动中，沿程水头损失由达西公式计算

$$h_f = \lambda \frac{l}{d} \frac{v^2}{2g} \tag{6-1}$$

式中，h_f 为沿程水头损失（m）；v 为管中平均流速（m/s）；l 为管道长度（m）；d 为管道内径（m）；λ 为沿程阻力系数，λ 与流动状态及管道的粗糙度等有关。

流体流经边界发生急剧变化的局部障碍（如突然扩大、阀门等，图 6-2），会引起流线弯曲、流体脱离边界、旋涡等，产生水头损失，由于这种损失发生在局部急变流动区段，称为局部水头损失，用符号 h_j 表示。

图 6-1 沿程水头损失

局部水头损失的计算公式为

$$h_j = \zeta \frac{v^2}{2g} \tag{6-2}$$

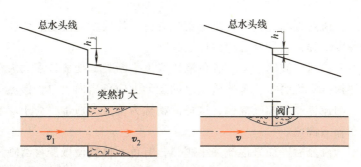

图 6-2 局部水头损失

式中，h_j 为局部水头损失（m）；v 为管中平均流速（m/s）；ζ 为局部阻力系数，根据不同的局部装置由实验测定。

如果管道由若干等直管段和一些管道附件等连接在一起组成，管道总的水头损失等于各段的沿程水头损失和各处局部水头损失之和。即

$$h_w = \sum h_f + \sum h_j \tag{6-3}$$

第一节　流体运动的两种流动状态

在 19 世纪初，许多研究者发现圆管流动中的水头损失与速度大小有关，当速度较小的时候，水头损失与速度一次方成正比；当速度较大时，水头损失与速度的二次方或接近二次方成正比。为了揭示问题的实质，1883 年英国科学家雷诺进行了流动阻力实验。实验发现水头损失与速度的关系之所以不同，是因为流动存在两种不同的流动状态——层流和湍流。

一、雷诺实验

图 6-3 所示为雷诺实验装置示意图，由稳压水箱、实验管道、测压管以及有色液体注入管等组成，实验管道前后装上测压管，两测压管的高度差等于此管段的沿程水头损失。水箱内装有溢流挡板，使水位保持恒定，管道出口装有调节流量的阀门，流量由体积法测量。

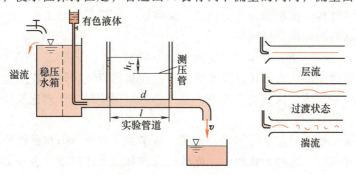

图 6-3 雷诺实验装置示意图

为了观察管中水流的形态，将有色液体通过细管注入实验管道的水流中。实验时当水箱中水位稳定后，打开阀门，使流速由小变大。当流速较小时，清楚地观察到管中的有色液体为一条直线，说明管中的流体质点以一种规律相同、互不混杂的形式做分层流动，这种流动称为层流。

继续开大阀门，流速逐渐增大，这时观察到有色液体线发生波动、弯曲，随着流速的增大，波动、弯曲程度增强，这种状态称为过渡状态。

当流速超过某一值时，波动加剧，有色液体线发生断裂，变成许多大大小小的旋涡，有色液体和周围水体掺混。说明尽管流体质点总的运动方向仍指向出口，但流体质点的轨迹曲折、混乱，各流层的流体质点相互混掺，这种流动称为湍流。通常将介于层流和湍流之间极不稳定的过渡状态归入湍流。

当流动状态变为湍流后，如果逐渐关小阀门，有色液体线慢慢变得清晰，当流速降为某个值时，有色液体线又呈一条直线，说明流动状态从湍流又恢复为层流。

实验表明，无论是液体还是气体，实际流体的流动总是存在两种流动状态：层流和湍流。层流和湍流在速度分布、沿程水头损失等方面都有很大的差别。

二、流动状态判别

将流动状态转换时的流速称为临界流速，由层流变为湍流的流速称为上临界流速 v_c'。由湍流变为层流时的流速称为下临界流速 v_c，且 $v_c' > v_c$。从图 6-4 中看出，$v < v_c$ 为层流，$v > v_c'$ 为湍流。

流体的流动状态是层流还是湍流，还与管径 d、流体的运动黏度 ν 等因素有关。雷诺通过大量实验发现，不论管径 d、运动粘度 ν 如何变化，由 d、ν、v_c 组成的量纲一的量

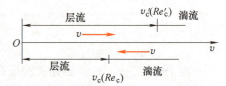

图 6-4　临界流速与临界雷诺数

$$Re_c = \frac{v_c d}{\nu} \tag{6-4}$$

是个定值，称为临界雷诺数（下临界雷诺数）。对应于上临界流速的雷诺数称为上临界雷诺数，$Re_c' = v_c' d / \nu$，对应于任一流速的雷诺数为 $Re = vd/\nu$。

雷诺实验测定的圆管流动下临界雷诺数为 $Re_c = 2320$，上临界雷诺数为 $Re_c' = 13800$。当 $2320 < Re < 13800$ 时，层流、湍流的可能性都存在，不过湍流的情况较多。雷诺数较高时，层流极不稳定，遇到外界干扰很容易变为湍流，故将这一区域归入湍流中。因此将下临界雷诺数作为判别流动状态的标准。对圆管

$$Re < 2320，\text{层流}；\quad Re > 2320，\text{湍流}$$

层流、湍流两种流动状态不仅存在于管流中，在自然界及实际工程中也普遍存在。它们形成的原因，特别是层流如何转变为湍流，至今仍然是层流稳定性理论及湍流内部机理研究中需要深入探讨的问题。

这里仅从雷诺数的物理意义做粗浅的说明，雷诺数代表惯性力与黏性力之比，当雷诺数较小且不超过临界值时，黏性力作用大，流体质点在黏性力作用下，表现为有秩序的直线运动，互不掺混呈层流状态。随着雷诺数的增大，即惯性力相对增大，黏性力的作用随之减弱，当雷诺数大到一定程度时，层流失去稳定，此时黏性力不足以抑制和约束外界扰动，流体质点离开直线运动，形成无规则的脉动混杂及大大小小的旋涡。

对于非圆形管道，定义雷诺数为

$$Re = \frac{v d_e}{\nu} \tag{6-5}$$

式中，d_e 为水力直径，$d_e = 4A/\chi$；A 为过流断面面积；χ 为湿周；ν 为流体的运动黏度。

几种非圆形管道的临界雷诺数见表 6-1。

表 6-1　几种非圆形管道的临界雷诺数

管道断面形状	正方形	正三角形	同心缝隙	偏心缝隙
$Re = \dfrac{vd_e}{\nu}$	$\dfrac{va}{\nu}$	$\dfrac{va}{\sqrt{3}\nu}$	$\dfrac{2v\delta}{\nu}$	$\dfrac{v(D-d)}{\nu}$
Re_c	2070	1930	1100	1000

例 6-1　直径 $d = 0.2\text{m}$ 的圆管，通过流量 $q_V = 0.025\text{m}^3/\text{s}$，试判别流动状态。

1）管内流体为水，运动黏度 $\nu = 1 \times 10^{-6}\text{m}^2/\text{s}$。

2）管内流体为原油，运动黏度 $\nu = 1 \times 10^{-4}\text{m}^2/\text{s}$。

解　管道内的流速为

$$v = \frac{q_V}{\frac{1}{4}\pi d^2} = \frac{0.025}{\frac{1}{4} \times 3.14 \times 0.2^2}\text{m/s} = 0.8\text{m/s}$$

1）水的流动状态

$$Re = \frac{vd}{\nu} = \frac{0.8 \times 0.2}{1 \times 10^{-6}} = 1.6 \times 10^5 > 2320$$

管中输水时的流动状态为湍流。这一管路输水时的临界流速为

$$v_c = \frac{Re_c \nu}{d} = \frac{2320 \times 1 \times 10^{-6}}{0.2}\text{m/s} = 0.012\text{m/s}$$

由此可见，工程中实际的输水管路的流动都应是湍流。

2）原油的流动状态

$$Re = \frac{vd}{\nu} = \frac{0.8 \times 0.2}{1 \times 10^{-4}} = 1600 < 2320$$

管中输原油时的流动状态为层流。

三、圆管中层流、湍流的水头损失规律

在雷诺实验装置中，在实验段的前后断面装测压管。对这两个断面列伯努利方程可得 $h_f = \Delta p/(\rho g)$。可见测压管中的水柱高差即为实验管道前后过流断面之间的沿程损失。管中平均流速由体积法测流量求出。改变平均流速测出相应的沿程损失，将实验结果画在对数坐标纸上，得 $h_f\text{-}v$ 的关系曲线（图 6-5）。

当流速由小变大时，实验点落在 ABCD 上，B 点对应上临界速度。当流速由大变小时，实验点落在 DEA 上，E 点对应下临界速度。h_f 与 v 的关系曲线为

$$h_f = kv^m \tag{6-6}$$

当 $v<v_c$，即层流时，$\alpha = 45°$，$m = \tan 45° = 1$，$h_f = k_1 v$，沿程水头损失与平均速度的一次方成正比。

当 $v>v'_c$，即湍流时，$\alpha > 45°$，$m>1$，m 值在 1.75～2.0。所以湍流时水头损失比层流时要大。

以上分析说明流动状态不同，水头损失规律也不同。因此在计算管道水头损失时，必须先判别流动状态，然后根据所确定的流动状态选择不同的计算公式。

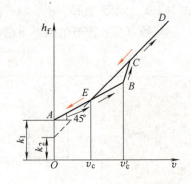

图 6-5　圆管中层流、湍流的水头损失规律

第二节　圆管中的层流

在石油输送、化工管道、地下水渗流以及机械工程中的液压传动、润滑等技术问题中都会遇到流体的层流流动。在这一节中，讨论黏性流体在圆截面管道中的流动，分析圆管层流速度分布的特点，得出沿程阻力系数的表达式。

一、速度分布

设黏性流体在长直圆管中做定常、均匀流动。由于流体具有黏性，在管道壁面上，流体速度为零。对于均匀流动，管道任一过流断面上的速度分布都相同。由于流动的对称性，取一个以管轴为中心、长度为 l、半径为 r 的圆柱体进行分析（图 6-6）。流体在等直径圆管中做定常、均匀流动，加速度为 0，作用在圆柱体上流体的外力平衡，即

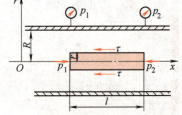

图 6-6　圆管层流中的受力分析

$$p_1 \pi r^2 - p_2 \pi r^2 - \tau 2\pi r l = 0 \tag{6-7}$$

流体在圆管中做层流运动，满足牛顿内摩擦定律，即

$$\tau = -\mu \frac{dv_x}{dr} \tag{6-8}$$

由于流速 v_x 随半径的增加而减小，即 $dv_x/dr<0$，为使 τ 为正值，在式（6-8）右端加负号。将式（6-8）代入式（6-7），整理得

$$\frac{dv_x}{dr} = -\frac{p_1-p_2}{2\mu l}r = -\frac{\Delta p}{2\mu l}r$$

积分得

$$v_x = -\frac{\Delta p}{4\mu l}r^2 + C$$

圆管流动的边界条件为 $r=R$ 时，$v_x=0$。得

$$C = \frac{\Delta p}{4\mu l}R^2$$

所以

$$v_x = \frac{\Delta p}{4\mu l}(R^2 - r^2) \tag{6-9}$$

上式表明黏性流体在圆管内做定常、均匀流动时，过流断面上的速度分布为旋转抛物面，如图6-7所示。

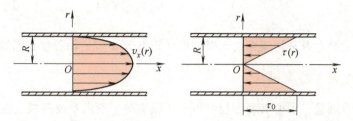

图 6-7　圆管中层流的速度分布与切应力分布

二、流量、平均流速

对式（6-9）在圆管过流断面上积分得流量

$$q_V = \int_A v_x dA = \int_0^R v_x 2\pi r dr = \int_0^R \frac{\Delta p}{4\mu l}(R^2 - r^2) 2\pi r dr = \frac{\pi R^4 \Delta p}{8\mu l} = \frac{\pi d^4 \Delta p}{128\mu l} \tag{6-10}$$

式（6-10）称为哈根-泊肃叶定律，与实验测量完全一致。哈根-泊肃叶定律也是测量液体黏度的依据，从式（6-10）中解出

$$\mu = \frac{\pi d^4 \Delta p}{128 q_V l}$$

在图6-3中，在层流状态下，对直径 d、长度 l 的实验管道两端测出压强差 Δp，用体积法测出流量 q_V，按上式可求出液体的动力黏度 μ。

圆管过流断面上的平均流速为

$$\bar{v} = \frac{q_V}{A} = \frac{\Delta p}{8\mu l} R^2 \tag{6-11}$$

在管轴上 $r = 0$ 处，流速达最大值，由式（6-9）得

$$v_{max} = \frac{\Delta p}{4\mu l} R^2 = 2\bar{v}$$

流体在圆管中做层流运动时，断面平均流速等于轴线上最大流速的一半。利用这一特性，对于层流用毕托管测出圆管轴线上的流速，可求得流量。

三、切应力分布

由牛顿内摩擦定律可得

$$\tau = -\mu \frac{dv_x}{dr} = \frac{\Delta p}{2l} r \tag{6-12}$$

在层流的过流断面上，切应力 τ 与半径 r 成正比（图6-7），呈 K 字形分布。壁面上切应力 $\tau_0 = \frac{\Delta p}{2l} R$。

四、动能、动量修正系数

根据动能与动量修正系数的表达式

$$\alpha = \frac{\int_A \frac{1}{2}\rho v_x^3 \, dA}{\frac{1}{2}\rho \bar{v}^3 A}, \quad \beta = \frac{\int_A \rho v_x^2 \, dA}{\rho \bar{v}^2 A}$$

将圆管层流的速度分布及平均流速代入得动能修正系数 $\alpha = 2$,动量修正系数 $\beta = 4/3$。

五、沿程损失、功率损失

对于均匀长直圆管,由伯努利方程可得水头损失等于所求管段两端压强水头之差,由式 (6-11) 可求得

$$h_f = \frac{\Delta p}{\rho g} = \frac{32\mu l}{\rho g d^2}\bar{v}$$

层流时沿程水头损失与平均流速的一次方成正比,由于 $\mu = \rho \nu$,将上式写成达西公式的形式,即

$$h_f = \frac{64}{\frac{\bar{v}d}{\nu}} \frac{l}{d} \frac{\bar{v}^2}{2g} = \frac{64}{Re} \frac{l}{d} \frac{\bar{v}^2}{2g}$$

与达西公式对比,可得圆管层流的沿程阻力系数为

$$\lambda = \frac{64}{Re} \tag{6-13}$$

在圆管层流中,沿程阻力系数仅与 Re 有关,而与管道壁面的粗糙度无关。因为在层流时,壁面粗糙度产生的扰动完全被黏性所抑制。

功率损失 P

$$P = \rho g q_V h_f = q_V \Delta p = \frac{128\mu l q_V^2}{\pi d^4} \tag{6-14}$$

液体的黏度随温度增加而降低,从式 (6-14) 可知,在层流状态下输送一定流量的液体时,适当提高温度或降低黏度,可降低管道中输送液体所需的功率。

六、层流起始段

从大容器接出的一段长直圆管,如图 6-8 所示,层流的抛物线速度分布并不是在管道入口就形成,而是要经过一段距离的调整后,在流体黏性的作用下才能形成,这段距离称为层流起始段。

实验得出层流起始段的长度为

$$L = 0.02875 d Re \tag{6-15}$$

当 $Re = 2320$ 时, $L = 67d$。如果管路长度 $l \gg L$,起始段的影响可以忽略。如果管路长度 $l < L$,如液压传动中的油管,需考虑起始段的影响,沿程阻力系数的计算公式可取 $\lambda = 75/Re$。

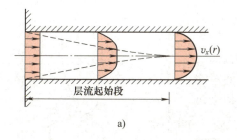
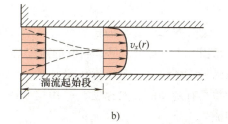

图 6-8 层流、湍流的起始段

由于湍流质点互相混杂，流体进入管道后在较短距离就可以完成湍流速度分布的调整。通常湍流的起始段比层流起始段要短（图 6-8），湍流起始段的长度为

$$L = 4.4dRe^{1/6} \qquad (6-16)$$

通常 $L<30d$。

无论层流还是湍流，经过起始段的流体速度分布沿管道轴向不再发生变化的流动，称为充分发展的层流或湍流流动。

例 6-2 输油管道的长度为 $l=3000\mathrm{m}$，直径 $d=0.3\mathrm{m}$，流量 $q_V=0.03\mathrm{m^3/s}$，密度 $\rho=900\mathrm{kg/m^3}$，运动黏度 $\nu=1.2\times10^{-4}\mathrm{m^2/s}$，求输油管道的沿程水头损失 h_f 及功率损失 P。

解 管中平均流速（注：略去平均符号，将 $\bar{v}$ 写成 v）

$$v = \frac{q_V}{\frac{1}{4}\pi d^2} = 0.42\mathrm{m/s}$$

管中流动的雷诺数

$$Re = \frac{vd}{\nu} = 1050 < 2320$$

流动为层流，由达西公式求出沿程水头损失

$$h_f = \lambda \frac{l}{d}\frac{v^2}{2g} = \frac{64}{Re}\frac{l}{d}\frac{v^2}{2g} = 5.48\mathrm{m}$$

功率损失

$$P = \rho g q_V h_f = 1.45\mathrm{kW}$$

第三节 圆管中的湍流

工程上常见的流动多为湍流，例如水在一般管道中的流速约为 $v=(3\sim5)\mathrm{m/s}$，水的运动黏度为 $\nu=1\times10^{-6}\mathrm{m^2/s}$，若管径为 $d=0.1\mathrm{m}$，则雷诺数 $Re=(3\sim5)\times10^5$，显然这种流动属于湍流。湍流有很多与层流不同的特性，本节介绍湍流的一些基本特点。

一、时均流动与脉动

当雷诺数超过 2320 时，圆管中的流动表现为湍流，流体质点在空间和时间上做随机运动。用热线流速仪测量某点处的速度,如图6-9所示,湍流运动参数瞬息变化的现象称为脉动现象。

从图6-9中看出,尽管湍流的速度具有较大的脉动,但脉动始终围绕着一个速度的平均值,于是用时间平均值代替具有脉动的真实速度,并用这个时间平均值来研究湍流。

对湍流的真实运动建立一个时均化模型,将一点的实际速度分成时均速度和脉动速度之和。

$$v_x = \bar{v}_x + v'_x$$

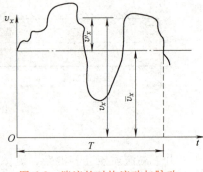

图6-9 湍流的时均流动与脉动

时均速度表示点流速在时段 T 内的平均值,即

$$\bar{v}_x = \frac{1}{T}\int_0^T v_x \mathrm{d}t$$

脉动值是瞬时值与时均值的差,由图6-9看出,脉动值时正时负,时间平均为零,即

$$\bar{v}'_x = \frac{1}{T}\int_0^T v'_x \mathrm{d}t = 0$$

同理,y、z方向的速度可写成 $v_y = \bar{v}_y + v'_y$,$v_z = \bar{v}_z + v'_z$。压强写成 $p = \bar{p} + p'$。

湍流的脉动速度对流动的影响很大,它在流层之间引起强烈的动量交换,使湍流的速度分布、沿程损失系数的变化规律比层流时复杂。

二、湍流中的附加切应力

在层流中,各层流体间的内摩擦称为黏性切应力,它等于流体的动力黏度与速度梯度的乘积,$\tau = \mu \mathrm{d}v_x/\mathrm{d}y$。在湍流中,流体质点有横向脉动速度,流体质点互相混掺发生碰撞,在流层间引起动量交换,产生附加切应力。普朗特的混合长度理论提出附加切应力为

$$\tau_t = \rho L^2 \left(\frac{\mathrm{d}\bar{v}_x}{\mathrm{d}y}\right)^2 \tag{6-17}$$

式中,L为混合长度。

湍流中总的切应力等于黏性切应力和附加切应力之和,即

$$\tau = \tau_\mu + \tau_t = \mu \frac{\mathrm{d}\bar{v}_x}{\mathrm{d}y} + \rho L^2 \left(\frac{\mathrm{d}\bar{v}_x}{\mathrm{d}y}\right)^2 = (\mu + \mu_t)\frac{\mathrm{d}\bar{v}_x}{\mathrm{d}y} \tag{6-18}$$

式中,μ_t(附加黏度)与μ(动力黏度)不同,它不是流体本身的属性,而取决于流体的密度、时均速度的梯度,是由流体质点脉动引起的动量交换而产生的,$\mu_t = \rho L^2 \mathrm{d}\bar{v}_x/\mathrm{d}y$。

三、切应力分布

对时均化的湍流,流体只有轴向时均速度,由动量方程可得圆管湍流的切应力分布与圆管层流的切应力分布式(6-12)相同,为K字形分布,但两者的τ_0、K字形分布的斜率不同。由式(6-12)得

$$\tau = \frac{\Delta p}{2l}r, \qquad \tau_0 = \frac{\Delta p}{2l}R$$

切应力分布写成壁面切应力的形式为

$$\tau = \tau_0 \frac{r}{R} = \tau_0 \left(1 - \frac{y}{R}\right) \quad (6\text{-}19a)$$

式中，y 为离壁面的距离。

壁面上的切应力用达西公式写成沿程阻力系数的形式为

$$\tau_0 = \frac{\Delta p}{2l}R = \frac{\Delta p}{\rho g}\frac{\rho g R}{2l} = h_f \frac{\rho g R}{2l} = \lambda \frac{l}{d}\frac{\bar{v}^2}{2g}\frac{\rho g R}{2l} = \frac{\lambda}{8}\rho \bar{v}^2 \quad (6\text{-}19b)$$

四、圆管湍流的结构

黏性流体在管中做湍流运动时，管壁上的流速为零，从管壁起流速从零迅速增大。在紧贴管壁的一薄层内，速度梯度很大，黏性切应力起主要作用，流动状态为层流。这一薄层称为黏性底层或层流底层。紧靠层流底层有一黏性切应力和湍流附加切应力同时起作用的薄层，称为过渡区。之后发展为完全湍流称为湍流核心，如图 6-10 所示。

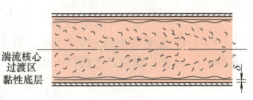

图 6-10　圆管湍流的结构

计算黏性底层厚度的半经验公式为

$$\delta = \frac{32.8d}{Re\sqrt{\lambda}} \quad (6\text{-}20)$$

黏性底层很薄，通常小于 1mm。尽管黏性底层的厚度很小，但对湍流流动的影响较大。

对任何一个实际的管道，由于材料、加工方法、使用条件及年限等因素的影响，壁面有不同程度的凹凸不平，将凹凸的平均尺寸称为绝对粗糙度，用符号 Δ 表示。

根据黏性底层厚度 δ 和管壁粗糙度 Δ 之间的相互关系，将管道分为水力光滑管和水力粗糙管。

当 $\delta > \Delta$，管壁的粗糙凸起部分完全被黏性底层所淹没，粗糙度对湍流核心几乎没有影响，流动类似在光滑壁面上的流动，称为水力光滑管，如图 6-11a 所示。

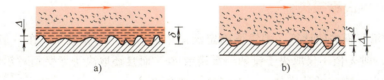

图 6-11　水力光滑管与水力粗糙管

当 $\delta < \Delta$，湍流核心部分和管壁粗糙面直接接触，流体流过凸起部分时会产生旋涡，加剧紊乱，造成新的能量损失，这时管壁粗糙度对湍流流动产生较大影响，称为水力粗糙管，如图 6-11b 所示。

当 δ 与 Δ 近似相等时，凹凸不平部分开始显露影响，但还未对湍流性质产生决定性的作用，这是介于上述两种情况之间的过渡状态，称为水力光滑管到水力粗糙管的过渡状态。

五、圆管湍流的速度分布

在黏性底层中，流动属于层流流动，湍流附加切应力为零，流体受到的切应力只有黏性切应力，$\tau = \mu d\bar{v}_x/dy$。因黏性底层很薄，τ 近似用壁面上的切应力 τ_0 表示，积分得

$$\bar{v}_x = \frac{\tau_0}{\mu} y \qquad (6\text{-}21a)$$

式中，y 为离壁面的距离。

在黏性底层中速度近似成直线规律，这是层流抛物线分布在黏性底层中的近似结果。

在湍流核心中，流体的切应力主要是湍流附加切应力，即

$$\tau_t = \rho L^2 \left(\frac{d\bar{v}_x}{dy}\right)^2$$

根据卡门实验，混合长度可表示为

$$L = ky\sqrt{1-\frac{y}{R}}$$

当 $y \ll R$，即在壁面附近时，$L = ky$，其中 k 为卡门常数，常取 $k = 0.4$。将切应力分布式（6-19a）及混合长度的表达式代入式（6-17）得

$$\tau_0\left(1-\frac{y}{R}\right) = \rho k^2 y^2 \left(1-\frac{y}{R}\right)\left(\frac{d\bar{v}_x}{dy}\right)^2$$

积分得

$$\bar{v}_x = \sqrt{\frac{\tau_0}{\rho}}\frac{1}{k}\ln y + C \qquad (6\text{-}21b)$$

上式说明湍流核心区的速度按对数规律分布，如图 6-12 所示。特点是速度梯度小，速度比较均匀，是湍流中流体质点脉动混掺发生强烈的动量交换所造成的结果。

将速度分布式（6-21）代入动能修正系数与动量修正系数的表达式中，求出圆管湍流的动能修正系数 $\alpha \approx 1.0$，动量修正系数 $\beta \approx 1.0$。

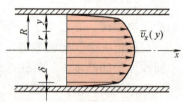

图 6-12 圆管湍流的速度分布

六、湍流中沿程损失

对湍流中沿程损失的计算，关键要确定湍流中的沿程阻力系数 λ。在一般情况下，$\lambda = f(Re, \Delta/d)$，即 λ 值不仅取决于流动的雷诺数 Re，而且还取决于管壁相对粗糙度 Δ/d。湍流中的沿程阻力系数 λ 的计算公式，下节将详细介绍。

注：本节中的 $\bar{v}$ 是指时间平均流速，与面积的平均流速相类似的处理方法，在不混淆的情况下，也可记为 v。

第四节 管路中的沿程水头损失

计算流体在管道中的沿程水头损失，必须首先确定沿程阻力系数 λ。沿程阻力系数 λ 主要依靠实验得到，本节介绍管道流动的沿程阻力系数的实验成果及经验公式。

一、尼古拉兹实验曲线

为了揭示管道流动沿程阻力系数 $\lambda = f(Re, \Delta/d)$ 的变化规律，尼古拉兹（J. Nikuradse）

进行了一系列管道流动的阻力实验，并在 1933 年发表了他的实验成果。

尼古拉兹采用人工粗糙的方法，用颗粒大小均匀的砂粒黏结在管道内壁上得到人工粗糙管。砂粒直径代表粗糙度 Δ，选用的六种相对粗糙度分别为

$$\frac{\Delta}{d}: \frac{1}{30}, \frac{1}{61.2}, \frac{1}{120}, \frac{1}{252}, \frac{1}{504}, \frac{1}{1014}$$

实验的雷诺数范围为 $Re = 500 \sim 10^6$。实验时测量管中的平均流速 v 和实验管段的沿程损失 h_f，由达西公式反求出 λ。对各种相对粗糙度 Δ/d 的管道分别进行实验，得出 $\lambda = f(Re, \Delta/d)$ 的关系。将实验结果绘在 λ 和 Re 的对数坐标纸上，得到图 6-13 所示的尼古拉兹实验曲线。

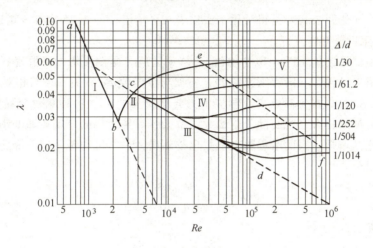

图 6-13　尼古拉兹实验曲线

二、实验结果分析

尼古拉兹实验结果反映了圆管流动中的全部情况，将尼古拉兹曲线分五个区域加以分析。

1. 层流区（$Re < 2320$）

当 $Re < 2320$ 时，六种不同相对粗糙度 Δ/d 的实验点都落在同一条直线 ab 上，b 点对应的雷诺数 $Re = 2320$，即下临界雷诺数。层流时沿程阻力系数 λ 与管壁相对粗糙度 Δ/d 无关，仅与雷诺数有关，$\lambda = f(Re)$。直线 ab 的方程为

$$\lambda = \frac{64}{Re}$$

这与理论分析的结果式（6-13）相同。

2. 层流到湍流过渡区（$2320 < Re < 4000$）

当雷诺数超过 2320 时，流动状态发生变化，六种相对粗糙度 Δ/d 的实验点离开直线 ab 落在曲线 bc 附近，由于过渡流动状态极不稳定，因此实验点较分散。层流到湍流过渡区也称第一过渡区。

3. 湍流水力光滑管区（$4000 < Re < 80d/\Delta$）

湍流水力光滑管区为图 6-13 中的直线 cd。六种相对粗糙度 Δ/d 的实验点都落在同一直线 cd 上，沿程阻力系数 λ 仍与相对粗糙度 Δ/d 无关，$\lambda = f(Re)$。由于黏性底层的厚度较大，淹没了管壁的粗糙度，但 $\Delta/d = 1/30$ 的管道较粗糙，实验曲线几乎没有湍流水力光滑管

区。本区内常用以下经验公式计算 λ。

布拉休斯公式

$$\lambda = 0.11\left(\frac{68}{Re}\right)^{0.25} \quad 或 \quad \lambda = \frac{0.3164}{Re^{0.25}} \tag{6-22}$$

适用范围为 $4000 < Re < 10^5$。

普朗特阻力公式

$$\frac{1}{\sqrt{\lambda}} = -2\lg\left(\frac{2.51}{Re\sqrt{\lambda}}\right) \tag{6-23}$$

将式（6-22）代入达西公式，可得沿程水头损失与平均流速的 1.75 次方成正比。

4. 湍流过渡粗糙管区（$80d/\Delta < Re < 1140d/\Delta$）

湍流过渡粗糙管区位于图 6-13 中直线 cd 与 ef 之间，是湍流水力光滑管到水力粗糙管的过渡区，又称第二过渡区。沿程阻力系数 λ 不仅与雷诺数 Re 有关，还与相对粗糙度 Δ/d 有关，$\lambda = f(Re, \Delta/d)$。当实验点离开湍流水力光滑管区之后，各种相对粗糙度 Δ/d 的实验曲线都有不同程度的提升，说明随着雷诺数的增大，黏性底层的厚度逐渐变小，壁面粗糙度对流动的影响逐渐增强，因而沿程阻力系数也逐渐增大。本区内常用以下经验公式计算 λ。

阿里苏特里公式

$$\lambda = 0.11\left(\frac{\Delta}{d} + \frac{68}{Re}\right)^{0.25} \tag{6-24}$$

柯罗布鲁克公式

$$\frac{1}{\sqrt{\lambda}} = -2\lg\left(\frac{\Delta}{3.7d} + \frac{2.51}{Re\sqrt{\lambda}}\right) \tag{6-25}$$

5. 湍流水力粗糙管区（$Re > 1140d/\Delta$）

图 6-13 中直线 ef 右侧的区域为湍流水力粗糙管区。沿程阻力系数 λ 与雷诺数无关，仅是相对粗糙度的函数，$\lambda = f(\Delta/d)$。管壁越粗糙，沿程阻力系数 λ 越大。因为黏性底层的厚度已经非常薄，管壁粗糙度已起主要作用。沿程损失与管中平均流速的平方成正比，因此水力粗糙管区也称阻力平方区。本区内常用以下经验公式计算 λ。

希夫林松公式

$$\lambda = 0.11\left(\frac{\Delta}{d}\right)^{0.25} \tag{6-26}$$

尼古拉兹公式

$$\frac{1}{\sqrt{\lambda}} = -2\lg\left(\frac{\Delta}{3.7d}\right) \quad 或 \quad \lambda = \frac{1}{\left[2\lg\left(\frac{3.7d}{\Delta}\right)\right]^2} \tag{6-27}$$

以上介绍了尼古拉兹用人工粗糙管进行的实验，由实验可知，流动在不同的区域内，沿程阻力系数 λ 的计算公式不同。因此在计算沿程损失时，应先判别流动所在区域，然后选用相应的公式计算 λ 值。

三、当量粗糙度

尼古拉兹实验采用人工粗糙管，实际使用的工业管道与人工粗糙管有很大的区别。工业管道的粗糙度大小、形状、分布是不规则的，因此提出当量粗糙度的概念。

对工业管道进行实验，把具有相同沿程阻力系数 λ 的人工粗糙管的粗糙度 Δ 作为工业管道的粗糙度，称为当量粗糙度。表 6-2 给出了常用工业管道的当量粗糙度。

表 6-2　常用工业管道的当量粗糙度

管道材料	Δ/mm	管道材料	Δ/mm
玻璃管	0.001	镀锌铁管（新）	0.15
无缝钢管（新）	0.014	镀锌铁管（旧）	0.5
无缝钢管（旧）	0.20	铸铁管（新）	0.3
焊接钢管（新）	0.06	铸铁管（旧）	1.2
焊接钢管（旧）	1.0	水泥管	0.5

四、莫迪图

莫迪于 1944 年总结了工业管道的实验资料，绘制了工业管道的沿程阻力系数与雷诺数、相对粗糙度的关系曲线 $\lambda = f(Re, \Delta/d)$，称为莫迪图（图 6-14），莫迪图是管道水力计算的基础。

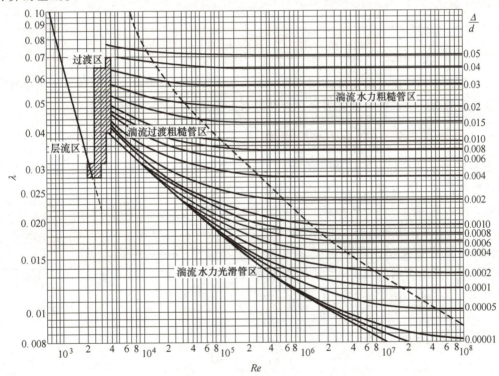

图 6-14　莫迪图

例 6-3　一新铸铁供水管道，已知水的温度为 20℃，直径 $d = 0.4\text{m}$，长度 $l = 1000\text{m}$，流量 $q_V = 0.4\text{m}^3/\text{s}$，求沿程水头损失 h_f 及功率损失 P。

解　20℃ 水 $\rho = 1000\text{kg/m}^3$，$\nu = 1 \times 10^{-6} \text{m}^2/\text{s}$，新铸铁管 $\Delta = 0.4\text{mm}$。

流动状态判断

$$v = \frac{q_V}{\frac{1}{4}\pi d^2} = 3.2\text{m/s}, \quad \frac{\Delta}{d} = 0.001, \quad Re = \frac{vd}{\nu} = 12.8 \times 10^5$$

阻力平方区下限雷诺数 $Re = 1140 \frac{d}{\Delta} = 11.4 \times 10^5$，本题流动在阻力平方区，选用尼古拉兹公式（6-27）。

$$\lambda = \frac{1}{\left[2\lg\left(\frac{3.7d}{\Delta}\right)\right]^2} = 0.02$$

或用莫迪图查 λ，由 $Re = 12.8 \times 10^5$，$\Delta/d = 0.001$，查莫迪图得 $\lambda = 0.02$。由达西公式得

$$h_f = \lambda \frac{l}{d} \frac{v^2}{2g} = \left(0.02 \times \frac{1000}{0.4} \times \frac{3.2^2}{2 \times 9.81}\right)\text{m} = 26.1\text{m}$$

功率损失

$$P = \rho g q_V h_f = (1000 \times 9.81 \times 0.3 \times 26.1)\text{W} = 76.8\text{kW}$$

第五节　管路中的局部水头损失

实际工程中的管路，需安装阀门、弯头和变截面管等管道附件。流体通过这些局部装置时，会出现旋涡，引起的机械能损失称为局部水头损失。

一、断面突然扩大的局部水头损失

图 6-15 所示流体经过断面突然扩大处，由于流体质点具有惯性，流体不能按照管道形状突然转弯扩大，在管壁拐角处流体与管壁脱离形成旋涡区，消耗流体的一部分机械能。在距突然扩大处（5~8）d_2 的下游，旋涡消失，流线接近平行。

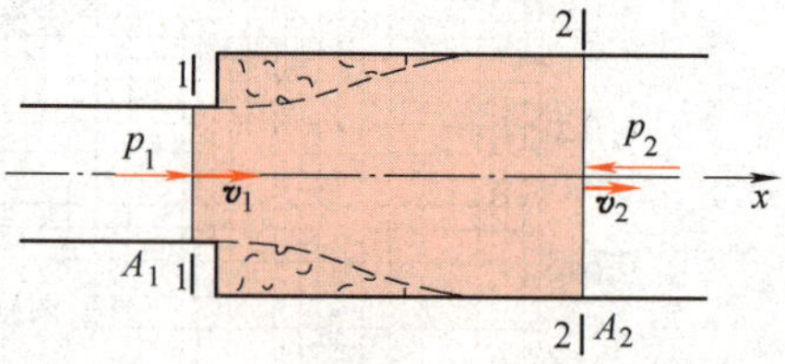

设流体做定常流动，对图 6-15 所示 1—1、2—2 两缓变流断面列伯努利方程，不计沿程水头损失，即

$$z_1 + \frac{p_1}{\rho g} + \frac{\alpha_1 v_1^2}{2g} = z_2 + \frac{p_2}{\rho g} + \frac{\alpha_2 v_2^2}{2g} + h_j$$

图 6-15　断面突然扩大

取 $z_1 = z_2$，$\alpha_1 = \alpha_2 = 1.0$，则

$$h_j = \frac{p_1 - p_2}{\rho g} + \frac{v_1^2 - v_2^2}{2g} \tag{6-28}$$

对 1—1、2—2 断面及管壁所组成的控制体内流体列沿流向的动量方程，即

$$\sum F_x = \rho q_V (\beta_2 v_{2x} - \beta_1 v_{1x})$$

实验证明分离区的压强近似等于 p_1，作用在流体与壁面四周的切应力忽略不计，取 $\beta_1 = \beta_2 = 1.0$，$v_{1x} = v_1$，$v_{2x} = v_2$，考虑连续性方程 $v_1 A_1 = v_2 A_2 = q_V$，得

$$p_1 A_1 + p_1 (A_2 - A_1) - p_2 A_2 = \rho v_2 A_2 (v_2 - v_1)$$

整理得

$$\frac{p_1-p_2}{\rho g}=\frac{v_2}{g}(v_2-v_1) \qquad (6-29)$$

将式（6-29）代入式（6-28）得

$$h_j=\frac{(v_1-v_2)^2}{2g}$$

这一公式称为波达定理。将这一局部损失用 v_1 或 v_2 表示为

$$h_j=\left(1-\frac{A_1}{A_2}\right)^2\frac{v_1^2}{2g}=\zeta_1\frac{v_1^2}{2g}$$

$$=\left(\frac{A_2}{A_1}-1\right)^2\frac{v_2^2}{2g}=\zeta_2\frac{v_2^2}{2g}$$

$$\zeta_1=\left(1-\frac{A_1}{A_2}\right)^2,\quad \zeta_2=\left(\frac{A_2}{A_1}-1\right)^2$$

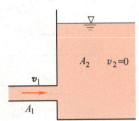

图 6-16 管道进入大水池

式中，ζ_1、ζ_2 为断面突然扩大的局部阻力系数，分别相对于 v_1 和 v_2。

如果水从管道进入一个水池或大容器（图 6-16），$A_2\gg A_1$，$A_1/A_2\approx 0$，则 $\zeta_1=1$，$h_j=v_1^2/2g$。

二、管道突然缩小的局部水头损失

图 6-17 所示为管道断面突然缩小，局部阻力系数列于表 6-3 中，ζ 对应于 v_2。

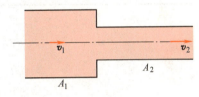

图 6-17 管道断面突然缩小

表 6-3 断面突然缩小的局部阻力系数

A_2/A_1	0.01	0.10	0.20	0.30	0.40	0.50	0.60	0.70	0.80	0.90	1.0
ζ	0.50	0.47	0.45	0.38	0.34	0.30	0.25	0.20	0.16	0.07	0

三、常见局部装置的局部水头损失

表 6-4 给出了常见局部装置的局部阻力系数，其他管件的局部阻力系数可查阅流体阻力计算手册。

表 6-4 常见局部装置的局部阻力系数

类型	示意图	局部阻力系数 ζ
管道入口		直角进口，$\zeta=0.5$ 圆角进口，$\zeta=0.05\sim 0.10$
弯头		$\zeta=\left[0.13+0.163\left(\dfrac{d}{R}\right)^{3.5}\right]\dfrac{\alpha}{90°}$

（续）

类型	示 意 图	局部阻力系数 ζ							
渐缩管	A_1 θ A_2	$\theta<30°$，$\zeta=\dfrac{\lambda}{8\sin(\theta/2)}\left[1-\left(\dfrac{A_2}{A_1}\right)^2\right]$ $30°<\theta<90°$，$\zeta=\dfrac{\lambda}{8\sin(\theta/2)}\left[1-\left(\dfrac{A_2}{A_1}\right)^2\right]+\dfrac{\theta}{1000}$							
渐扩管	A_1 θ A_2	$\zeta=k\left(1-\dfrac{A_1}{A_2}\right)^2$							
		θ	7.5°	10°	15°	20°	30°		
		k	0.14	0.16	0.27	0.43	0.81		
闸阀	d h	$\dfrac{h}{d}$	全开	$\dfrac{7}{8}$	$\dfrac{3}{4}$	$\dfrac{5}{8}$	$\dfrac{1}{2}$	$\dfrac{3}{8}$	$\dfrac{1}{4}$	$\dfrac{1}{8}$
		ζ	0.05	0.07	0.26	0.81	2.06	5.52	17	97.8

习 题

6-1 判别以下两种情况下的流动状态：

1）某管路的直径 $d=0.1\mathrm{m}$，通过流量 $q_V=4\times10^{-3}\mathrm{m}^3/\mathrm{s}$ 的水，水温 $t=20℃$，运动黏度 $\nu=1.0\times10^{-6}\mathrm{m}^2/\mathrm{s}$。

2）条件与上相同，但管中流过的是重燃油，运动黏度 $\nu=150\times10^{-6}\mathrm{m}^2/\mathrm{s}$。

6-2 求：1）水管的直径为 $10mm$，管中水流流速 $v=0.2\mathrm{m/s}$，水温 $t=10℃$，运动黏度 $\nu=1.308\times10^{-6}\mathrm{m}^2/\mathrm{s}$，判别流动状态如何。

2）流速与水温同上，管径改为 $30mm$，管中流动状态又如何？

3）流速与水温同上，管中流动由层流转变为湍流的直径多大？

6-3 一输水管直径 $d=0.25\mathrm{m}$，管长 $l=200\mathrm{m}$，测得管壁的切应力 $\tau_0=46\mathrm{N/m}^2$。求：

1）在 $200\mathrm{m}$ 管长上的水头损失 h_f。

2）在圆管中心和半径 $r=0.1\mathrm{m}$ 处的切应力 τ。

6-4 某输油管道由 A 到 B 长 $l=500\mathrm{m}$，测得 A 点的压强 $p_A=3\times10^5\mathrm{Pa}$，$B$ 点的压强 $p_B=2\times10^5\mathrm{Pa}$，通过的流量 $q_V=0.016\mathrm{m}^3/\mathrm{s}$，已知油的运动黏度 $\nu=100\times10^{-6}\mathrm{m}^2/\mathrm{s}$，$\rho=930\mathrm{kg/m}^3$。求管径 d 的大小。

6-5 图 6-18 所示管路水平方向突然缩小，管段 $d_1=0.15\mathrm{m}$，$d_2=0.1\mathrm{m}$，水的流量 $q_V=0.03\mathrm{m}^3/\mathrm{s}$，用水银测压计测得 $\Delta h=0.08\mathrm{m}$，求突然缩小的水头损失 h_j。

6-6 图 6-19 所示装置用来测定供水管路的沿程阻力系数 λ 和当量粗糙度 Δ。已知管径 $d=0.2\mathrm{m}$，管长 $l=10\mathrm{m}$，水温 $t=20℃$，测得流量 $q_V=0.15\mathrm{m}^3/\mathrm{s}$，水银测压计读数 $\Delta h=0.1\mathrm{m}$。求：

1）沿程阻力系数 λ。
2）管壁的当量粗糙度 Δ。

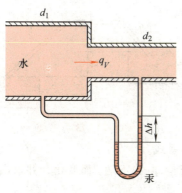

图 6-18　题 6-5 图

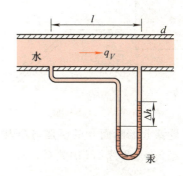

图 6-19　题 6-6 图

6-7　图 6-20 所示水池引水管路中，已知管径 $d=0.1\text{m}$，管长 $l=20\text{m}$，当量粗糙度 $\Delta=0.20\text{mm}$，弯头局部阻力系数 $\zeta_\text{w}=0.5$，阀门局部阻力系数 $\zeta_\text{f}=2$，作用水头 $H=5\text{m}$，水温 $t=20\text{℃}$，求管中流量 q_V。

6-8　图 6-21 所示管路用一根普通钢管由 A 水池引向 B 水池。已知管长 $l=60\text{m}$，管径 $d=0.2\text{m}$。弯头局部阻力系数 $\zeta_\text{w}=0.5$，阀门局部阻力系数 $\zeta_\text{f}=2$，当量粗糙度 $\Delta=0.6\text{mm}$，水温 $t=20\text{℃}$。求当水位差 $z=3\text{m}$ 时管中的流量 q_V。

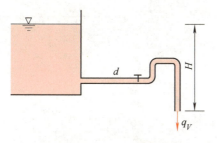

图 6-20　题 6-7 图

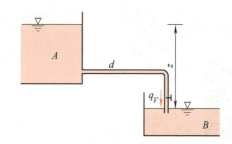

图 6-21　题 6-8 图

6-9　水由储水池中沿直径 $d=0.1\text{m}$ 的输水管流入大气，如图 6-22 所示。管路是由同样长度 $l=50\text{m}$ 的水平管段 AB 和倾斜管段 BC 组成，$h_1=2\text{m}$，$h_2=25\text{m}$。求使输水管 B 处的压强水头为 $p_B/(\rho g)=-7\text{m}$，阀门局部阻力系数 ζ_f 及管中流量 q_V。（取 $\lambda=0.035$，不计进口及转弯处局部水头损失。）

6-10　图 6-23 所示为虹吸管路，要求保证虹吸管中液体流量 $q_V=10^{-3}\text{m}^3/\text{s}$，只计沿程损失。求：

1）当 $H=2\text{m}$、$l=44\text{m}$、$\nu=10^{-4}\text{m}^2/\text{s}$、$\rho=900\text{kg/m}^3$ 时，为保证层流，d 应为多少？

2）若在距进口 $l/2$ 处且断面 A 处的最小压强水头为 $p_A/(\rho g)=-5.4\text{m}$，输油管在油面以上的最大允许超高 z_max 为多少？

6-11　图 6-24 所示水从水箱沿着高 $l=2\text{m}$ 及直径 $d=40\text{mm}$ 的铅垂管路流入大气，不计管路的进口局部损失，取 $\lambda=0.04$。求：

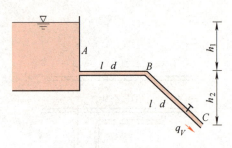

图 6-22　题 6-9 图

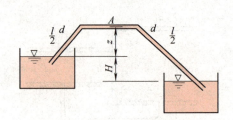

图 6-23　题 6-10 图

1）管路起始断面 A 的压强与箱内水位 h 之间的关系式。

2）流量 q_V 和管长 l 的关系，求当水位 h 多大时流量 q_V 将不随 l 而变化，并求出 q_V。

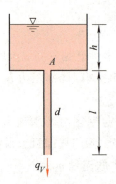

图 6-24　题 6-11 图

[参考答案]

第七章

有压管路、孔口和管嘴的水力计算

> **本章要点及学习要求**
>
> **本章要点**：流体沿管道满管的流动称为有压管路，在容器壁上开孔，流体经过孔口流出的流动称为孔口出流，在孔口上连接一长度约为孔口直径3~4倍的短管，流体流经短管的流动称为管嘴出流。本章用连续性方程、伯努利方程、动量方程进行有压管路、孔口和管嘴的水力计算。最后对有压管路非恒定流的水击现象及传播过程做介绍。
>
> **学习要求**：基本概念有长管、短管，串联管路、并联管路、分支管路、环状管网，孔口、管嘴，直接水击、间接水击。实验系数有孔口与管嘴的收缩系数、流速系数、流量系数。基本计算有管路（虹吸管、水泵管路、串联管路、并联管路）、孔口与管嘴出流、水击压强的计算。基本分析有水击传播过程的分析。

有压管路、孔口和管嘴流动，是实际工程中常见的流动，其流动现象和计算原理相似。有压管路是流体充满全管在一定压差下流动的管路。本章将利用连续性方程、伯努利方程以及水头损失的计算对有压管路、孔口和管嘴进行水力计算。

第一节 有压管路的水力计算

有压管路水力计算是流体力学的工程应用之一，目的在于合理地设计管路系统，减小动力损耗，最大限度地节约原材料，降低成本。

管路的分类有不同的方法，按照管路结构分为串联管路、并联管路、分支管路和环状管网。图7-1给出了相应的示意图。

按照计算特点将管路分为短管和长管。长管以沿程水头损失为主，局部水头损失可以忽略；短管沿程水头损失和局部水头损失并重。通常将局部水头损失和出口速度水头之和小于

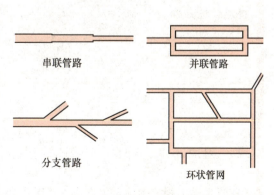

图7-1 管路结构

5%总水头损失的管路称为长管,计算时只计算沿程损失,忽略局部水头损失和出口速度水头。

在工程上常遇到的管路计算问题有以下三种情况:

1)已知所需的流量 q_V 和管路尺寸 l、d,计算压降 Δp 或确定所需的供水水头 H,如确定水泵扬程、水塔高度等。

2)已知管路尺寸 l、d 及作用水头 H 或允许压降 Δp,确定管路中的流量 q_V。

3)已知所需的流量 q_V 和作用水头 H,给定管长 l,计算管径 d。

例 7-1 图 7-2 所示水池出水管,在稳定水头 $H=16\mathrm{m}$ 作用下,将水排入大气。已知 $d_1=0.05\mathrm{m}$,$d_2=0.07\mathrm{m}$,$l_1=l_2=60\mathrm{m}$,$l_3=80\mathrm{m}$,$l_4=50\mathrm{m}$,阀门阻力系数 $\zeta_f=4$,沿程阻力系数 $\lambda=0.03$,求管中的流量 q_V。图中 ζ_{in}、ζ_m、ζ_s 分别表示进口、扩大、缩小阻力系数。

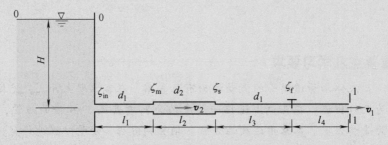

图 7-2 水池出水管

解 列水池水面 0—0 和管路出口 1—1 两断面的伯努利方程,即

$$z_0+\frac{p_0}{\rho g}+\frac{\alpha_0 v_0^2}{2g}=z_1+\frac{p_1}{\rho g}+\frac{\alpha_1 v_1^2}{2g}+h_w$$

由题意 $v_0=0$,$p_0=p_1=0$,$z_0-z_1=H$,取 $\alpha_1=\alpha_2=1.0$,则

$$H=\frac{v_1^2}{2g}+h_w \tag{7-1a}$$

计算水头损失

$$h_w=h_f+h_j$$

$$h_f=\lambda\frac{l_1+l_3+l_4}{d_1}\frac{v_1^2}{2g}+\lambda\frac{l_2}{d_2}\frac{v_2^2}{2g}$$

将连续性方程 $v_2\frac{1}{4}\pi d_2^2=v_1\frac{1}{4}\pi d_1^2$ 代入,得

$$h_f=\lambda\left[\frac{l_1+l_3+l_4}{d_1}+\frac{l_2}{d_2}\left(\frac{d_1}{d_2}\right)^4\right]\frac{v_1^2}{2g}=120.7\frac{v_1^2}{2g} \tag{7-1b}$$

$$h_j=(\zeta_{in}+\zeta_m+\zeta_s+\zeta_f)\frac{v_1^2}{2g}$$

取 ζ_m 对应 v_1,$\zeta_m=\left(1-\frac{A_1}{A_2}\right)^2=\left(1-\frac{d_1^2}{d_2^2}\right)^2=\left(1-\frac{0.05^2}{0.07^2}\right)^2=0.24$,查表 6-3 由 $A_1/A_2=0.51$ (取近似值)得 $\zeta_s=0.3$,查表 6-4 得直角进口 $\zeta_{in}=0.5$,已知 $\zeta_f=4$,代入得

$$h_j = 5.04 \frac{v_1^2}{2g} \tag{7-1c}$$

将式（7-1b）、式（7-1c）代入式（7-1a）中，得

$$H = 120.7 \frac{v_1^2}{2g} + 5.04 \frac{v_1^2}{2g} + \frac{v_1^2}{2g} = 126.74 \frac{v_1^2}{2g}$$

将 $H = 16\text{m}$ 代入，求得

$$v_1 = 1.57\text{m/s}, \quad q_V = 3.08 \times 10^{-3} \text{m}^3/\text{s}$$

如果不计局部水头损失和出口速度水头 $h_j + v_1^2/(2g)$，则 $H = h_f$，可求得

$$v_1 = 1.61\text{m/s}, \quad q_V = 3.16 \times 10^{-3} \text{m}^3/\text{s}$$

不计局部水头损失和出口速度水头产生的误差为 2.16%，这一管路可作为长管进行计算。

一、短管的计算

1. 虹吸管

凡部分管路轴线高于上游液面的管路称为虹吸管，由于部分管路轴线高于上游液面，虹吸管中必存在真空管段。为使虹吸作用启动，需将管中空气抽出造成负压，在负压作用下水才从高液面处进入管路，从低液面处排出。虹吸管主要用于减少土方开挖而跨越堤坝铺设的管道中，如给排水工程中的虹吸泄水管、农田水利中常用的虹吸灌溉管道等。

例 7-2 图 7-3 所示虹吸管，上下游水位差 $H = 2\text{m}$，管顶为 C 点，C 点前管长 $l_1 = 15\text{m}$，C 点后管长 $l_2 = 18\text{m}$，管径 $d = 0.2\text{m}$，沿程阻力系数 $\lambda = 0.025$；管路的局部装置有：进口 $\zeta_{in} = 1.0$，弯头 $\zeta_w = 0.3$，出口 $\zeta_{out} = 1.0$；管顶 C 处允许压强水头 $p_C/(\rho g) = -7\text{m}$。求通过虹吸管的流量 q_V 及允许安装高度 h_s。

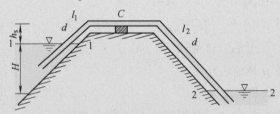

图 7-3 跨越堤坝的虹吸管

解 1）列上游水面 1—1 和下游水面 2—2 的伯努利方程，即

$$z_1 + \frac{p_1}{\rho g} + \frac{\alpha_1 v_1^2}{2g} = z_2 + \frac{p_2}{\rho g} + \frac{\alpha_2 v_2^2}{2g} + h_w$$

由题意 $v_1 = v_2 = 0$，$p_1 = p_2 = 0$，$z_1 - z_2 = H$，取 $\alpha_1 = \alpha_2 = 1.0$，则

$$H = h_w = \lambda \frac{l_1 + l_2}{d} \frac{v^2}{2g} + (\zeta_{in} + 2\zeta_w + \zeta_{out}) \frac{v^2}{2g} = \left(\lambda \frac{l_1 + l_2}{d} + \zeta_{in} + 2\zeta_w + \zeta_{out} \right) \frac{v^2}{2g}$$

代入得

$$2 = \left(0.025 \times \frac{15+18}{0.2} + 1.0 + 2 \times 0.3 + 1.0\right) \times \frac{v^2}{2 \times 9.81}$$

解得

$$v = 2.42 \text{m/s}$$

流量

$$q_V = v \frac{1}{4}\pi d^2 = 0.076 \text{m}^3/\text{s}$$

2）列上游水面 1—1 和虹吸管最高处 C 点断面的伯努利方程，即

$$0 = h_s + \frac{p_C}{\rho g} + \left(\lambda \frac{l_1}{d} + \zeta_{in} + \zeta_w\right)\frac{v^2}{2g} + \frac{v^2}{2g}$$

$$0 = h_s + (-7)\text{m} + \left[\left(0.025 \times \frac{15}{0.2} + 1.0 + 0.3\right)\frac{2.42^2}{2 \times 9.81}\right]\text{m} + \frac{2.42^2}{2 \times 9.81}\text{m}$$

解得

$$h_s = 5.75 \text{m}$$

2. 水泵管路

水泵通常高于吸水池水面安装，叶轮旋转使水泵进口处形成真空，水池内的水在大气压作用下压入水泵进口，通过水泵输向高处。需计算水泵的流量、扬程、功率等参数。水泵吸水高度取决于水泵进口处的真空值。为防止气蚀的发生，必须规定水泵进口的允许真空高度。因此在安装前必须通过水力计算确定水泵的安装高度。

例 7-3 水泵从水池将水抽送至水塔，如图 7-4 所示，水泵在叶轮作用下，在进口端形成真空，允许压强水头 $p_1/(\rho g) = -7\text{m}$。已知吸水管直径 $d_1 = 0.2\text{m}$，长度 $l_1 = 12\text{m}$，压水管直径 $d_2 = 0.15\text{m}$，长度 $l_2 = 180\text{m}$，沿程阻力系数 $\lambda = 0.026$；管路的局部装置有：进口 $\zeta_{in} = 2$，弯头 $\zeta_w = 0.3$，阀门 $\zeta_f = 3.9$，出口 $\zeta_{out} = 1.0$；水塔水面与水池水面高度差 $h = 100\text{m}$，流量 $q_V = 0.063\text{m}^3/\text{s}$。求：

1）水泵的扬程 H 及输出功率 P。
2）水泵的允许安装高度 h_s。

解 1）列水池水面 0—0、水塔水面 2—2 的伯努利方程（有能量输入的伯努利方程），即

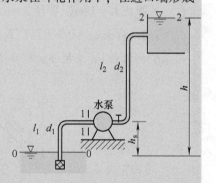

图 7-4 水泵管路

$$z_0 + \frac{p_0}{\rho g} + \frac{\alpha_0 v_0^2}{2g} + H = z_2 + \frac{p_2}{\rho g} + \frac{\alpha_2 v_2^2}{2g} + h_w$$

由题意 $v_0 = v_2 = 0$，$p_0 = p_2 = 0$，$z_2 - z_0 = h$，取 $\alpha_1 = \alpha_2 = 1.0$，则

$$H = h + h_{w0-2}$$

计算水头损失

$$h_{w0-2} = h_{w0-1} + h_{w1-2} = \left(\lambda \frac{l_1}{d_1} + \zeta_{in} + \zeta_w\right)\frac{v_1^2}{2g} + \left(\lambda \frac{l_2}{d_2} + \zeta_f + 2\zeta_w + \zeta_{out}\right)\frac{v_2^2}{2g}$$

管中流速

$$v_1 = \frac{q_V}{\frac{1}{4}\pi d_1^2} = 2\text{m/s}, \quad v_2 = \frac{q_V}{\frac{1}{4}\pi d_2^2} = 3.57\text{m/s}$$

于是

$$h_w = \left[\left(0.026 \times \frac{12}{0.2} + 2 + 0.3\right) \times \frac{2^2}{2 \times 9.81}\right]\text{m} +$$

$$\left[\left(0.026 \times \frac{180}{0.15} + 3.9 + 2 \times 0.3 + 1.0\right) \times \frac{3.57^2}{2 \times 9.81}\right]\text{m}$$

$$= (0.79 + 23.84)\text{m} = 24.63\text{m}$$

水泵的扬程 H 为

$$H = h + h_{w0-2} = (100 + 24.63)\text{m} = 124.63\text{m}$$

水泵的输入功率 P 为

$$P = \rho g q_V H = (1000 \times 9.81 \times 0.063 \times 124.63)\text{W} = 77\text{kW}$$

2) 列水池水面 0—0、水泵进口断面 1—1 的伯努利方程，即

$$0 = h_s + \frac{p_1}{\rho g} + \frac{v_1^2}{2g} + h_{w0-1}$$

将 $h_{w0-1} = 0.79\text{m}$ 代入

$$0 = h_s + \left(-7 + \frac{2^2}{2 \times 9.81} + 0.79\right)\text{m}$$

水泵的允许安装高度

$$h_s = 6.0\text{m}$$

二、长管的计算

1. 等直径管路

水从一个大水池沿管长 l、管径 d 的等直径管路流到大气中，这是最简单的长管，如图 7-5 所示，求作用水头 H 与流量 q_V 的关系。

列水池水面 1—1 和管路出口 2—2 断面的伯努利方程，即

$$H = \frac{v_2^2}{2g} + h_w$$

不计局部水头损失和出口速度水头，$h_j + \frac{v_2^2}{2g} \approx 0$，则 $h_w = h_f$，上式为

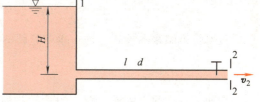

图 7-5 等直径管路

$$H = h_f = \lambda \frac{l}{d} \frac{v^2}{2g} = \lambda \frac{l}{d} \frac{1}{2g}\left(\frac{q_V}{\frac{1}{4}\pi d^2}\right)^2 = \frac{8\lambda l}{g\pi^2 d^5}q_V^2$$

2. 串联管路

由几段直径和粗糙度不同的管段相互串联在一起的管路称为串联管路，如图 7-6 所示。串联管路的特点如下：

1）通过串联管路各管段的流量相同，即

$$q_V = q_{V1} = q_{V2} = q_{V3} \tag{7-2}$$

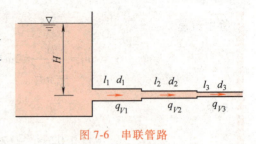

图 7-6 串联管路

2）串联管路总水头损失等于各管段水头损失之和，即

$$H = h_f = h_{f1} + h_{f2} + h_{f3} \tag{7-3}$$

例 7-4 图 7-6 所示供水管路，由三种不同直径的管段串联而成，已知 $d_1 = 0.3\text{m}$，$d_2 = 0.2\text{m}$，$d_3 = 0.1\text{m}$，$l_1 = l_2 = l_3 = 50\text{m}$。管壁绝对粗糙度 $\Delta_1 = \Delta_2 = \Delta_3 = 3\text{mm}$，作用水头 $H = 20\text{m}$，水的运动黏度 $\nu = 10^{-6}\text{m}^2/\text{s}$，不计局部损失，求管路的流量 q_V。

解 由串联管路的总水头损失等于各段水头损失之和可得

$$H = h_{f1} + h_{f2} + h_{f3} = \lambda_1 \frac{l_1}{d_1} \frac{v_1^2}{2g} + \lambda_2 \frac{l_2}{d_2} \frac{v_2^2}{2g} + \lambda_3 \frac{l_3}{d_3} \frac{v_3^2}{2g}$$

因串联管路各管段的流量 q_V 相同，将 $v_1 = \dfrac{q_V}{\frac{1}{4}\pi d_1^2}$，$v_2 = \dfrac{q_V}{\frac{1}{4}\pi d_2^2}$，$v_3 = \dfrac{q_V}{\frac{1}{4}\pi d_3^2}$ 代入上式，得

$$H = \left(\frac{8\lambda_1 l_1}{g\pi^2 d_1^5} + \frac{8\lambda_2 l_2}{g\pi^2 d_2^5} + \frac{8\lambda_3 l_3}{g\pi^2 d_3^5}\right) q_V^2$$

管道的相对粗糙度分别为 $\Delta_1/d_1 = 0.01$，$\Delta_2/d_2 = 0.015$，$\Delta_3/d_3 = 0.03$，流动通常在水力粗糙管区（即阻力平方区），由相对粗糙度查莫迪图得 λ 值

$$\lambda_1 = 0.038, \quad \lambda_2 = 0.041, \quad \lambda_3 = 0.055$$

解得

$$q_V = 0.029\text{m}^3/\text{s}$$

通过对计算结果的校核，这一串联管路的流动的确在阻力平方区，以上计算正确。

3. 并联管路

在两节点之间由两根及以上的管段并列连接而成的管路称为并联管路。图 7-7 所示为在 BC 段由三根支管并联的管路。并联管路的特点如下：

1）总管路的流量等于各支管流量之和，即

$$q_V = q_{V1} + q_{V2} + q_{V3} \tag{7-4}$$

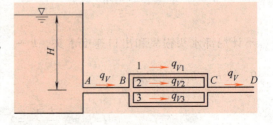

图 7-7 并联管路

2) 并联管段各支管的水头损失均相等，即

$$h_{fBC} = h_{f1} = h_{f2} = h_{f3} \tag{7-5}$$

4. 分支管路

分支管路的特点相当于串联管路的复杂情况，计算特点与串联管路类似。

例 7-5 拟建一水塔，由水塔向管路供水，管路布置如图 7-8 所示，已知每段管路流量和长度。水塔 A 处地面标高 18m，用水点 3、4 处标高 14m，要求保留自由水头 10m，各段管径分别为：A—1 段，$d_1 = 0.3m$；1—2 段，$d_2 = 0.25m$；2—3 段、1—4 段，$d_3 = d_4 = 0.2m$。取 $\lambda = 0.025$，求水塔的高度 H。

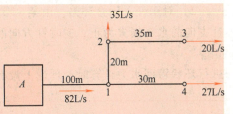

图 7-8 分支管路

解 各段流速为

$$v_1 = 1.16 \text{m/s}, \quad v_2 = 1.12 \text{m/s}, \quad v_3 = 0.64 \text{m/s}, \quad v_4 = 0.86 \text{m/s}$$

沿 3—2—1—A 线，按串联管路计算得

$$h_w = \lambda \frac{l_1}{d_1} \frac{v_1^2}{2g} + \lambda \frac{l_2}{d_2} \frac{v_2^2}{2g} + \lambda \frac{l_3}{d_3} \frac{v_3^2}{2g}$$

$$= \left(0.025 \times \frac{100}{0.3} \times \frac{1.16^2}{2 \times 9.81} + 0.025 \times \frac{20}{0.25} \times \frac{1.12^2}{2 \times 9.81} + 0.025 \times \frac{35}{0.2} \times \frac{0.64^2}{2 \times 9.81}\right) \text{m}$$

$$= 0.79 \text{m}$$

沿 4—1—A 线，同样按串联管路计算

$$h_w = \lambda \frac{l_1}{d_1} \frac{v_1^2}{2g} + \lambda \frac{l_4}{d_4} \frac{v_4^2}{2g}$$

$$= \left(0.025 \times \frac{100}{0.3} \times \frac{1.16^2}{2 \times 9.81} + 0.025 \times \frac{30}{0.2} \times \frac{0.86^2}{2 \times 9.81}\right) \text{m} = 0.71 \text{m}$$

为保证供水，由 3—2—1—A 线确定水塔高度，水塔高度等于水头损失加上保留水头减去高差，于是

$$H = (0.79 + 10 - 4) \text{m} = 6.79 \text{m}$$

5. 环状管网

图 7-9 所示为一环状管网正常工作的情况，各管段实测流量标在图中。

在节点 A 处，流进 $q_V = 100\text{L/s}$，流出 $q_V = 40\text{L/s} + 60\text{L/s} = 100\text{L/s}$，流进、流出节点的流量相等。其他节点也存在这一关系。

对环路 ABC 和 AEC，实测 $h_{fABC} = 9.9\text{m}$，$h_{fAEC} = 9.9\text{m}$。对环路 ECD 和 EFD，实测 $h_{fECD} = 8.8\text{m}$，$h_{fEFD} = 8.8\text{m}$。

每一环路相当于一并联管路，水流沿不同的路线流动时，两点间水头损失相等。这一流量和

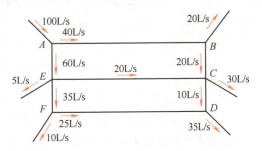

图 7-9 环状管路

水头损失特点反映了环状管网的水流特点。在进行水力计算时需满足以下两个条件：

1）由连续性条件，在各个节点上，如以流向节点的流量为正，离开节点的流量为负，则流经任一节点处流量的代数和为 0，即

$$\sum q_{Vi} = 0$$

2）对于任一闭合环路，由某一节点沿两个方向至另一节点的水头损失应相等。如顺时针方向的水头损失为正，逆时针方向的水头损失为负，则两者的代数和为 0，即在各环路内

$$\sum h_{fi} = 0$$

进行环状管网水力计算时，理论上没有什么困难，但计算较复杂。

第二节　管路中的水击

在有压管路中，当阀门突然关闭，由于液体的惯性会引起管路中局部压强突然升高，这种现象称为水击（水锤）。水击引起的压强升高值，可达管道正常工作压强的几十倍甚至几百倍。水击使管道产生变形，严重时造成管道和设备的强烈振动并发生破坏，水击是管路设计不容忽视的重要问题。

一、水击的传播过程

用图 7-10 所示的简单管路来讨论水击的传播过程。设管路长 l，直径 d，B 点连接水池，在出口 A 处装有阀门。设水击前管中流速 v_0，压强 p_0（H_0），讨论水击时暂不计水头损失和速度水头。在水击传播过程中，速度变化极快，需考虑液体的可压缩性和管壁的弹性。

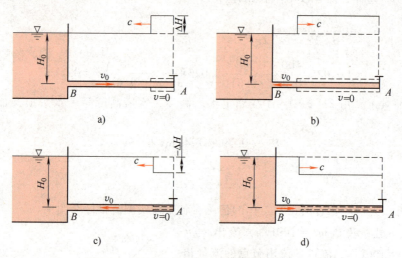

图 7-10　水击的传播过程

a）$t = 0 \sim l/c$　b）$t = l/c \sim 2l/c$　c）$t = 2l/c \sim 3l/c$　d）$t = 3l/c \sim 4l/c$

1. 升压过程

当阀门突然关闭时（$t = 0$），紧靠阀门上游的一层液体，速度突变为零。由于惯性作用，该层液体受到上游来流的压缩，压强突增，增值 Δp（ΔH）就是水击压强。

压强突增使液体压缩，密度增大，同时管道膨胀。这种液体压缩、管道膨胀、沿着管道

由 A 向 B 处传播的波称为升压波。

设水击波的速度为 c，经过 $t=l/c$ 时间后，整个管道 AB 全部处于升压状态，即全管内速度 $v=0$，压强 $p=p_0+\Delta p$（$H=H_0+\Delta H$）。

$t=0 \sim l/c$ 为水击波传播的第一阶段。

2. 压强恢复过程

当升压波传至 B 点时，被水池截止，B 处的压强恒等于 p_0（H_0），于是在管道入口处内外压差 Δp（ΔH）作用下，管道内液体必然以速度 v_0 向水池内倒流。使压强恢复（降低）形成了一个降压波，其传播速度也为 c，经过 $t=l/c$ 时段，全管速度为 v_0，压强为 p_0（H_0）。

$t=l/c \sim 2l/c$ 为水击波传播的第二阶段。

3. 压强降低过程

上一过程结束时，由于惯性作用，管中液体仍向水池倒流，而阀门处关闭，无液体补充。结果使阀门处液体静止，密度减小，体积膨胀。压强降低值等于第一阶段中的压强升高值。压强降低过程由阀门向水池传播，形成降压波。经过 l/c 时段，全管内速度 $v=0$，压强 $p=p_0-\Delta p$（$H=H_0-\Delta H$）。

$t=2l/c \sim 3l/c$ 为水击波传播的第三阶段。

4. 压强恢复过程

在 $t=3l/c$ 时刻，整个管中水流处于瞬时低压状态。因管道入口压强比水池压强低 Δp（ΔH），在压差作用下，液体又以速度 v_0 向阀门方向流动，管道中液体密度又逐层恢复正常，管道也恢复正常。这一压强恢复波由水池向阀门传播，经过 l/c 时段，整个管道液体的速度和压强恢复至初始值 v_0、p_0（H_0）。

$t=3l/c \sim 4l/c$ 为水击波传播的第四阶段。

由于惯性作用，管中液体仍以速度 v_0 向阀门处流动，但阀门关闭流动被阻止。于是又恢复到阀门突然关闭时的状态，周期性地循环下去。每经过 $4l/c$ 时间，重复一次全过程。

在阀门 A 处，压强随时间的变化如图 7-11 中虚线所示。

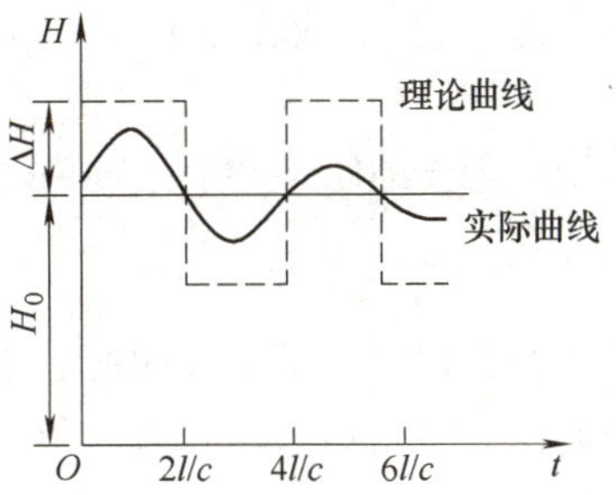

图 7-11 阀门处的水击压强变化

实际上，由于液体的黏性和管道的变形必将引起机械能损失，水击压强在传播过程中必将逐渐降低，阀门 A 处压强的实际变化如图 7-11 中实线所示。

二、直接水击、间接水击

水击波从阀门突然关闭到水击波第一次返回阀门所需的时间为 $2l/c$，称为水击波的相，以 t_r 表示，即

$$t_r = \frac{2l}{c}$$

每经过 t_r 时间，水击压强变化一次，而每经过 $4l/c=2t_r$ 时间，水击现象重复一次，因此 $T=2t_r$ 称为水击波的周期。实际上阀门不可能突然关闭，总有一个关闭时间，以 t_s 表示。对比 t_r 和 t_s 的大小，将水击分为直接水击和间接水击。

（1）直接水击　当 $t_s < t_r$ 时，阀门关闭时间小于水击波的相，即水击波还未从水池返回阀门，阀门已关闭完毕。阀门处的水击增压，不受水池反射的降压波的影响，达到可能出现的最大值。

（2）间接水击　当 $t_s > t_r$ 时，阀门关闭时间大于水击波的相，即水击波已从水池返回阀门，而关闭仍在进行，受水池反射的降压波的影响，阀门处的压强增加比直接水击要小。

为了减轻水击压强对管道的破坏，应该延长阀门关闭时间，避免发生直接水击。

三、水击压强的计算

当阀门突然关闭时，取图 7-12 所示靠近阀门处管段中的液体作为研究对象。在 Δt 时间内，阀门处产生的增压波向左传播的距离为 $\Delta s = c\Delta t$，在 Δs 管段内液体速度 $v=0$，压强为 $p_0 + \Delta p$，密度为 $\rho + \Delta \rho$，面积为 $A + \Delta A$。

由动量定理

$$\sum F = \frac{\Delta m \, v}{\Delta t}$$

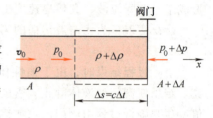

图 7-12　水击压强的计算

对 Δs 管段内液体的作用力等于该段液体的动量变化率。列 x 方向的动量方程有

$$p_0(A+\Delta A) - (p_0+\Delta p)(A+\Delta A) = \frac{(\rho+\Delta\rho)(A+\Delta A)\Delta s(0-v_0)}{\Delta t}$$

其中，$\Delta s = c\Delta t$，$\Delta\rho \ll \rho$，$\Delta\rho$ 略去，上式为

$$\Delta p = \rho c v_0 \tag{7-6}$$

当阀门只有部分关闭时，水击过程与全部关闭相同，仅是速度由 v_0 降为 v，用上述相似的方法可求得最大压强升高值为

$$\Delta p = \rho c (v_0 - v) \tag{7-7}$$

在间接水击的情况下，在阀门处最大压强升高值近似为

$$\Delta p = \rho c v_0 \frac{t_r}{t_s} \tag{7-8}$$

从上式看出，关闭时间 t_s 越长，则 Δp 越小。

四、水击波的传播速度

无论是直接水击还是间接水击，水击压强都与压力波传播速度 c 成正比。压力波在介质中的传播速度（声速）为

$$c_0 = \sqrt{\frac{K}{\rho}} \tag{7-9}$$

式中，K 为液体的体积模量。

水的体积模量 $K = 2.06 \times 10^9$ Pa（4℃），水中压力波的传播速度 $c = 1435$ m/s。

由于水击波是液体在管道中发生的，在水击过程中管内压强大幅度变化，管道的弹

性变形会影响压力波的传播，水的体积模量需要进行修正，于是管道内水击波的传播速度为

$$c = \frac{c_0}{\sqrt{1+\dfrac{Kd}{Ee}}} = \frac{\sqrt{\dfrac{K}{\rho}}}{\sqrt{1+\dfrac{Kd}{Ee}}} \tag{7-10}$$

式中，e 为管壁厚度；E 为管道材料的弹性模量；d 为管道内径。

五、减小水击压强的措施

水击具有较大的破坏性，为了减小水击压强可采取如下措施：

1）延长阀门关闭时间，使阀门开闭平缓。尽量避免直接水击，在间接水击中，关闭时间越长，间接水击的压强越低。

2）改变管道设计，在保证流量的条件下，尽量采用大口径的管道，减小管内流速。尽量缩短发生水击的管道长度，这样可缩短压力波传播时间，降低水击压强。采用弹性好的管道材料，可减小水击压强。

3）设立缓冲装置。在管道中设置空气蓄能器、调压塔、调压井等缓冲装置，用以吸收压力波能量，减小水击压强。

例 7-6 水在直径 200mm、厚度 6mm、管长 120m 的钢管道内流动，流速为 3m/s。已知钢管材料的弹性模量 $E=2.06\times10^{11}$Pa，水的体积模量 $K=2.06\times10^{9}$Pa，水的密度 $\rho=1000$kg/m³。计算管道出口处阀门突然完全关闭和阀门部分关闭速度减小到 1.8m/s 时，理论上的压力波动间隔（相长）t_r 和最大水击压强 Δp。

解 水中压力波传播速度为

$$c_0 = \sqrt{\frac{K}{\rho}} = \sqrt{\frac{2.06\times10^9}{1000}}\ \text{m/s} = 1435.3\ \text{m/s}$$

$$c = \frac{c_0}{\sqrt{1+\dfrac{Kd}{Ee}}} = \frac{1435.3}{\sqrt{1+\dfrac{2.06\times10^9\times200}{2.06\times10^{11}\times6}}}\ \text{m/s} = 1243.02\ \text{m/s}$$

相长为

$$t_r = \frac{2l}{c} = \frac{2\times120}{1243.02}\ \text{s} = 0.193\ \text{s}$$

突然关闭时的水击压强为

$$\Delta p = \rho c v_0 = (1000\times1243.02\times3)\ \text{N/m}^2 = 3.73\times10^6\ \text{N/m}^2(\text{Pa})$$

阀门部分关闭时的水击压强为

$$\Delta p = \rho c (v_0 - v) = [1000\times1243.02\times(3-1.8)]\ \text{N/m}^2 = 1.49\times10^6\ \text{N/m}^2(\text{Pa})$$

由此可见，水击压力波频率非常快，压力增加值也非常大。

第三节 孔口与管嘴出流

孔口与管嘴出流是实际工程中常见的一类流动问题,例如水利工程中的取水、泄水闸孔,通风工程中的送风口,消防水枪及各种喷嘴等。通常将流体流经孔口与管嘴的水力现象称为孔口与管嘴出流。

一、分类

1. 薄壁孔口、管嘴

根据出流情况,孔口边缘厚度不影响出流(即孔壁不接触水舌)的孔口称为薄壁孔口,影响出流的称为管嘴,如图 7-13 所示。

在几何尺寸上,通常孔壁厚度 $\delta \leq d/2$ 称为薄壁孔口,$d/2$ 为收缩断面 $C—C$ 至进口处的距离。在孔口上装一段长度为 $(3\sim 4)d$ 的短管称为管嘴。

2. 小孔口、大孔口

孔口上各点速度可以认为是常数的孔口称为小孔口,通常 $d \leq 0.1H$,则可用孔口形心处的作用水头代替孔口各点的作用水头。孔口各点的作用水头差异比较大,通常 $d > 0.1H$ 的孔口称为大孔口。

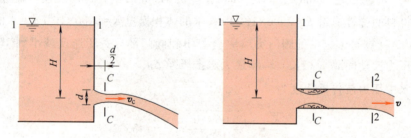

图 7-13 薄壁孔口与管嘴出流

3. 自由孔口出流、淹没孔口出流

液体经孔口流入大气中的出流称为自由出流,液体进入液体中或气体进入气体中的出流称为淹没出流。

二、薄壁孔口出流

薄壁孔口出流时水流向孔口汇集,如图 7-13 所示,由于惯性作用收缩形成收缩断面 $C—C$,收缩断面面积 A_c 与孔口面积 A 之比称为收缩系数,即

$$\varepsilon = \frac{A_c}{A} \tag{7-11}$$

对圆形完全收缩的薄壁小孔口,实验得出 $d_c = 0.8d$,$\varepsilon = 0.64$。孔口任一边缘到容器侧壁的距离大于在同一方向上孔口尺寸的 3 倍,可视为完善收缩。

以孔口中心的水平面为基准面,对水箱水面 1—1 和收缩断面 $C—C$ 列伯努利方程

$$H+\frac{p_1}{\rho g}+\frac{\alpha_1 v_1^2}{2g}=0+\frac{p_c}{\rho g}+\frac{\alpha_c v_c^2}{2g}+h_j$$

其中，$v_1=0$，取 $\alpha_1=\alpha_2=1.0$，$p_c=p_1=0$（大气压）。孔口的局部水头损失 $h_j=\zeta\frac{v_c^2}{2g}$，$\zeta$ 为孔口的局部阻力系数。代入上式得

$$H=\frac{v_c^2}{2g}+\zeta\frac{v_c^2}{2g}=(1+\zeta)\frac{v_c^2}{2g}$$

解得

$$v_c=\frac{1}{\sqrt{1+\zeta}}\sqrt{2gH}=\varphi\sqrt{2gH} \qquad (7-12)$$

式中，φ 为孔口的流速系数，$\varphi=\frac{1}{\sqrt{1+\zeta}}$。

经过孔口的流量为

$$q_V=v_c A_c=\varepsilon v_c A=\varepsilon\varphi A\sqrt{2gH}=\mu A\sqrt{2gH} \qquad (7-13)$$

式中，μ 为孔口的流量系数，$\mu=\varepsilon\varphi$。

对于圆形薄壁小孔，实验得出 $\zeta=0.06$，$\varepsilon=0.64$，$\varphi=0.97$，$\mu=0.62$。

当容器液面上的压强大于大气压时，在压差 Δp 和水深 H 共同作用下的出流速度和流量公式分别为

$$v_c=\varphi\sqrt{2g\left(H+\frac{\Delta p}{\rho g}\right)}, \qquad q_V=\mu A\sqrt{2g\left(H+\frac{\Delta p}{\rho g}\right)} \qquad (7-14)$$

对于大孔口，作用在大孔口上部和下部的水头差别较大，因而各点流速有所不同。计算时取大孔口形心处的水头，公式与小孔口相同，流量系数大于小孔口的流量系数。对圆形薄壁大孔口，$\mu=0.65\sim0.85$。

例 7-7 密度为 900kg/m^3 的油从直径 2cm 的孔口喷出，如图 7-14 所示。孔口前的计示压强为 $4.5\times10^4\text{Pa}$，射流对挡板的冲击力为 20N，流量为 $q_V=2.29\times10^{-3}\text{m}^3/\text{s}$。求孔口的出流系数 ε、φ、μ。

解 孔口面积 $A=\left(\frac{1}{4}\pi\times0.02^2\right)\text{m}^2=3.14\times10^{-4}\text{m}^2$，压差 $\Delta p=4.5\times10^4\text{Pa}$。由流量公式（7-14）的第二式，这里 $H\approx0$，解出流量系数 μ 为

$$\mu=\frac{q_V}{A\sqrt{2\frac{\Delta p}{\rho}}}=\frac{2.29\times10^{-3}}{3.14\times10^{-4}\sqrt{2\times\frac{4.5\times10^4}{900}}}=0.729$$

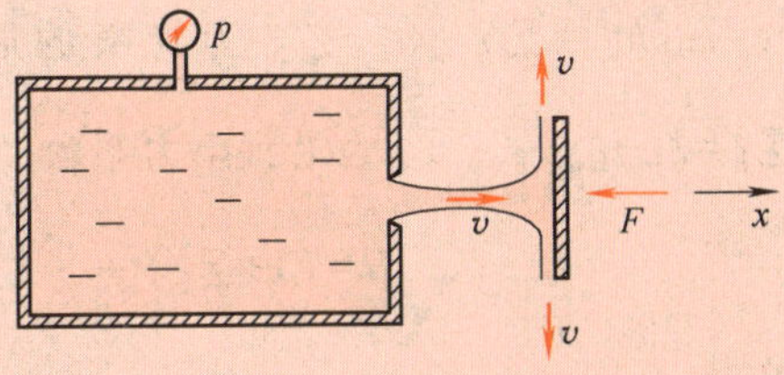

图 7-14 例 7-7 图

由自由射流对平板的冲击力 $F=\rho q_V v$（见例 4-4），可求出孔口出流速度，即

$$v=\frac{F}{\rho q_V}=\frac{20}{900\times2.29\times10^{-3}}\text{m/s}=9.7\text{m/s}$$

由孔口出流速度公式（7-14）的第一式，$v \approx v_c$，则

$$v = \varphi \sqrt{2g\left(H + \frac{\Delta p}{\rho g}\right)} = \varphi \sqrt{2\frac{\Delta p}{\rho}}$$

解出流速系数 φ 为

$$\varphi = \frac{v}{\sqrt{2\frac{\Delta p}{\rho}}} = \frac{9.7}{\sqrt{2 \times \frac{4.5 \times 10^4}{900}}} = 0.97$$

孔口的收缩系数 ε 为

$$\varepsilon = \frac{\mu}{\varphi} = \frac{0.729}{0.97} = 0.752$$

三、管嘴出流

在薄壁孔口上连接的一段长 $l = (3 \sim 4)d$ 的短管称为管嘴，如图 7-15 所示。管嘴可分为外伸管嘴 a、内伸管嘴 b、锥形收缩管嘴 c、扩张管嘴 d、流线形收缩管嘴 e 等。

管嘴的出流特点是当液体进入管嘴后形成收缩，在收缩处液体与管壁分离形成旋涡区，然而又逐渐扩大，在管嘴出口断面上液体完全充满整个断面。

实验观察表明在收缩断面处，液流和管壁脱离形成环状真空区，由于真空区的存在，对水箱来流产生抽吸作用，从而提高管嘴的过流能力。

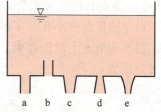

图 7-15 管嘴的分类

如图 7-16 所示，以管嘴中心线所在平面为基准，对水箱水面 1—1 和管嘴出口断面 2—2 列伯努利方程

$$H + \frac{p_1}{\rho g} + \frac{\alpha_1 v_1^2}{2g} = 0 + \frac{p_2}{\rho g} + \frac{\alpha_2 v_2^2}{2g} + h_w$$

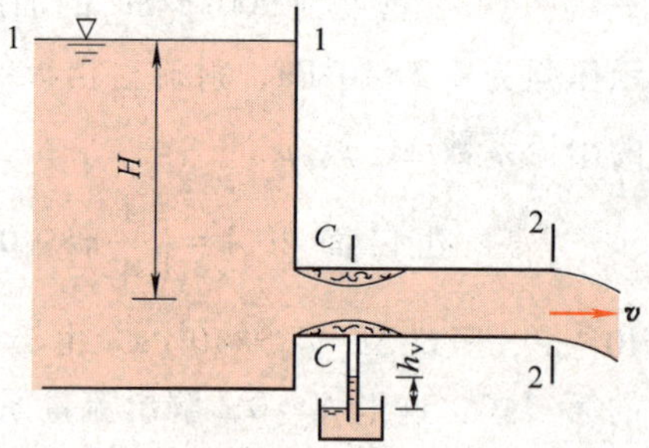

其中，$v_1 = 0$，取 $\alpha_1 = \alpha_2 = 1.0$，$p_2 = p_1$（大气压），$v_2 = v$。$h_w = \sum \zeta \frac{v^2}{2g}$，$\sum \zeta$ 为管嘴的局部阻力系数，$\sum \zeta = \zeta_{in} + \zeta_m + \zeta_y$，$\zeta_y$ 为沿程阻力系数，代入上式得

$$H = (1 + \sum \zeta) \frac{v^2}{2g}$$

解得

$$v = \frac{1}{\sqrt{1 + \sum \zeta}} \sqrt{2gH} = \varphi \sqrt{2gH} \tag{7-15}$$

图 7-16 管嘴出流

管嘴出流流量

$$q_V = vA = \varphi A \sqrt{2gH} = \mu A \sqrt{2gH} \tag{7-16}$$

对圆柱形外伸管嘴，实验得出 $\sum \zeta = 0.5$，$\varepsilon = 1$，$\varphi = 0.82$，$\mu = 0.82$。

当容器液面上的压强大于大气压时，在压差 Δp 和水深 H 共同作用下的出流速度和流量

公式为

$$v=\varphi\sqrt{2g\left(H+\frac{\Delta p}{\rho g}\right)}, \quad q_V=\mu A\sqrt{2g\left(H+\frac{\Delta p}{\rho g}\right)} \tag{7-17}$$

对比薄壁孔口的流量系数 $\mu=0.62$，在相同直径、相同作用水头下，管嘴的出流流量大于孔口的出流流量，倍数为 1.32 倍。在孔口处接上管嘴后阻力要比孔口大，但管嘴的出流流量比孔口大，原因是管嘴的收缩断面处存在真空，对来流产生抽吸作用。

列自由液面 1—1 和收缩断面 C—C 的伯努利方程

$$H=\frac{p_c}{\rho g}+\frac{v_c^2}{2g}+\zeta\frac{v_c^2}{2g}$$

解得

$$\frac{p_c}{\rho g}=H-(1+\zeta)\frac{v_c^2}{2g}$$

其中 $v_c=\dfrac{q_V}{A_c}=\dfrac{\mu A\sqrt{2gH}}{\varepsilon A}=\dfrac{\mu}{\varepsilon}\sqrt{2gH}$，取 $\zeta=0.06$，$\mu=0.82$，$\varepsilon=0.64$。代入上式可得管嘴收缩断面处的真空值，即

$$\frac{p_c}{\rho g}=H-(1+\zeta)\frac{\mu^2}{\varepsilon^2}H=\left[1-(1+\zeta)\frac{\mu^2}{\varepsilon^2}\right]H$$

$$=\left[1-(1+0.06)\frac{0.82^2}{0.64^2}\right]H=-0.74H$$

为了保证管嘴正常工作，必须保证管嘴中真空度的存在。但真空度过大，当收缩断面 C—C 处绝对压强小于液体的汽化压强时，液体将汽化。

因此应对管嘴内的真空度有所限制。对于水常取允许压强水头 $p_c/(\rho g)=-7\mathrm{m}$，则作用水头

$$H\leqslant\frac{7}{0.74}=9.5\mathrm{m}$$

管嘴的长度是一个重要参数，如果太短，则水流来不及扩大，或真空区离出口太近，容易引起真空破坏。如果太长，则沿程损失不可忽略，达不到增加流量的目的。根据实验，管嘴长度的最佳值为 $l=(3\sim4)d$。

习　题

7-1 两水池用两根新的低碳钢管（$\Delta=0.05\mathrm{mm}$）连接，如图 7-17 所示。已知：$d_1=0.2\mathrm{m}$，$l_1=30\mathrm{m}$，$d_2=0.3\mathrm{m}$，$l_2=60\mathrm{m}$，入口局部阻力系数 $\zeta_{\mathrm{in}}=0.5$，阀门局部阻力系数 $\zeta_{\mathrm{f}}=3.5$。当流量 $q_V=0.2\mathrm{m}^3/\mathrm{s}$ 时，求上下水池水面高差 H。

7-2 一水泵向图 7-18 所示串联管路的 B、C、D 点供水，D 点要求自由水头 10m。已知流量 $q_{V_B}=0.015\mathrm{m}^3/\mathrm{s}$，$q_{V_C}=0.01\mathrm{m}^3/\mathrm{s}$，$q_{V_D}=0.005\mathrm{m}^3/\mathrm{s}$；管径 $d_1=0.2\mathrm{m}$，$d_2=0.15\mathrm{m}$，$d_3=0.1\mathrm{m}$；管长 $l_1=500\mathrm{m}$，$l_2=400\mathrm{m}$，$l_3=300\mathrm{m}$；沿程阻力系数 $\lambda=0.03$。求水泵出口 A 点的压

强水头 $p_A/(\rho g)$。

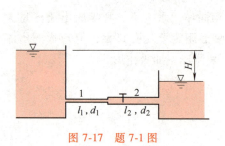

图 7-17 题 7-1 图

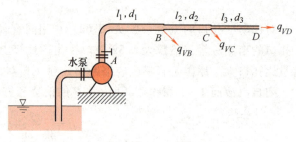

图 7-18 题 7-2 图

7-3 在总流量为 $q_V = 0.025 \text{m}^3/\text{s}$ 的输水管中，接入两个并联管道。已知 $d_1 = 0.1\text{m}$，$l_1 = 500\text{m}$，$\Delta_1 = 0.2\text{mm}$，$d_2 = 0.15\text{m}$，$l_2 = 900\text{m}$，$\Delta_2 = 0.5\text{mm}$，求沿此并联管道的流量分配 q_{V1}、q_{V2} 以及在并联段的水头损失 h_f。

7-4 图 7-19 所示分叉管路自水库取水。已知：干管直径 $d = 0.8\text{m}$，长度 $l = 5\text{km}$，支管 1 的直径 $d_1 = 0.6\text{m}$，长度 $l_1 = 10\text{km}$，支管 2 的直径 $d_2 = 0.5\text{m}$，长度 $l_2 = 15\text{km}$。管壁的粗糙度均为 $\Delta = 0.03\text{mm}$，各处高程如图 7-19 所示。求两支管的流量 q_{V1} 及 q_{V2}。

7-5 用直径 $d = 0.1\text{m}$ 的虹吸管从水箱中引水，如图 7-20 所示。虹吸管最高点距水面 $h = 1\text{m}$，水温为 20℃，不计管道损失，求水不产生汽化的最大流量 q_V。

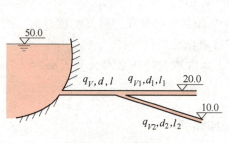

图 7-19 题 7-4 图

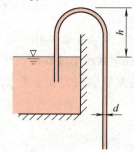

图 7-20 题 7-5 图

7-6 已知管道长 $l = 800\text{m}$，管内水流速度 $v_0 = 1\text{m/s}$，水的体积模量 $K = 2.06 \times 10^9 \text{Pa}$，$\rho = 1000 \text{kg/m}^3$，管径与管壁厚度之比 $d/e = 100$，水的体积模量与管道材料的弹性模量之比 $K/E = 0.01$。当管端阀门全部关闭，关闭时间 $t_s = 2\text{s}$ 时，求水击压强 Δp。

7-7 一水箱用隔板分成 A、B 两部分，如图 7-21 所示。隔板上有一孔口，直径 $d_1 = 4\text{cm}$。在 B 的底部有一圆柱形外伸管嘴，直径 $d_2 = 3\text{cm}$，管嘴长 $l = 10\text{cm}$，水箱 A 水位保持恒定，$H = 3\text{m}$，孔口中心到箱底下的距离 $h_3 = 0.5\text{m}$。求：

1) 水箱 B 内水位稳定的 h_1 和 h_2。
2) 流出水箱的流量 q_V。

7-8 图 7-22 所示为水从薄壁孔口射出，已知 $H = 1.2\text{m}$，A 点坐标 $x = 1.25\text{m}$，$y = 0.35\text{m}$，孔口直径 $d = 0.75\text{cm}$，5min 内流出的水量为 0.04m^3，求：孔口的出流系数。（假设孔口出流后为平抛运动，公式 $x = v_c t$，$y = \frac{1}{2}gt^2$）

第七章 有压管路、孔口和管嘴的水力计算

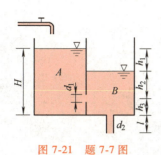

图 7-21　题 7-7 图

图 7-22　题 7-8 图

第八章

黏性流体动力学基础

> **本章要点及学习要求**
>
> **本章要点**：建立不可压缩黏性流体的基本方程——纳维-斯托克斯方程（N-S 方程）。介绍边界层概念，建立边界层方程，求解实际流体绕物体流动时的黏性阻力。
>
> **学习要求**：基本概念有黏性流体中的应力，边界层，边界层厚度、边界层位移厚度、边界层动量损失厚度，层流边界层、湍流边界层，边界层分离、绕流物体的阻力。基本方程有 N-S 方程，边界层微分方程、边界层动量积分关系式。基本计算有 N-S 方程的精确解，平板层流边界层、湍流边界层、混合边界层的近似计算。

实际流体都具有黏性，黏性流体运动中总是伴随着摩擦和传热过程，产生机械能损失。黏性流体动力学研究流体黏性不能忽略的宏观运动规律。

对于求解绕流物体上的升力、表面波的运动等，黏性的作用并不占支配地位，应用非黏性流体力学（理想流体动力学）理论，可获得较满意的结果。而对于求解运动流体中的黏性阻力、旋涡的扩散等，黏性的作用已占主导地位，若忽略流体的黏性，将导致完全不符合实际的结果。

本章主要内容为建立黏性流体运动的微分方程组，即纳维-斯托克斯方程（简称 N-S 方程），求解黏性流体层流运动的精确解。对边界层内的流动，建立边界层方程，进行边界层速度分布与黏性摩擦力的求解。

第一节　黏性流体运动微分方程

一、黏性流体中的应力

在理想流体中，作用在流体微团上的表面力只有一个与表面相垂直的压应力（压强），而且压应力具有一点上各向同性的特点。在黏性流体中取边长为 dx、dy、dz 的微元六面体，作用在微元六面体上的表面力不仅有压应力，而且还有切应力，一点上的压应力不再具有各向同性的特点。

每个微元六面体表面上的应力都有三个分量,因此实际流体中的一点 $M(x, y, z)$ 上的应力要用九个应力分量来描述,如图 8-1a 所示,为

$$p_{xx}、\tau_{xy}、\tau_{xz}、\tau_{yx}、p_{yy}、\tau_{yz}、\tau_{zx}、\tau_{zy}、p_{zz}$$

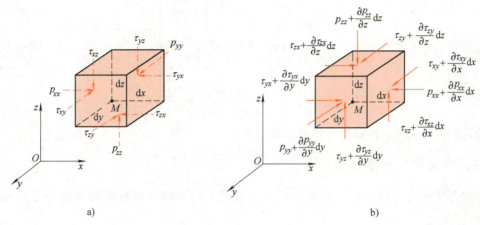

图 8-1 黏性流体中一点上的应力

应力的第一个下标表示应力作用面的法线方向,第二个下标表示应力本身所指的方向。p 表示法向应力,τ 表示切应力,分别标注在包含 M 点的三个微元表面上。当 dx、dy、dz 趋于零时,六面体趋于一个点,九个应力分量反映了实际流体一点处的应力情况。黏性流体中一点的应力分量可用九个应力分量组成的应力矩阵表示,即

$$\begin{pmatrix} p_{xx} & \tau_{xy} & \tau_{xz} \\ \tau_{yx} & p_{yy} & \tau_{yz} \\ \tau_{zx} & \tau_{zy} & p_{zz} \end{pmatrix}$$

二、以应力形式表示的运动微分方程

将牛顿第二定律 $\sum \boldsymbol{F} = m\boldsymbol{a}$ 应用于微元六面体,可导出以应力形式表示的运动微分方程。

微元六面体另外三个表面上的应力分量可用泰勒级数展开并取前两项给出,如图 8-1b 所示。以 x 方向为例,表面力合力为

$$P_x = p_{xx}dydz - \left(p_{xx} + \frac{\partial p_{xx}}{\partial x}dx\right)dydz - \tau_{yx}dxdz + \left(\tau_{yx} + \frac{\partial \tau_{yx}}{\partial y}dy\right)dxdz - $$

$$\tau_{zx}dxdy + \left(\tau_{zx} + \frac{\partial \tau_{zx}}{\partial z}dz\right)dxdy = -\left(\frac{\partial p_{xx}}{\partial x} - \frac{\partial \tau_{yx}}{\partial y} - \frac{\partial \tau_{zx}}{\partial z}\right)dxdydz$$

设 x 方向单位质量分力为 f_x,流体的密度为 ρ,微元六面体的质量为 $\rho dxdydz$,则 x 方向质量力为 $F_x = f_x \rho dxdydz$。

将 x 方向的表面力 P_x、质量力 F_x 代入 x 方向的牛顿第二定律

$$\sum F_x = ma_x = m\frac{dv_x}{dt}$$

可得

$$f_x\rho dxdydz - \left(\frac{\partial p_{xx}}{\partial x} - \frac{\partial \tau_{yx}}{\partial y} - \frac{\partial \tau_{zx}}{\partial z}\right)dxdydz = \rho dxdydz \frac{dv_x}{dt}$$

方程两边同除以微元六面体的质量 $\rho dxdydz$，可得

同理得

$$\left.\begin{array}{l}f_x - \dfrac{1}{\rho}\left(\dfrac{\partial p_{xx}}{\partial x} - \dfrac{\partial \tau_{yx}}{\partial y} - \dfrac{\partial \tau_{zx}}{\partial z}\right) = \dfrac{dv_x}{dt} \\[2mm] f_y - \dfrac{1}{\rho}\left(-\dfrac{\partial \tau_{xy}}{\partial x} + \dfrac{\partial p_{yy}}{\partial y} - \dfrac{\partial \tau_{zy}}{\partial z}\right) = \dfrac{dv_y}{dt} \\[2mm] f_z - \dfrac{1}{\rho}\left(-\dfrac{\partial \tau_{xz}}{\partial x} - \dfrac{\partial \tau_{yz}}{\partial y} + \dfrac{\partial p_{zz}}{\partial z}\right) = \dfrac{dv_z}{dt}\end{array}\right\} \qquad (8-1)$$

上式为以应力形式表示的黏性流体运动微分方程。

三、广义牛顿内摩擦定律

切应力分量之间存在着一定的联系，用力矩平衡原理可以证明切应力分量具有对称性，即

$$\tau_{xy} = \tau_{yx}, \quad \tau_{yz} = \tau_{zy}, \quad \tau_{xz} = \tau_{zx}$$

流体中的应力与变形速度之间的关系称为广义牛顿内摩擦定律（或本构方程）。牛顿内摩擦定律 $\tau = \mu dv_x/dy$，只是针对平面剪切流动等简单情况的应力和变形速度之间的关系。仿照牛顿内摩擦定律，得不可压缩黏性流体的广义牛顿内摩擦定律为

$$\tau_{xy} = \tau_{yx} = \mu\left(\frac{\partial v_x}{\partial y} + \frac{\partial v_y}{\partial x}\right), \qquad p_{xx} = p - 2\mu\frac{\partial v_x}{\partial x}$$

$$\tau_{yz} = \tau_{zy} = \mu\left(\frac{\partial v_y}{\partial z} + \frac{\partial v_z}{\partial y}\right), \qquad p_{yy} = p - 2\mu\frac{\partial v_y}{\partial y}$$

$$\tau_{zx} = \tau_{xz} = \mu\left(\frac{\partial v_z}{\partial x} + \frac{\partial v_x}{\partial z}\right), \qquad p_{zz} = p - 2\mu\frac{\partial v_z}{\partial z}$$

对于不可压缩流体，一般情况下三个互相垂直的法向应力不相等。将 p_{xx}、p_{yy}、p_{zz} 相加，利用连续性方程 $\dfrac{\partial v_x}{\partial x} + \dfrac{\partial v_y}{\partial y} + \dfrac{\partial v_z}{\partial z} = 0$ 可得

$$p = \frac{1}{3}(p_{xx} + p_{yy} + p_{zz})$$

在黏性流体中将任一点处三个相互垂直的法向应力的算术平均值作为该点的动压强。

压强 p 这个符号在静止流体中代表一点处流体的静压强，在理想流体中代表一点处的流体动压强，在不可压缩的黏性流体中代表一点处三个相互垂直方向的法向应力的算术平均值，因此它也代表一点处的流体动压强。

四、不可压缩黏性流体 N-S 方程

将广义牛顿内摩擦定律代入式（8-1）中可得不可压缩黏性流体 N-S 方程，通常将不可压缩流体的连续性方程写在一起，即

$$\left.\begin{array}{l}\dfrac{\partial v_x}{\partial x}+\dfrac{\partial v_y}{\partial y}+\dfrac{\partial v_z}{\partial z}=0 \\[2mm] f_x-\dfrac{1}{\rho}\dfrac{\partial p}{\partial x}+\nu\left(\dfrac{\partial^2 v_x}{\partial x^2}+\dfrac{\partial^2 v_x}{\partial y^2}+\dfrac{\partial^2 v_x}{\partial z^2}\right)=\dfrac{dv_x}{dt} \\[2mm] f_y-\dfrac{1}{\rho}\dfrac{\partial p}{\partial y}+\nu\left(\dfrac{\partial^2 v_y}{\partial x^2}+\dfrac{\partial^2 v_y}{\partial y^2}+\dfrac{\partial^2 v_y}{\partial z^2}\right)=\dfrac{dv_y}{dt} \\[2mm] f_z-\dfrac{1}{\rho}\dfrac{\partial p}{\partial z}+\nu\left(\dfrac{\partial^2 v_z}{\partial x^2}+\dfrac{\partial^2 v_z}{\partial y^2}+\dfrac{\partial^2 v_z}{\partial z^2}\right)=\dfrac{dv_z}{dt}\end{array}\right\} \quad (8\text{-}2a)$$

矢量形式为

$$\left.\begin{array}{l}\nabla\cdot v=0 \\[2mm] f-\dfrac{1}{\rho}\nabla p+\nu\nabla^2 v=\dfrac{dv}{dt}\end{array}\right\} \quad (8\text{-}2b)$$

式中，$\nabla=\dfrac{\partial}{\partial x}\boldsymbol{i}+\dfrac{\partial}{\partial y}\boldsymbol{j}+\dfrac{\partial}{\partial z}\boldsymbol{k}$，$\nabla^2=\dfrac{\partial^2}{\partial x^2}+\dfrac{\partial^2}{\partial y^2}+\dfrac{\partial^2}{\partial y^2}$。

N-S 方程与连续性方程共同组成求解不可压缩黏性流体问题的完整方程组，4 个方程求解 4 个未知数 v_x、v_y、v_z 和 p，方程组为封闭的方程组。

N-S 方程组的柱坐标形式为

$$\left.\begin{array}{l}\dfrac{\partial v_r}{\partial r}+\dfrac{v_r}{r}+\dfrac{1}{r}\dfrac{\partial v_\theta}{\partial \theta}-\dfrac{\partial v_z}{\partial z}=0 \\[2mm] f_r-\dfrac{1}{\rho}\dfrac{\partial p}{\partial r}+\nu\left(\nabla^2 v_r-\dfrac{2}{r^2}\dfrac{\partial v_\theta}{\partial \theta}-\dfrac{v_r}{r^2}\right)=\dfrac{dv_r}{dt}-\dfrac{v_\theta^2}{r} \\[2mm] f_\theta-\dfrac{1}{\rho}\dfrac{\partial p}{r\partial\theta}+\nu\left(\nabla^2 v_\theta+\dfrac{2}{r^2}\dfrac{\partial v_r}{\partial\theta}-\dfrac{v_\theta}{r^2}\right)=\dfrac{dv_\theta}{dt}+\dfrac{v_r v_\theta}{r} \\[2mm] f_z-\dfrac{1}{\rho}\dfrac{\partial p}{\partial z}+\nu\nabla^2 v_z=\dfrac{dv_z}{dt}\end{array}\right\} \quad (8\text{-}2c)$$

其中，$\nabla^2=\dfrac{\partial^2}{\partial r^2}+\dfrac{1}{r}\dfrac{\partial}{\partial r}+\dfrac{1}{r^2}\dfrac{\partial^2}{\partial\theta^2}+\dfrac{\partial^2}{\partial z^2}$，$\dfrac{d}{dt}=\dfrac{\partial}{\partial t}+v_r\dfrac{\partial}{\partial r}+v_\theta\dfrac{\partial}{r\partial\theta}+v_z\dfrac{\partial}{\partial z}$。

如果是理想流体，运动黏度 $\nu=0$，N-S 方程（8-2b）第 2 式的左端第 3 项全为零，方程简化为理想流体运动微分方程，称为欧拉运动微分方程，即

$$f-\dfrac{1}{\rho}\nabla p=\dfrac{dv}{dt}$$

如果是平衡流体，速度 $v=0$。N-S 方程转化为欧拉平衡微分方程，即

$$f-\dfrac{1}{\rho}\nabla p=\boldsymbol{0}$$

五、N-S 方程组的定解条件

对于实际问题，仅有相应的微分方程组是不够的，还应给出相应的定解条件。常用的定解条件包括初始条件和边界条件。

初始条件：给定初始时刻的流动状态参数，数学表示为

$t=t_0$ 时，$v(x,y,z,t_0)=v_0(x,y,z)$，　$p(x,y,z,t_0)=p_0(x,y,z)$

$v_0(x,y,z)$、$p_0(x,y,z)$ 为已知函数。对于定常流动，不需要给出初始条件。

边界条件：在运动流体的边界上，方程组的解应该满足的条件称为边界条件。边界条件随具体问题而定，通常有固体壁面、不同流体的分界面（包括自由液面、气-液界面、液-液界面）、流动的入口和出口断面等。如固壁条件为

$$v_{流}=v_{固}\ (\text{动壁面}), \quad v_{流}=0\ (\text{静壁面})$$

液体与大气的分界面（自由表面）的条件为液体压强等于大气压强，即

$$p=p_a$$

第二节　N-S 方程的精确解

N-S 方程是二阶非线性偏微分方程组，方程的求解十分困难。对于某些简单的流动，非线性的对流项简化或消去，N-S 方程变为线性方程。可用解析方法求解，这类解称为精确解。本节以圆管内的定常层流运动（哈根-泊肃叶流动）为例介绍 N-S 方程的精确解。

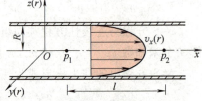

图 8-2　圆管中的层流运动

在一半径为 R 的水平长直圆管中，不可压缩黏性流体在压差作用下做定常层流运动，如图 8-2 所示。

将 N-S 方程（8-2a）的加速度项展开，得

$$\left.\begin{aligned}
&\frac{\partial v_x}{\partial x}+\frac{\partial v_y}{\partial y}+\frac{\partial v_z}{\partial z}=0 \\
&f_x-\frac{1}{\rho}\frac{\partial p}{\partial x}+\nu\left(\frac{\partial^2 v_x}{\partial x^2}+\frac{\partial^2 v_x}{\partial y^2}+\frac{\partial^2 v_x}{\partial z^2}\right)=\frac{\partial v_x}{\partial t}+v_x\frac{\partial v_x}{\partial x}+v_y\frac{\partial v_x}{\partial y}+v_z\frac{\partial v_x}{\partial z} \\
&f_y-\frac{1}{\rho}\frac{\partial p}{\partial y}+\nu\left(\frac{\partial^2 v_y}{\partial x^2}+\frac{\partial^2 v_y}{\partial y^2}+\frac{\partial^2 v_y}{\partial z^2}\right)=\frac{\partial v_y}{\partial t}+v_x\frac{\partial v_y}{\partial x}+v_y\frac{\partial v_y}{\partial y}+v_z\frac{\partial v_y}{\partial z} \\
&f_z-\frac{1}{\rho}\frac{\partial p}{\partial z}+\nu\left(\frac{\partial^2 v_z}{\partial x^2}+\frac{\partial^2 v_z}{\partial y^2}+\frac{\partial^2 v_z}{\partial z^2}\right)=\frac{\partial v_z}{\partial t}+v_x\frac{\partial v_z}{\partial x}+v_y\frac{\partial v_z}{\partial y}+v_z\frac{\partial v_z}{\partial z}
\end{aligned}\right\} \quad (8\text{-}2\text{d})$$

取图 8-2 所示坐标系，单位质量分力为 $f_x=0$，$f_y=0$，$f_z=-g$。层流中只有轴向运动 $v_x=v_x(y,z)=v_x(r)$，$v_y=0$，$v_z=0$。

定常流动 $\frac{\partial v_x}{\partial t}=\frac{\partial v_y}{\partial t}=\frac{\partial v_z}{\partial t}=0$，由连续性方程得 $\frac{\partial v_x}{\partial x}=0$，由于 v_x 与 x 无关，故 $\frac{\partial^2 v_x}{\partial x^2}=0$。

方程组（8-2d）简化为

$$\left.\begin{aligned}
&-\frac{1}{\rho}\frac{\partial p}{\partial x}+\nu\left(\frac{\partial^2 v_x}{\partial y^2}+\frac{\partial^2 v_x}{\partial z^2}\right)=0 \\
&-\frac{1}{\rho}\frac{\partial p}{\partial y}=0 \\
&-g-\frac{1}{\rho}\frac{\partial p}{\partial z}=0
\end{aligned}\right\}$$

由后两个方程得

$$\frac{\partial p}{\partial y}=0, \quad \frac{\partial p}{\partial z}=-\rho g$$

上式为静力学分布的压强，可不考虑。简化后的方程为

$$\frac{\partial^2 v_x}{\partial y^2}+\frac{\partial^2 v_x}{\partial z^2}=\frac{1}{\mu}\frac{\partial p}{\partial x}$$

速度分布是轴对称的，将 y、z 坐标改成 r，即 $v_x=v_x(r)$，同时将偏导数写成全导数得

$$2\frac{\mathrm{d}^2 v_x}{\mathrm{d} r^2}=\frac{1}{\mu}\frac{\mathrm{d} p}{\mathrm{d} x}$$

v_x 仅是 r 的函数，而 p 是 x 的函数，因而 $\mathrm{d}p/\mathrm{d}x$ 必为常数，积分上式得

$$\frac{\mathrm{d} v_x}{\mathrm{d} r}=\frac{1}{2\mu}\frac{\mathrm{d} p}{\mathrm{d} x}r+C_1$$

当 $r=0$ 时，管轴线处速度出现最大值，$\frac{\mathrm{d} v_x}{\mathrm{d} r}=0$，所以 $C_1=0$，于是

$$\frac{\mathrm{d} v_x}{\mathrm{d} r}=\frac{1}{2\mu}\frac{\mathrm{d} p}{\mathrm{d} x}r$$

积分得

$$v_x=\frac{1}{4\mu}\frac{\mathrm{d} p}{\mathrm{d} x}r^2+C_2$$

圆管边界条件为 $r=R$ 时，$v_x=0$，得 $C_2=-\frac{1}{4\mu}\frac{\mathrm{d} p}{\mathrm{d} x}R^2$，于是圆管层流的速度分布为

$$v_x=-\frac{1}{4\mu}\frac{\mathrm{d} p}{\mathrm{d} x}(R^2-r^2)$$

圆管层流的速度为抛物线形分布，这与第六章第二节（圆管中的层流）中的结论相同。

第三节　边界层概念

　　边界层理论由普朗特在1904年提出。对雷诺数较大的黏性流体流动可看作由两种不同性质的流动所组成：一是固体边界附近的边界层流动，黏性作用不可忽略；二是边界层以外的流动，黏性的作用可以忽略，按理想流体的流动来处理。这种处理黏性流体流动的方法，为近代流体力学的发展开辟了新的途径。

　　为了说明边界层的概念，将一块平板放在风洞中吹风（均匀流速度为 v_∞），测出平板附近的速度分布如图8-3所示。

　　沿 y 轴方向速度增加很快，即速度梯度很大，速度的增大区域主要在板面附近。将物体表面速度梯度很大的薄层称为边界层。在边界层以外的广大区域速度梯度很小，黏性的影响可以忽略，流动可看作为理想流体的流动。

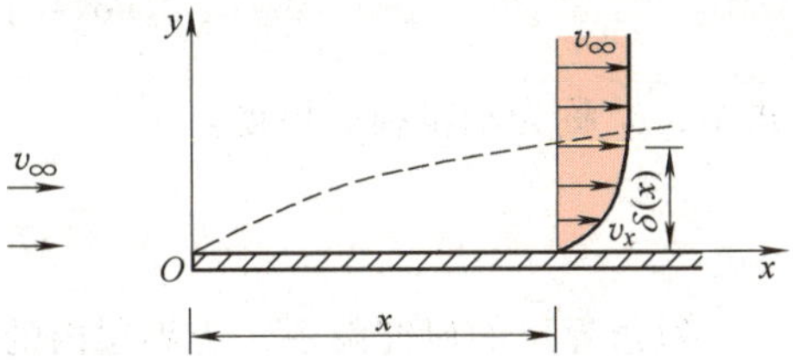

图8-3　平板边界层

一、边界层厚度

为了区分边界层和理想流区,提出边界层厚度的概念。平板绕流速度达到外部势流速度的 99%,即 $v_x = 0.99 v_\infty$ 处到板面的距离 δ 作为边界层的厚度。边界层厚度沿 x 方向是变化的,记为 $\delta(x)$,图 8-3 中虚线表示边界层的外边界,平板边界层厚度通常只有平板长度的几百分之一。

边界层的厚度 δ 是人为规定的,具体测量 δ 值比较困难,在边界层理论中,还有两种厚度:位移厚度 δ_1 和动量损失厚度 δ_2。

1. 位移厚度

设边界层内的速度为 $v_x = v_x(x, y)$,外部势流速度为 $U(x)$。

理想流体以速度 $U(x)$ 流经高度为 δ 断面的流量为 $U(x)\delta$,而边界层内实际流体通过此断面的流量是 $\int_0^\delta v_x \mathrm{d}y$,两者的差值为 $\int_0^\delta (U(x) - v_x) \mathrm{d}y$。两个流量之差用矩形面积 $U(x)\delta_1$ 代替,如图 8-4 所示,则

$$\delta_1 = \int_0^\delta \left(1 - \frac{v_x}{U(x)}\right) \mathrm{d}y \qquad (8-3)$$

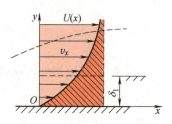

图 8-4 位移厚度

这意味着对理想流区而言,物体的边界因边界层的存在向理想流区位移了 δ_1 的距离,故 δ_1 称为位移厚度。

由于在边界层外边界上的速度仅为 $0.99U(x)$,因此严格地说式(8-3)的积分上限应为无穷远。

2. 动量损失厚度

单位时间内通过边界层任一断面的实际流体的质量为 $\int_0^\delta \rho v_x \mathrm{d}y$,对应的动量为 $\int_0^\delta \rho v_x^2 \mathrm{d}y$。忽略黏性的作用,质量 $\int_0^\delta \rho v_x \mathrm{d}y$ 对应的理想流体动量应为 $U(x)\int_0^\delta \rho v_x \mathrm{d}y$。两者之差即动量的损失为 $\int_0^\delta \rho v_x (U(x) - v_x) \mathrm{d}y$。如果以边界层外的势流速度 $U(x)$ 运动,这部分动量对应的厚度为 δ_2,则

$$\rho U^2(x) \delta_2 = \int_0^\delta \rho v_x (U(x) - v_x) \mathrm{d}y$$

对于均质不可压缩流体,则上式变为

$$\delta_2 = \int_0^\delta \frac{v_x}{U(x)} \left(1 - \frac{v_x}{U(x)}\right) \mathrm{d}y \qquad (8-4)$$

式中,δ_2 称为动量损失厚度。

二、层流边界层、湍流边界层

对边界层的研究发现,边界层内的流动也有层流和湍流两种流动状态,相应地称为层流边界层和湍流边界层,如图 8-5 所示。

以平板边界层为例，边界层开始于平板的头部，沿流向边界层厚度逐渐增加，即黏性的影响从边界逐渐向外扩大，在边界层前部由于厚度较小，流速梯度很大，因此黏性切应力起主要作用，这时边界层内的流动属于层流，称为层流边界层。随着边界层厚度的增大，流速梯度减小，黏性切应力的作用也随之减小，边界层内的流动将从层流经过渡区变成湍流，边界层转变为湍流边界层。在紧靠平板处，仍存在一层厚度很薄的黏性底层（层流底层）。

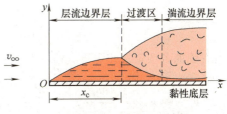

图 8-5　边界层结构

边界层由层流转变为湍流的现象称为边界层的转捩，边界层内转捩点位置为 x_c，相应的雷诺数称为边界层临界雷诺数 Re_c，实验得到

$$Re_c = \frac{v_\infty x_c}{\nu} = 5\times10^5 \sim 3\times10^6$$

三、边界层的基本特征

1）与物体长度相比，边界层厚度很小，沿流动方向边界层逐渐增厚。
2）边界层内沿厚度的速度变化很大，即速度梯度很大。
3）由于边界层很薄，认为边界层中各个截面上的压强等于同一截面上边界层外边界上的压强。
4）边界层内黏性力与惯性力是同一数量级，两种力都要考虑。
5）边界层内存在层流和湍流两种流动状态。

第四节　层流边界层的微分方程

描述边界层内黏性流体运动的方程是 N-S 方程，根据边界层的特点进行简化，经过简化后的 N-S 方程称为边界层方程。

对图 8-3 所示的平板边界层，设流动为平面定常流动，不计质量力。不可压缩流体的 N-S 方程和连续性方程为

$$\frac{\partial v_x}{\partial x} + \frac{\partial v_y}{\partial y} = 0 \tag{8-5a}$$

$$v_x \frac{\partial v_x}{\partial x} + v_y \frac{\partial v_x}{\partial y} = -\frac{1}{\rho}\frac{\partial p}{\partial x} + \nu\left(\frac{\partial^2 v_x}{\partial x^2} + \frac{\partial^2 v_x}{\partial y^2}\right) \tag{8-5b}$$

$$v_x \frac{\partial v_y}{\partial x} + v_y \frac{\partial v_y}{\partial y} = -\frac{1}{\rho}\frac{\partial p}{\partial y} + \nu\left(\frac{\partial^2 v_y}{\partial x^2} + \frac{\partial^2 v_y}{\partial y^2}\right) \tag{8-5c}$$

在边界层内，对各种力进行量级比较，忽略次要项，可使 N-S 方程简化。

分析如下：对式（8-5b）将 x、$U(x)$ 的数量级作为1，v_x 与外部势流的速度为同一数量级，写作 $v_x \sim 1$。而 y、v_y 与 x、$U(x)$ 相比是小量，则写作 $y \sim \varepsilon$，$v_y \sim \varepsilon$。即

$$x \sim 1, \quad v_x \sim 1, \quad 所以 \quad \frac{\partial v_x}{\partial x} \sim 1, \quad v_x\frac{\partial v_x}{\partial x} \sim 1, \quad \frac{\partial^2 v_x}{\partial x^2} \sim 1$$

$y\sim\varepsilon$，　　$v_y\sim\varepsilon$，　　所以　$\dfrac{\partial v_x}{\partial y}\sim\dfrac{1}{\varepsilon}$，　$v_y\dfrac{\partial v_x}{\partial y}\sim 1$，　　$\dfrac{\partial^2 v_x}{\partial y^2}\sim\dfrac{1}{\varepsilon^2}$

由方程的各项量级相等得 $\dfrac{1}{\rho}\dfrac{\partial p}{\partial x}\sim 1$，$\nu\sim\varepsilon^2$。对式（8-5c）

$$v_x\dfrac{\partial v_y}{\partial x}\sim\varepsilon,\quad v_y\dfrac{\partial v_y}{\partial y}\sim\varepsilon,\quad \dfrac{\partial^2 v_y}{\partial x^2}\sim\varepsilon,\quad \dfrac{\partial^2 v_y}{\partial y^2}\sim\dfrac{1}{\varepsilon}$$

由各方程量级相等得 $\dfrac{1}{\rho}\dfrac{\partial p}{\partial y}\sim\varepsilon$，$\nu\sim\varepsilon^2$。

式（8-5c）与式（8-5b）对比是高一阶小量可以忽略，而式（8-5b）中 $\nu\partial^2 v_x/\partial x^2$ 比 $\nu\partial^2 v_x/\partial y^2$ 高一阶小量，因而 $\nu\partial^2 v_x/\partial x^2$ 可以略去不计。

由式（8-5c）中各项近似为零，于是 $\partial p/\partial y\approx 0$，则 $p=p(x)$，说明在整个边界层厚度方向压强不变，都等于边界层外边界处的外部势流压强。于是 N-S 方程在边界层内为

$$\left.\begin{aligned}&\dfrac{\partial v_x}{\partial x}+\dfrac{\partial v_y}{\partial y}=0\\ &v_x\dfrac{\partial v_x}{\partial x}+v_y\dfrac{\partial v_x}{\partial y}=-\dfrac{1}{\rho}\dfrac{\mathrm{d}p}{\mathrm{d}x}+\nu\dfrac{\partial^2 v_x}{\partial y^2}\end{aligned}\right\} \quad (8\text{-}6)$$

上式即为边界层（微分）方程。

对于平板边界层，由伯努利方程

$$p+\dfrac{1}{2}\rho U^2(x)=C \quad (C=p_\infty+\dfrac{1}{2}\rho v_\infty^2)$$

得压强的微分为

$$\dfrac{\mathrm{d}p}{\mathrm{d}x}=-\rho U(x)\dfrac{\mathrm{d}U(x)}{\mathrm{d}x}$$

代入式（8-6）可得

$$\left.\begin{aligned}&\dfrac{\partial v_x}{\partial x}+\dfrac{\partial v_y}{\partial y}=0\\ &v_x\dfrac{\partial v_x}{\partial x}+v_y\dfrac{\partial v_x}{\partial y}=U(x)\dfrac{\mathrm{d}U(x)}{\mathrm{d}x}+\nu\dfrac{\partial^2 v_x}{\partial y^2}\end{aligned}\right\} \quad (8\text{-}7\mathrm{a})$$

边界条件：

$$\text{当 } y=0 \text{ 时}, v_x=v_y=0; \quad \text{当 } y=\delta \text{ 时}, v_x=U(x) \quad (8\text{-}7\mathrm{b})$$

第五节　边界层动量积分关系式

边界层方程比 N-S 方程有了很大的简化，但仍是一个二阶偏微分方程组。由于方程的非线性项仍然存在，数学求解的困难原则上并未消除，只能在少数情形下（平板、楔形物体等）才能求出精确解。因此自 1920 年以后，发展了许多求解边界层的近似方法，而且无须借助计算机就能给出许多重要的结果。在这些近似方法中，卡门动量积分关系式是最简单而又使用最普遍的一种。

本节推导平面定常流动边界层的动量积分关系式。

在边界层内取一控制体 ABCD，如图 8-6 所示。其中 BC 是物体壁面，AD 是边界层外边界面，AB、CD 为两过流断面。假设物体表面为平直或微弯曲，不计质量力（平面流动，质量力不产生影响）。对此控制体内流体的动量定理可表述为：单位时间内控制体内流体的动量变化（即流出、流进控制体的动量之差）等于作用在控制体内流体上的力。

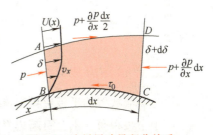

图 8-6 边界层动量积分关系

单位时间内经 AB 流入的流体质量为 $\int_0^\delta \rho v_x \mathrm{d}y$，相应的动量为 $\int_0^\delta \rho v_x^2 \mathrm{d}y$；经 CD 流出的质量为 $\int_0^\delta \rho v_x \mathrm{d}y + \frac{\partial}{\partial x}\left(\int_0^\delta \rho v_x \mathrm{d}y\right)\mathrm{d}x$，相应的动量为 $\int_0^\delta \rho v_x^2 \mathrm{d}y + \frac{\partial}{\partial x}\left(\int_0^\delta \rho v_x^2 \mathrm{d}y\right)\mathrm{d}x$。

由连续性方程，边界层外边界 AD 面上流入质量为 $\frac{\partial}{\partial x}\left(\int_0^\delta \rho v_x \mathrm{d}y\right)\mathrm{d}x$，将这一质量带入相应的动量为 $U(x)\frac{\partial}{\partial x}\left(\int_0^\delta \rho v_x \mathrm{d}y\right)\mathrm{d}x$。

单位时间流出、流入控制体 ABCD 的动量差（流出动量−流入动量）为

$$\frac{\partial}{\partial x}\left(\int_0^\delta \rho v_x^2 \mathrm{d}y\right)\mathrm{d}x - U(x)\frac{\partial}{\partial x}\left(\int_0^\delta \rho v_x \mathrm{d}y\right)\mathrm{d}x$$

分析沿 x 方向受力情况。AB、CD 面上受力分别为 $p\delta$、$-\left(p+\frac{\partial p}{\partial x}\mathrm{d}x\right)(\delta+\mathrm{d}\delta)$；AD、BC 面上受力分别为 $\left(p+\frac{\partial p}{\partial x}\frac{\mathrm{d}x}{2}\right)\mathrm{d}\delta$、$-\tau_0 \mathrm{d}x$。

x 方向合力（忽略二阶微量）为

$$\sum F_x = -\delta\frac{\partial p}{\partial x}\mathrm{d}x - \tau_0 \mathrm{d}x$$

应用动量定理得

$$\frac{\partial}{\partial x}\int_0^\delta \rho v_x^2 \mathrm{d}y - U(x)\frac{\partial}{\partial x}\int_0^\delta \rho v_x \mathrm{d}y = -\delta\frac{\partial p}{\partial x} - \tau_0$$

在边界层内 $p=p(x)$，$\delta=\delta(x)$，$v_x=v_x(y)$，上式的积分都只是 x 的函数，将偏导数改为全导数，即

$$\frac{\mathrm{d}}{\mathrm{d}x}\int_0^\delta \rho v_x^2 \mathrm{d}y - U(x)\frac{\mathrm{d}}{\mathrm{d}x}\int_0^\delta \rho v_x \mathrm{d}y = -\delta\frac{\mathrm{d}p}{\mathrm{d}x} - \tau_0 \tag{8-8}$$

上式为卡门动量积分关系式（积分方程），由卡门 1921 年导出。在推导动量积分关系式时，并未对边界层内流动是层流还是湍流做出任何限制，因此这一关系式既适用于层流边界层，又适用于湍流边界层。

方程中未知数有 v_x、τ_0、δ，因此动量积分关系式的求解要补充两个关系式，通常补充边界层内的速度分布和壁面切应力关系式。

第六节　平板边界层的近似计算

边界层动量积分关系式需要假设边界层内速度 v_x 和壁面切应力 τ_0 的表达式，层流边界

层和湍流边界层的 v_x、τ_0 具有不同的特性,下面分别讨论平板层流边界层、平板湍流边界层。

一、平板层流边界层

讨论顺流放置的平板边界层流动(图 8-3),作为应用边界层理论的实例。

由于平板很薄,不会引起边界层外流动的改变,所以在外边界上速度都是 v_∞($U(x) = v_\infty$),由伯努利方程

$$p + \frac{1}{2}\rho v_\infty^2 = C$$

得 $\dfrac{\mathrm{d}p}{\mathrm{d}x} = 0$,即边界层中 $p = C$,这种边界层称为无压强梯度的边界层。

因此式(8-8)简化为

$$\frac{\mathrm{d}}{\mathrm{d}x}\int_0^\delta \rho v_x^2 \mathrm{d}y - v_\infty \frac{\mathrm{d}}{\mathrm{d}x}\int_0^\delta \rho v_x \mathrm{d}y = -\tau_0 \tag{8-9}$$

方程中有 v_x、τ_0、δ 三个未知数,需要补充两个关系式。

假定在层流边界层内速度分布以 y/δ 的幂函数表示,即

$$\frac{v_x}{v_\infty} = a_0 + a_1 \frac{y}{\delta} + a_2 \left(\frac{y}{\delta}\right)^2 + a_3 \left(\frac{y}{\delta}\right)^3$$

在边界层内,y/δ 是一个小量,三阶以上很小可不计,待定系数确定如下:

1) 在平板表面上,$v_x = 0$。

2) 边界层外边界上,$v_x|_{y=\delta} = v_\infty$,$\left.\dfrac{\partial v_x}{\partial y}\right|_{y=\delta} = 0$。

3) 在平板表面上,由边界层方程[式(8-7a)第一式中 $\mathrm{d}U(x)/\mathrm{d}x = 0$ 简化得出]

$$v_x \frac{\partial v_x}{\partial x} + v_y \frac{\partial v_x}{\partial y} = \nu \frac{\partial^2 v_x}{\partial y^2}$$

可知 $y = 0$ 时,$v_x = v_y = 0$。则 $\left.\dfrac{\partial^2 v_x}{\partial y^2}\right|_{y=0} = 0$。

由以上条件,确定速度分布假设中的系数为

$$a_0 = a_2 = 0, \quad a_1 = \frac{3}{2}, \quad a_3 = -\frac{1}{2}$$

于是速度分布为

$$\frac{v_x}{v_\infty} = \frac{3}{2}\frac{y}{\delta} - \frac{1}{2}\left(\frac{y}{\delta}\right)^3 \tag{8-10}$$

利用牛顿内摩擦定律,将式(8-10)中 v_x 对 y 求导,代入牛顿内摩擦定律得

$$\tau_0 = \mu \left.\frac{\mathrm{d}v_x}{\mathrm{d}y}\right|_{y=0} = \mu \frac{3}{2}\frac{v_\infty}{\delta} \tag{8-11}$$

将式(8-9)~式(8-11)汇总得

$$\left.\begin{array}{c}\dfrac{\mathrm{d}}{\mathrm{d}x}\int_0^\delta \rho v_x^2\mathrm{d}y - v_\infty \dfrac{\mathrm{d}}{\mathrm{d}x}\int_0^\delta \rho v_x\mathrm{d}y = -\tau_0 \\ \dfrac{v_x}{v_\infty} = \dfrac{3}{2}\dfrac{y}{\delta} - \dfrac{1}{2}\left(\dfrac{y}{\delta}\right)^3 \\ \tau_0 = \mu\dfrac{3}{2}\dfrac{v_\infty}{\delta}\end{array}\right\}$$

解得

$$\delta = 4.64\sqrt{\dfrac{\nu x}{v_\infty}} = 4.64x Re_x^{-\frac{1}{2}}, \qquad \tau_0 = 0.323\rho v_\infty^2 Re_x^{-\frac{1}{2}}$$

其中，$Re_x = \dfrac{v_\infty x}{\nu}$

长为 l、宽为 b 的壁面单侧的总摩擦力为

$$F_D = b\int_0^l \tau_0 \mathrm{d}x = 0.646 b l \rho v_\infty^2 Re_l^{-\frac{1}{2}}$$

摩擦阻力系数为

$$C_D = \dfrac{F_D}{\dfrac{1}{2}\rho v_\infty^2 bl} = \dfrac{1.292}{Re_l^{0.5}} = 1.292 Re_l^{-\frac{1}{2}} \tag{8-12}$$

二、平板湍流边界层

层流边界层限于临界雷诺数以下的区域，超过临界雷诺数便出现湍流边界层。平板纵向绕流是湍流边界层中最简单也是最重要的情形，只要不发生显著的分离现象，曲面的摩擦阻力和平板相差不多。因此，平板湍流边界层的结果可用于计算船体、机翼、机身、叶轮机械叶片的摩擦阻力。

对平板湍流边界层，$p = C$，$\mathrm{d}p/\mathrm{d}x = 0$，式（8-8）简化为

$$\dfrac{\mathrm{d}}{\mathrm{d}x}\int_0^\delta \rho v_x^2\mathrm{d}y - v_\infty \dfrac{\mathrm{d}}{\mathrm{d}x}\int_0^\delta \rho v_x\mathrm{d}y = -\tau_0 \tag{8-13}$$

为简便起见，假定湍流边界层从前缘就开始。普朗特假定平板边界层内的速度分布与圆管（湍流水力光滑管区）的速度分布相同，即

$$\dfrac{v_x}{v_\infty} = \left(\dfrac{y}{\delta}\right)^{\frac{1}{7}} \tag{8-14}$$

τ_0 也借用圆管的公式（6-19 b），即

$$\tau_0 = \dfrac{\lambda}{8}\rho v^2 \tag{8-15}$$

式中，v 为平均流速，$v = 0.87 v_{\max}$，取 $v_{\max} = v_\infty$；λ 用湍流水力光滑管区的布拉休斯公式 [式（6-22）] $\lambda = 0.3164/Re^{0.25}$ 计算，$Re = v_\infty \delta/\nu$。

于是将式（8-13）~式（8-15）汇总得

$$\left.\begin{array}{l}\dfrac{d}{dx}\int_0^\delta \rho v_x^2 dy - v_\infty \dfrac{d}{dx}\int_0^\delta \rho v_x dy = -\tau_0 \\ \\ \dfrac{v_x}{v_\infty} = \left(\dfrac{y}{\delta}\right)^{\frac{1}{7}} \\ \\ \tau_0 = \dfrac{\lambda}{8}\rho v^2, \quad v = 0.87 v_\infty, \quad \lambda = \dfrac{0.3164}{Re^{0.25}}\end{array}\right\}$$

解出

$$\delta = 0.37 x Re_x^{-\frac{1}{5}}, \quad \tau_0 = 0.0233 \rho v_\infty^2 Re_x^{-\frac{1}{4}}$$

长为 l、宽为 b 的壁面单侧的总摩擦力为

$$F_D = b\int_0^l \tau_0 dx = 0.036 b l \rho v_\infty^2 Re_l^{-\frac{1}{5}}$$

摩擦阻力系数为

$$C_D = \dfrac{F_D}{\dfrac{1}{2}\rho v_\infty^2 bl} = \dfrac{0.072}{Re_l^{0.2}} = 0.072 Re_l^{-\frac{1}{5}} \tag{8-16}$$

实验证明，在 $5\times 10^5 < Re_l < 2.5\times 10^7$ 范围内，上式与实验数据十分吻合。对于更大的雷诺数（$5\times 10^5 < Re_l < 10^9$），有以下两个公式供参考

$$C_D = \dfrac{0.455}{(\lg Re_l)^{2.58}}, \quad C_D = 0.0307 Re_l^{-\frac{1}{7}} \tag{8-17}$$

三、平板混合边界层

在平板边界层中，通常前部为层流边界层，后部为湍流边界层，当层流段与湍流段相比不能忽略时，应分别考虑层流段和湍流段，这一边界层称为混合边界层。

研究混合边界层（图8-7），为使计算方便做以下两个假设：

1）在平板 A 点，层流边界层转变为湍流边界层。
2）湍流边界层的厚度、速度和切应力计算从前缘点 O 开始。

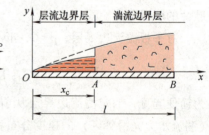

图 8-7 平板混合边界层

由上面两个假设，可采用一种比较简单的方法。在 A 点以前按层流处理，A 点之后按湍流处理。对 A 点之后的这一段湍流边界层的处理方法是：整个区域 OB 湍流边界层扣除 A 点以前的湍流边界层。

以 F_D 表示混合边界层的阻力，F_{DT} 表示湍流边界层的阻力，F_{DN} 表示层流边界层的阻力，则

$$F_{DOB} = F_{DNOA} + F_{DTAB} = F_{DNOA} + F_{DTOB} - F_{DTOA} \tag{a}$$

OA 段层流边界层

$$F_{DNOA} = C_{DN}\dfrac{1}{2}\rho v_\infty^2 b x_c \tag{b}$$

OB 段湍流边界层

$$F_{\text{DT}OB} = C_{\text{DT}} \frac{1}{2} \rho v_\infty^2 bl \qquad (c)$$

OA 段湍流边界层

$$F_{\text{DT}OA} = C_{\text{DT}} \frac{1}{2} \rho v_\infty^2 bx_c \qquad (d)$$

将式（b）~式（d）代入式（a）得

$$F_{\text{D}OB} = C_{\text{DT}} \frac{1}{2} \rho v_\infty^2 bl - (C_{\text{DT}} - C_{\text{DN}}) \frac{1}{2} \rho v_\infty^2 bx_c$$

$$= \left[C_{\text{DT}} - (C_{\text{DT}} - C_{\text{DN}}) \frac{x_c}{l} \right] \frac{1}{2} \rho v_\infty^2 bl$$

其中，$\dfrac{x_c}{l}$ 可以写成 $\dfrac{x_c}{l} = \dfrac{\dfrac{v_\infty x_c}{\nu}}{\dfrac{v_\infty l}{\nu}} = \dfrac{Re_c}{Re_l}$，于是

$$F_{\text{D}OB} = \left[C_{\text{DT}} - (C_{\text{DT}} - C_{\text{DN}}) \frac{Re_c}{Re_l} \right] \frac{1}{2} \rho v_\infty^2 bl$$

$$C_{\text{D}} = \frac{F_{\text{D}OB}}{\dfrac{1}{2} \rho v_\infty^2 bl} = C_{\text{DT}} - (C_{\text{DT}} - C_{\text{DN}}) \frac{Re_c}{Re_l} = C_{\text{DT}} - \frac{A}{Re_l} \qquad (8\text{-}18)$$

其中，$A = (C_{\text{DT}} - C_{\text{DN}}) Re_c$。

混合边界层阻力系数公式为

$$C_{\text{D}} = \frac{0.072}{Re_l^{0.2}} - \frac{A}{Re_l} \qquad (5 \times 10^5 < Re_l < 2.5 \times 10^7) \qquad (8\text{-}19)$$

$$C_{\text{D}} = \frac{0.455}{(\lg Re_l)^{2.58}} - \frac{A}{Re_l} \qquad (5 \times 10^5 < Re_l < 10^9) \qquad (8\text{-}20)$$

常用的 A 值与 Re_c 的对应关系列于表 8-1 中。

表 8-1 常用 A 值与 Re_c 的对应关系

Re_c	3×10^5	5×10^5	10^6	3×10^6
A	1050	1700	3300	8700

例 8-1 一块长 $l = 1.0 \text{m}$、宽 $b = 0.5 \text{m}$ 的平板，在水中沿长度方向以 $v = 0.45 \text{m/s}$ 的速度运动，水的运动黏度 $\nu = 10^{-6} \text{m}^2/\text{s}$，密度 $\rho = 1000 \text{kg/m}^3$，计算平板所受到的阻力 F_D（$Re_c = 5 \times 10^5$）。

解 判别流动状态

$$Re_l = \frac{vl}{\nu} = \frac{0.45 \times 1}{10^{-6}} = 4.5 \times 10^5 < Re_c，为层流边界层$$

摩擦阻力系数

$$C_D = \frac{1.292}{Re_l^{0.5}} = \frac{1.292}{(4.5 \times 10^5)^{0.5}} = 1.93 \times 10^{-3}$$

平板所受阻力（平板两侧）

$$F_D = 2C_D \frac{1}{2}\rho v^2 bl = \left(2 \times 1.93 \times 10^{-3} \times \frac{1}{2} \times 1000 \times 0.45^2 \times 0.5 \times 1\right) \text{N} = 0.2\text{N}$$

例 8-2 一平板宽 $b = 2\text{m}$，长 $l = 5\text{m}$，以 $v = 2.42\text{m/s}$ 的速度在空气中运动，求沿长度方向运动时板的摩擦阻力 F_D（空气 $\nu = 10^{-5}\text{m}^2/\text{s}$，$Re_c = 5 \times 10^5$，$\rho = 1.2\text{kg/m}^3$）。

解 判别流动状态

$$Re_l = \frac{vl}{\nu} = \frac{2.42 \times 5}{10^{-5}} = 1.21 \times 10^6 \text{ 大于 } Re_c\text{，为混合边界层}$$

确定 x_c，由 $Re_c = \dfrac{vx_c}{\nu}$，得

$$x_c = \frac{Re_c \nu}{v} = \frac{5 \times 10^5 \times 10^{-5}}{2.42}\text{m} = 2.07\text{m}$$

计算摩擦阻力系数

$$C_D = \frac{0.072}{Re_l^{0.2}} - \frac{A}{Re_l}$$

由 $Re_c = 5 \times 10^5$，查表 8-1 得 $A = 1700$。

$$C_D = \frac{0.072}{Re_l^{0.2}} - \frac{A}{Re_l} = \frac{0.072}{(1.21 \times 10^6)^{0.2}} - \frac{1700}{1.21 \times 10^6} = 0.003$$

平板所受的阻力（平板两侧）

$$F_D = 2C_D \frac{1}{2}\rho v^2 bl = \left(2 \times 0.003 \times \frac{1}{2} \times 1.2 \times 2.42^2 \times 2 \times 5\right) \text{N} = 0.211\text{N}$$

第七节　曲面边界层的分离及阻力

平板边界层是沿流动方向无压强梯度的边界层，而对曲面边界的物体，边界层外缘的速度和压强沿流动方向均有变化，沿流动方向存在不为零的压强梯度。这一压强梯度的存在会影响到边界层内的流动，其中最重要的是在一定条件下造成边界层的流动分离。

一、边界层分离

图 8-8 所示为一均匀流绕固定圆柱的流动，取正对圆心的流线分析，沿该流线流速越接近圆柱时越小，由伯努利方程可知，压强则越大，到 a 点时速度为零，压强最大，a 点称为驻点。由于流体是不可压缩的，流体质点在 a 点压强作用下，沿圆柱面两侧向前流动，流体质点将部分压能转化成动能。

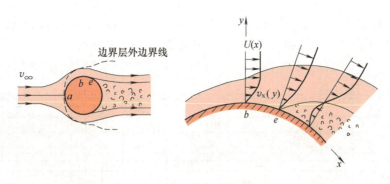

图 8-8 均匀流绕固定圆柱的流动

在圆柱壁面的黏滞力作用下,从 a 点开始形成边界层流动,从 a 到 b 区间内,由于圆柱面的弯曲使流线密集,边界层内流动处于加速减压的情况。但过了 b 点以后,情况则相反,边界层内流动转而处于减速增压的情况。在切应力消耗动能和减速增压的双重作用下,边界层迅速扩大,边界层内速度和横向速度梯度迅速降低,到达 e 点

$$v_x|_{y=0}=0, \quad \left.\frac{\partial v_x}{\partial y}\right|_{y=0}=0$$

又出现驻点。然后流体质点改变运动方向,脱离边界向外侧流去,这种现象称为边界层分离,e 点为边界层的分离点。边界层离开物体后,在 e 点的下游,必将有新的流体来补充形成反向回流,出现旋涡区。

在边界有突变或局部突出时,由于流体运动的惯性,不能沿着突变的边界做急剧的转折,因而也将产生边界层的脱离出现旋涡区,它与边界缓慢变化时产生边界层的原因本质是相同的。

边界层分离现象以及回流旋涡区的产生,在工程实际的流动问题中是常见的。例如,管道或渠道的突然扩大、突然缩小、转弯等,以及在流动中遇到障碍物,如闸阀、桥墩、拦污栅等。边界层分离现象将导致压差阻力,特别是分离旋涡区较大时,压差阻力较大,在物体的绕流阻力中起主要作用。

在实际工程中,减小边界层的分离区能减小绕流阻力。所以管道、闸阀、桥墩的外形、汽车、飞机、船舶的外形,都要设计成流线型,以减小边界层分离区,起到流动状态稳定、阻力损失小的作用。

二、绕流物体的阻力

物体在黏性流体中运动时,一般都会受到阻力作用。物体表面上切应力产生的阻力称为摩擦阻力,物体表面压差产生的阻力称为压差阻力。

以圆柱绕流为例,理想流体绕圆柱流动时,圆柱表面的压强分布是对称的,压差阻力为零。黏性流体绕圆柱流动时,表面出现边界层,边界发生分离之后,物体后部出现尾涡区,造成物体前后明显的压差,压差阻力起主要作用,压差阻力一般通过实验方法得到。

物体的阻力系数定义为

$$C_D=\frac{F_D}{\frac{1}{2}\rho v_\infty^2 A}$$

式中，F_D 为物体的阻力，包括摩擦阻力和压差阻力；A 为物体的迎风面积；v_∞ 为来流速度。

图 8-9 给出了圆球、圆柱阻力系数 C_D 与雷诺数 Re 的关系曲线。

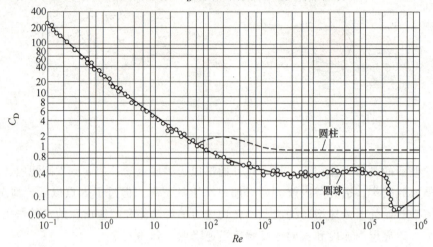

图 8-9　圆球、圆柱的阻力系数 C_D 与雷诺 Re 的关系曲线

习　题

8-1　以速度 $v=13\text{m/s}$ 滑跑的冰球运动员的冰刀长 $l=250\text{mm}$，刀刃宽 $b=3\text{mm}$。设在滑行中刀刃与冰面间因压力与摩擦作用而形成一层厚 $h=0.1\text{mm}$ 的水膜，近似计算滑行的冰面阻力 F（温度 0℃时，水的动力黏度 $\mu=1.792\times10^{-3}\text{Pa}\cdot\text{s}$）。

8-2　某流体的动力黏度 μ 可用一水平毛细管黏度计测定。该黏度计的管长为 1m，管径为 5mm，当流量为 $1\times10^{-6}\text{m}^3/\text{s}$ 时测得水平管两端压差为 1kPa。求此流体介质的动力黏度 μ。

8-3　汽油供给系统中浮子室的进油管长为 4m，管径为 5mm，汽油速度为 0.18m/s，油温为 20℃，密度为 678kg/m³，运动黏度为 $0.43\times10^{-6}\text{m}^2/\text{s}$，水平进油管至浮子室底垂直距离 h 为 1m，如图 8-10 所示。若浮子室针阀在 $p=5.06\times10^3\text{Pa}$ 下开启，求泵出口压强 p_0。

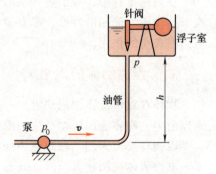

图 8-10　题 8-3 图

8-4　流体以速度 $v=0.6\text{m/s}$ 绕一块长 $l=2\text{m}$ 的平板流动，如果流体分别是油（$\nu_1=8\times10^{-5}\text{m}^2/\text{s}$）和水（$\nu_2=1\times10^{-6}\text{m}^2/\text{s}$），求平板末端的边界层厚度 δ（$Re_c=5\times10^5$）。

8-5　设一平板层流边界层的速度分布为

$$\frac{v_x}{v_\infty}=\frac{3}{2}\frac{y}{\delta}-\frac{1}{2}\left(\frac{y}{\delta}\right)^3$$

用动量积分关系式求出边界层厚度 δ、摩擦阻力系数 C_D。

8-6 一平底机动船的底面可视为长为 8m，宽为 2m 的平板。若河水温度为 20℃，运动黏度 $\nu = 10^{-6} \text{m}^2/\text{s}$。船航行速度为 7.2km/h。近似计算船发动机为克服河水黏性阻力所耗功率 P（$Re_c = 3 \times 10^5$）。

8-7 水轮机的 24 个弦长为 0.5m、高为 0.3m 的径向导叶可近似为平板，当水流无分离地沿导叶以 10m/s 的速度流向转轮室时，求水流经过导叶时所受到的黏性阻力 F_D（$Re_c = 5 \times 10^5$）。

8-8 一冲浪板长为 1.2m，宽为 0.25m，速度为 25m/s。若海水密度为 1026kg/m³，运动黏度为 $1.4 \times 10^{-6} \text{m}^2/\text{s}$，求：1）冲浪板末端的边界层厚度；2）冲浪板遇到的海水阻力 F_D（$Re_c = 5 \times 10^5$）。

8-9 汽车以 80km/h 的速度行驶，迎风面积为 $A = 2\text{m}^2$，阻力系数为 $C_D = 0.4$，空气密度为 $\rho = 1.25 \text{kg/m}^3$。求汽车克服空气阻力所消耗的功率 P。

[参考答案]

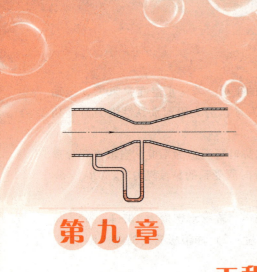

第九章

工程湍流及其应用

> **本章要点及学习要求**
>
> **本章要点**：对黏性流体的湍流运动，将 N-S 方程进行时均化方法处理，建立湍流运动的雷诺方程组。简要介绍封闭雷诺方程组的模式理论。
>
> **学习要求**：基本概念有雷诺应力、涡黏度、混合长度。基本方程有雷诺方程。基本计算模型方程有涡黏性模型、混合长理论、标准 $k\text{-}\varepsilon$ 模型、RNG $k\text{-}\varepsilon$ 模型等。

在自然界和工程实际中，经常发生的流动状态是湍流。湍流始终存在着很不规则的脉动。河渠中的水流是湍流，汽车、火车、舰艇和飞机表面的边界层和尾流内的流动是湍流。大部分的传热和燃烧过程也是湍流。在化学中可以利用湍流进行不同流体成分的混合、加速液体和气体中的化学反应速率等。

湍流与层流的不同之处在于湍流的不规则和无秩序的运动特性，现代称为混沌现象。但湍流不完全是随机的，它必须服从流体运动基本方程组。

雷诺提出的统计平均方法是湍流研究的起点，把不规则的湍流场分解为规则的平均场和不规则的脉动场，把研究湍流的重点引向湍流统计平均特性。雷诺导出了脉动场的平均输运概念，即雷诺应力 $\tau_{ij} = -\overline{\rho v'_i v'_j}$，同时也提出了一个世纪难题——如何封闭雷诺应力问题。

第一节 湍流的定义及分类

湍流的运动参数随时间和空间都呈现出不规则的脉动，这是湍流与层流的根本区别。在经典湍流理论中，把湍流场中各种物理量都看作随时间和空间变化的随机量。

一、湍流的描述

湍流是局部速度、压强等运动参数在时间和空间中发生不规则脉动的流体运动。雷诺认为湍流是一种蜿蜒曲折、起伏不定的流动。欣兹认为湍流是流体运动的一种不规则情形，在湍流中各种流动参数随时间和空间呈现随机的变化，因而具有明确的统计平均值。钱宁给出了一个非常形象的比喻：层流恰似一队排列整齐、训练有素的士兵列队沿街道前进，而湍流则是沿街道行进的一群醉汉，虽然总体仍沿街道前进，但每一个醉汉却做杂乱无章的运动。

二、湍流的特征

1. 不规则性

湍流的运动是由大小不等的涡体所组成的无规则的随机运动，它的速度场和压强场都是随机的。由于湍流运动的不规则性，难于将运动参数作为时间和空间坐标的函数进行描述。但用统计的方法可得出速度、压强等各自的平均值。近代相干结构被发现以后，人们认为湍流是一种拟序结构，它由小涡体的随机运动场和相干结构的相干运动场叠加而成。

2. 湍流扩散

湍流扩散增加了动量、热量和质量的传递，湍流中由于涡体相互混杂，引起流体内部动量交换，动量大的质点将动量传递给动量小的质点，动量小的质点影响动量大的质点，使过流断面速度分布比较均匀。

3. 能量损耗

湍流中小涡体的混杂运动，通过黏性作用大量损耗能量，如果不连续供给湍流能量，则湍流将迅速衰减。

三、湍流的分类

湍流的脉动不是流体的物理本质，而是运动特征。根据湍流的运动特征将湍流分成不同的类型。

1. 壁面湍流、自由湍流

按有无固体壁面对湍流运动的影响分为壁面湍流和自由湍流。壁面湍流表示由固体壁面所产生并受它连续影响的湍流，如管内湍流、渠道湍流、绕流物体湍流。自由湍流表示不受固体壁面限制和影响的湍流，如自由射流、尾迹流等。

2. 各向同性湍流、剪切湍流

按湍流场中任一空间点上各方向脉动速度的统计特征有无差别，分为各向同性湍流与非各向同性湍流（或剪切湍流）。当满足

$$\overline{v_x'^2} = \overline{v_y'^2} = \overline{v_z'^2}$$

时，称为各向同性湍流，否则称为剪切湍流。在剪切湍流中，由于各方向脉动速度的差异，必定存在平均的脉动速度梯度，产生平均切应力，因而把非各向同性湍流称为剪切湍流。

3. 拟湍流、真湍流

为了模拟分析实际湍流场及研究典型的真实湍流，提出拟湍流的概念。当湍流场中的物理量在时间和空间上各自具有互不相同的恒定周期性的湍流模式时，这种流场称为拟湍流。真湍流（即实际湍流）在时间和空间上都是随机的，因而拟湍流是一种假想的湍流。拟湍

流中常用的一种是准定常湍流，这是指湍流场中任一物理量的平均值与时间无关，或随时间变化极缓慢的一种湍流运动。

四、两种湍流统计理论

直到现在，人们普遍认为 N-S 方程组可用于描写湍流，而方程组的非线性使得用解析的方法精确描写湍流变得很困难，甚至不可能。人们关心的仍是湍流中总效的、平均的性能，这决定了对湍流的研究主要采用统计的、平均的方法。

湍流的统计研究过去主要沿两个方向发展：一个是湍流相关函数的统计理论，另一个是湍流平均量的半经验理论。前一种理论主要用相关函数及谱分析等方法研究湍流结构，它增进了人们对湍流（特别湍流的小尺度部分）机理的了解。由于湍流状态下影响动量和热量交换能力的主要是大尺度运动而不是小尺度运动，而相关统计理论主要涉及小尺度运动，所以它未能解决工程技术方面的实际问题。

针对工程技术上迫切需要解决的问题，如管流、边界层、自由湍流等，进行了大量实验研究以确定湍流的特征参数，形成了湍流的半经验理论。湍流的半经验理论主要涉及湍流的大尺度运动，它虽未能明显地增进人们对湍流实质的认识，但对解决实际问题却有很大的贡献。随着计算机技术和现代流动测量技术的发展，呈现出两个方向逐渐结合、相互补充的趋势。

第二节 时均运算法则及指标表示法

湍流场是一个拟随机场，它的特征量与随机量的统计参数紧密相连。湍流中的速度、压强随时间和空间做随机变化，1886 年雷诺建议将湍流的瞬时物理量用时间平均值与脉动值的和来表示，将湍流场看成是平均运动场和脉动运动场的叠加。

一、时均运算法则

设 f、g 为湍流中物理量的瞬时值，$\bar{f}$、$\bar{g}$ 为时间平均（时均）值，f'、g' 为脉动值。则

$$f=\bar{f}+f', \qquad g=\bar{g}+g'$$

在准定常的均匀湍流场中具有以下的时均运算法则：

1) 时均物理量的时间平均值等于原来的时均值，即

$$\bar{\bar{f}}=\bar{f}$$

2) 脉动物理量的时间平均值等于零，即

$$\overline{f'}=0$$

3) 瞬时物理量之和的时间平均值，等于各个物理量时间平均值之和，即

$$\overline{f+g}=\bar{f}+\bar{g}$$

4) 时均物理量与脉动物理量之积的时间平均值等于零，即

$$\overline{\bar{f}g'}=0, \qquad \overline{f'\bar{g}}=0$$

5) 时均物理量与瞬时物理量之积的时间平均值,等于两个时均物理量之积,即

$$\overline{\overline{f}g} = \overline{f}\,\overline{g}$$

6) 两个瞬时物理量之积的时间平均值,等于两个时间平均物理量之积与两个脉动量之积的时间平均值之和,即

$$\overline{fg} = \overline{(\overline{f}+f')(\overline{g}+g')} = \overline{\overline{f}\,\overline{g}+\overline{f}g'+f'\overline{g}+f'g'}$$

$$= \overline{\overline{f}\,\overline{g}}+\overline{\overline{f}g'}+\overline{f'\overline{g}}+\overline{f'g'} = \overline{f}\,\overline{g}+\overline{f'g'}$$

7) 瞬时物理量对空间坐标或时间坐标各阶导数的时间平均值,等于时均物理量对同一坐标的各阶导数值,积分也相同,即

$$\overline{\frac{\partial f}{\partial x}} = \frac{\partial \overline{f}}{\partial x}, \quad \overline{\frac{\partial f}{\partial t}} = \frac{\partial \overline{f}}{\partial t}, \quad \overline{\int f \mathrm{d}s} = \int \overline{f} \mathrm{d}s$$

时均运算法则也称雷诺法则,这种平均意味着把湍流中各尺度涡的作用同等对待,它们的个性被抹平了,从而个性所具有的某些信息被平均掉了。特别是大涡拟序结构被发现以后,这种平均不能反映大涡的特征,缺点更明显。因此,有的学者提出改用滤波平均的方法,但目前只是一个新的方向。

二、指标表示法

指标表示法是使流体力学中的方程书写简洁的一种方法,简要介绍如下。

1. 指标表示法

将直角坐标 x、y、z 改写为 x_1、x_2、x_3,记为 x_i($i=1$,2,3)或 x_i。基矢量 $\boldsymbol{i}$、$\boldsymbol{j}$、$\boldsymbol{k}$,记为 $\boldsymbol{e}_i$($i=1$,2,3)或 $\boldsymbol{e}_i$。

任一矢量 $\boldsymbol{a}$,分量 a_x、a_y、a_z 写成 a_1、a_2、a_3,记为 a_i($i=1$,2,3)或 a_i。

例如,梯度的表达式为 $\mathbf{grad}\varphi = \frac{\partial \varphi}{\partial x}\boldsymbol{i}+\frac{\partial \varphi}{\partial y}\boldsymbol{j}+\frac{\partial \varphi}{\partial z}\boldsymbol{k}$,记为 $\frac{\partial \varphi}{\partial x_i}\boldsymbol{e}_i$($i=1$,2,3)或 $\frac{\partial \varphi}{\partial x_i}$($i=1$,2,3),常记为 $\frac{\partial \varphi}{\partial x_i}$。

上述表达式中的下标 i 称为自由指标,在三元空间中可取 $i=1$,2,3 中的任一值。自由指标的字母改变并不影响物理量的含义,例如 a_i 可记为 a_j。在同一方程中具有相同下标的各项中任何一项不能单独改变下标,但可同时对各项做同样改变。

2. 约定求和法则

为便于书写,约定在同一项中如有两个指标相同时,就表示要对这个指标从 1~3 求和。
例如:$\boldsymbol{a}$、$\boldsymbol{b}$ 两矢量的内积

$$\boldsymbol{a} \cdot \boldsymbol{b} = a_x b_x + a_y b_y + a_z b_z = a_j b_j = a_1 b_1 + a_2 b_2 + a_3 b_3$$

3. 梯度、散度等运算的指标表示法

标量 φ 的梯度

$$\mathbf{grad}\varphi = \frac{\partial \varphi}{\partial x}\boldsymbol{i}+\frac{\partial \varphi}{\partial y}\boldsymbol{j}+\frac{\partial \varphi}{\partial y}\boldsymbol{k}$$

$$\nabla\varphi = \frac{\partial \varphi}{\partial x_i}$$

$$= \frac{\partial \varphi}{\partial x_1}e_1 + \frac{\partial \varphi}{\partial x_2}e_2 + \frac{\partial \varphi}{\partial x_3}e_3$$

矢量 **a** 的散度

$$\mathrm{div}\boldsymbol{a} = \frac{\partial a_x}{\partial x} + \frac{\partial a_y}{\partial y} + \frac{\partial a_z}{\partial y}$$

$$\nabla \cdot \boldsymbol{a} = \frac{\partial a_j}{\partial x_j} = \frac{\partial a_1}{\partial x_1} + \frac{\partial a_2}{\partial x_2} + \frac{\partial a_3}{\partial x_3}$$

其他常用的有

$$(v \cdot \nabla)\boldsymbol{a} = v_1\frac{\partial \boldsymbol{a}}{\partial x_1} + v_2\frac{\partial \boldsymbol{a}}{\partial x_2} + v_3\frac{\partial \boldsymbol{a}}{\partial x_3} = v_j\frac{\partial a_i}{\partial x_j}$$

$$\nabla^2 \varphi = \frac{\partial^2 \varphi}{\partial x_1^2} + \frac{\partial^2 \varphi}{\partial x_2^2} + \frac{\partial^2 \varphi}{\partial x_3^2} = \frac{\partial^2 \varphi}{\partial x_j \partial x_j}$$

$$\nabla^2 \boldsymbol{a} = \frac{\partial^2 \boldsymbol{a}}{\partial x_1^2} + \frac{\partial^2 \boldsymbol{a}}{\partial x_2^2} + \frac{\partial^2 \boldsymbol{a}}{\partial x_3^2} = \frac{\partial^2 a_i}{\partial x_j \partial x_j}$$

另外约定，在同一等式中，如果某一指标在某项中不是求和指标，而在其他项中即使出现两次也不进行求和，如 $c_i = a_i b_i$。

第三节 雷诺方程

虽然湍流中任一物理量总是随时间做不规则的脉动变化，但实验表明，在任一瞬时，湍流的运动仍然遵循连续介质的流动特征。流场中任一空间点上，在某一瞬时的流动应该遵循黏性流体运动的基本方程。雷诺于1886年根据上述观点用时均运算法则对流动的基本方程进行时均化处理，得到不可压缩湍流的动量方程——雷诺方程。

一、雷诺方程的导出

不可压缩黏性流体的 N-S 方程组 [式 (8-26)，将加速度项展开] 为

$$\left. \begin{array}{l} \nabla \cdot v = 0 \\ \dfrac{\partial \boldsymbol{v}}{\partial t} + (v \cdot \nabla)v = \boldsymbol{f} - \dfrac{1}{\rho}\nabla p + \nu \nabla^2 v \end{array} \right\}$$

采用指标表示法，N-S 方程组为

$$\left. \begin{array}{l} \dfrac{\partial v_j}{\partial x_j} = 0 \\ \dfrac{\partial v_i}{\partial t} + v_j \dfrac{\partial v_i}{\partial x_j} = f_i - \dfrac{1}{\rho}\dfrac{\partial p}{\partial x_i} + \nu \dfrac{\partial^2 v_i}{\partial x_j \partial x_j} \end{array} \right\} \quad (9\text{-}1)$$

将 $v_i = \bar{v}_i + v_i'$、$p = \bar{p} + p'$ 代入式 (9-1) 中，得

$$\left.\begin{array}{l}\dfrac{\partial(\bar{v}_j+v'_j)}{\partial x_j}=0\\[2mm]\dfrac{\partial(\bar{v}_i+v'_i)}{\partial t}+(\bar{v}_j+v'_j)\dfrac{\partial(\bar{v}_i+v'_i)}{\partial x_j}=f_i-\dfrac{1}{\rho}\dfrac{\partial(\bar{p}+p')}{\partial x_i}+\nu\dfrac{\partial^2(\bar{v}_i+v'_i)}{\partial x_j\partial x_j}\end{array}\right\}\quad(9\text{-}2)$$

对式（9-2）中第一式取时间平均，考虑时均运算法则 $\overline{v'_j}=0$，得

$$\frac{\partial \bar{v}_j}{\partial x_j}=0 \qquad(9\text{-}3)$$

对式（9-2）中第二式取时间平均并展开，考虑时均运算法则，左端为

$$\overline{\frac{\partial(\bar{v}_i+v'_i)}{\partial t}}+\overline{(\bar{v}_j+v'_j)\frac{\partial(\bar{v}_i+v'_i)}{\partial x_j}}=\frac{\partial \bar{v}_i}{\partial t}+\overline{\frac{\partial v'_i}{\partial t}}+\bar{v}_j\frac{\partial \bar{v}_i}{\partial x_j}+\bar{v}_j\overline{\frac{\partial v'_i}{\partial x_j}}+\overline{v'_j\frac{\partial \bar{v}_i}{\partial x_j}}+\overline{v'_j\frac{\partial v'_i}{\partial x_j}}$$

$$=\frac{\partial \bar{v}_i}{\partial t}+\bar{v}_j\frac{\partial \bar{v}_i}{\partial x_j}+\overline{v'_j\frac{\partial v'_i}{\partial x_j}}$$

右端为

$$\bar{f}_i-\frac{1}{\rho}\overline{\frac{\partial(\bar{p}+p')}{\partial x_i}}+\nu\overline{\frac{\partial^2(\bar{v}_i+v'_i)}{\partial x_j\partial x_j}}=f_i-\frac{1}{\rho}\frac{\partial \bar{p}}{\partial x_i}+\nu\frac{\partial^2 \bar{v}_i}{\partial x_j\partial x_j}$$

于是式（9-2）中第二式为

$$\frac{\partial \bar{v}_i}{\partial t}+\bar{v}_j\frac{\partial \bar{v}_i}{\partial x_j}=f_i-\frac{1}{\rho}\frac{\partial \bar{p}}{\partial x_i}+\nu\frac{\partial^2 \bar{v}_i}{\partial x_j\partial x_j}-\overline{v'_j\frac{\partial v'_i}{\partial x_j}} \qquad(9\text{-}4)$$

为了清楚地表明式（9-4）右端湍流脉动项的物理意义，把式（9-4）写成另外一种形式。由连续性方程和时均运算法则，有

$$0=\overline{v_i\frac{\partial v_j}{\partial x_j}}=\bar{v}_i\overline{\frac{\partial v_j}{\partial x_j}}+\overline{v'_i\frac{\partial v'_j}{\partial x_j}}=\overline{v'_i\frac{\partial v'_j}{\partial x_j}}$$

把 $-\overline{v'_i\dfrac{\partial v'_j}{\partial x_j}}=0$ 加到式（9-4）的右端，则成为

$$\frac{\partial \bar{v}_i}{\partial t}+\bar{v}_j\frac{\partial \bar{v}_i}{\partial x_j}=f_i-\frac{1}{\rho}\frac{\partial \bar{p}}{\partial x_i}+\nu\frac{\partial^2 \bar{v}_i}{\partial x_j\partial x_j}-\overline{v'_j\frac{\partial v'_i}{\partial x_j}}-\overline{v'_i\frac{\partial v'_j}{\partial x_j}}$$

$$=f_i-\frac{1}{\rho}\frac{\partial \bar{p}}{\partial x_i}+\nu\frac{\partial^2 \bar{v}_i}{\partial x_j\partial x_j}-\frac{\partial \overline{(v'_i v'_j)}}{\partial x_j}$$

通常写成

$$\left.\begin{array}{l}\dfrac{\partial \bar{v}_j}{\partial x_j}=0\\[2mm]\rho\left(\dfrac{\partial \bar{v}_i}{\partial t}+\bar{v}_j\dfrac{\partial \bar{v}_i}{\partial x_j}\right)=\rho f_i-\dfrac{\partial \bar{p}}{\partial x_i}+\mu\dfrac{\partial^2 \bar{v}_i}{\partial x_j\partial x_j}+\dfrac{\partial(-\overline{\rho v'_i v'_j})}{\partial x_j}\end{array}\right\}\quad(9\text{-}5\text{a})$$

将上式第二式右端的二阶项合并，得

$$\frac{\partial \overline{v}_j}{\partial x_j}=0$$

$$\rho\left(\frac{\partial \overline{v}_i}{\partial t}+\overline{v}_j\frac{\partial \overline{v}_i}{\partial x_j}\right)=\rho f_i-\frac{\partial \overline{p}}{\partial x_i}+\frac{\partial}{\partial x_j}\left(\mu\frac{\partial \overline{v}_i}{\partial x_j}-\overline{\rho v'_i v'_j}\right) \qquad (9\text{-}5b)$$

式 (9-5) 称为湍流平均运动的雷诺方程。在方程中出现了新的湍流应力项 $-\overline{\rho v'_i v'_j}$，称为湍流附加应力或雷诺应力，是湍流运动引起的附加项。

雷诺方程 (9-5a) 在直角坐标系下的形式为

$$\frac{\partial \overline{v}_x}{\partial x}+\frac{\partial \overline{v}_y}{\partial y}+\frac{\partial \overline{v}_z}{\partial z}=0$$

$$\rho\left(\frac{\partial \overline{v}_x}{\partial t}+\overline{v}_x\frac{\partial \overline{v}_x}{\partial x}+\overline{v}_y\frac{\partial \overline{v}_x}{\partial y}+\overline{v}_z\frac{\partial \overline{v}_x}{\partial z}\right)=\rho f_x-\frac{\partial \overline{p}}{\partial x}+\mu\left(\frac{\partial^2 \overline{v}_x}{\partial x^2}+\frac{\partial^2 \overline{v}_x}{\partial y^2}+\frac{\partial^2 \overline{v}_x}{\partial z^2}\right)+$$

$$\frac{\partial(-\overline{\rho v'^2_x})}{\partial x}+\frac{\partial(-\overline{\rho v'_x v'_y})}{\partial y}+\frac{\partial(-\overline{\rho v'_x v'_z})}{\partial z}$$

$$\rho\left(\frac{\partial \overline{v}_y}{\partial t}+\overline{v}_x\frac{\partial \overline{v}_y}{\partial x}+\overline{v}_y\frac{\partial \overline{v}_y}{\partial y}+\overline{v}_z\frac{\partial \overline{v}_y}{\partial z}\right)=\rho f_y-\frac{\partial \overline{p}}{\partial y}+\mu\left(\frac{\partial^2 \overline{v}_y}{\partial x^2}+\frac{\partial^2 \overline{v}_y}{\partial y^2}+\frac{\partial^2 \overline{v}_y}{\partial z^2}\right)+$$

$$\frac{\partial(-\overline{\rho v'_y v'_x})}{\partial x}+\frac{\partial(-\overline{\rho v'^2_y})}{\partial y}+\frac{\partial(-\overline{\rho v'_y v'_z})}{\partial z}$$

$$\rho\left(\frac{\partial \overline{v}_z}{\partial t}+\overline{v}_x\frac{\partial \overline{v}_z}{\partial x}+\overline{v}_y\frac{\partial \overline{v}_z}{\partial y}+\overline{v}_z\frac{\partial \overline{v}_z}{\partial z}\right)=\rho f_z-\frac{\partial \overline{p}}{\partial z}+\mu\left(\frac{\partial^2 \overline{v}_z}{\partial x^2}+\frac{\partial^2 \overline{v}_z}{\partial y^2}+\frac{\partial^2 \overline{v}_z}{\partial z^2}\right)+$$

$$\frac{\partial(-\overline{\rho v'_z v'_x})}{\partial x}+\frac{\partial(-\overline{\rho v'_z v'_y})}{\partial y}+\frac{\partial(-\overline{\rho v'^2_z})}{\partial z}$$

雷诺方程比对应的层流运动方程多出了雷诺应力项，方程组是一个非封闭的方程组。需要建立雷诺方程和连续性方程以外的补充方程，称为湍流模式理论。

二、雷诺应力的物理意义

在湍流运动中，由式 (9-5b) 总的切应力可表示成

$$\overline{\tau}_{ij}=\mu\frac{\partial \overline{v}_i}{\partial x_j}-\overline{\rho v'_i v'_j}$$

将雷诺应力写成矩阵形式为

$$-\overline{\rho v'_i v'_j}=\begin{pmatrix}-\overline{\rho v'^2_x} & -\overline{\rho v'_x v'_y} & -\overline{\rho v'_x v'_z} \\ -\overline{\rho v'_y v'_x} & -\overline{\rho v'^2_y} & -\overline{\rho v'_y v'_z} \\ -\overline{\rho v'_z v'_x} & -\overline{\rho v'_z v'_y} & -\overline{\rho v'^2_z}\end{pmatrix}$$

这一矩阵为对称矩阵，其中 $-\overline{\rho v'_i v'_j}=-\overline{\rho v'_j v'_i}$，未知数有六个。

在图 9-1 所示的二元剪切流中，微团由慢层进入快层时，通常 $v'_y>0$，$v'_x<0$，而微团由快层跳入慢层时，通常 $v'_y<0$，$v'_x>0$，取平均值后，$-\overline{\rho v'_x v'_y}$ 通常为正。所以雷诺应力的作用总体

是使速度分布等均匀化。

雷诺应力与黏性应力有本质的差别。黏性应力对应于分子热运动产生的扩散，引起界面两侧的动量交换，雷诺应力则对应于流体微团的跳动引起界面两侧的动量交换。雷诺应力并不是严格意义上的表面应力，它是对真实的脉动运动进行平均处理时，将脉动引起的动量交换折算在想象的平均运动界面上的作用力。对于平均运动而言，它具有表面力的效果，因而在解决实际工程问题时，可以把它和其他表面力同等看待。

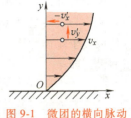

图 9-1 微团的横向脉动

湍流脉动引起的掺混运动就好像使流体黏性增加了 100 倍、1000 倍，在大多数情况下和绝大部分流动空间内，雷诺应力比分子黏性应力大得多，在这种情况下，分子黏性应力可以忽略。

三、湍流模式分类

湍流模式理论就是根据理论和经验，对雷诺平均运动方程的雷诺应力项建立表达式或方程，以使方程组封闭。在湍流的工程应用中，常按方程组中所用湍流量的偏微分方程数目来划分，称为雷诺方法。

（1）"0"方程模式　只用湍流平均运动方程和连续性方程作为方程组，把方程组中的雷诺应力假设为平均物理量的某种代数函数，使方程组封闭。

（2）"1"方程模式　在"0"方程的基础上，增加一个湍流量的偏微分方程，再做适当的假设使方程组封闭。

（3）"2"方程模式　在"0"方程的基础上，增加两个湍流量的偏微分方程，使方程组封闭。

（4）应力方程模式　除了用湍流平均运动方程和连续性方程以外，增加湍流应力的偏微分方程和三阶速度相关量的偏微分方程，做适当的物理假设使方程组封闭。

第四节　零方程模型

零方程模型直接建立雷诺应力与时均速度之间的代数关系，由于不涉及微分方程，故称为零方程模型。

一、涡黏性模型

参照牛顿内摩擦定律 $\tau = \mu \mathrm{d} v_x / \mathrm{d} y$，1877 年布辛涅斯克建议用一种假想的涡黏度，并由时均速度梯度计算雷诺应力，即

$$\tau_\mathrm{t} = -\overline{\rho v'_x v'_y} = \rho \nu_\mathrm{t} \frac{\mathrm{d} \overline{v}_x}{\mathrm{d} y}$$

式中，ν_t 为涡黏度，与运动黏度 ν 有相同的量纲。对于一般的三元情况，可写成

$$-\overline{\rho v'_i v'_j} = \rho \nu_\mathrm{t} \left(\frac{\partial \overline{v}_i}{\partial x_j} + \frac{\partial \overline{v}_j}{\partial x_i} \right)$$

提出这种假设的前提是认为流体质点做湍流脉动引起动量交换的机理可与分子运动引起黏性切应力的机理相类比，所以布辛涅斯克假设 ν_t 是一个恒定的标量。

但是两种动量交换是有实质区别的，因为分子运动通常只受分子平均速度（即温度）的影响，与宏观运动无关。而流体质点的脉动与平均湍流运动能量直接相关，所以涡黏度 ν_t 不仅取决于流体性质，也取决于湍流的平均运动，ν_t 不可能是恒定的标量。为此提出如下修正假设，即

$$-\overline{\rho v_i' v_j'} = -\frac{2}{3}\rho k \delta_{ij} + \rho \nu_t \left(\frac{\partial \bar{v}_i}{\partial x_j} + \frac{\partial \bar{v}_j}{\partial x_i}\right) \tag{9-6}$$

式中，k 为单位质量流体的湍动能，$k = \frac{1}{2}\overline{v_i' v_i'} = \frac{1}{2}(\overline{v_x'^2} + \overline{v_y'^2} + \overline{v_z'^2})$。

涡黏性模型的修正假设与实际湍流并不十分一致，但这个模型简单，在实际问题中应用较多，后来许多改进的模型常以它为基础。

二、混合长度理论

混合长度理论由普朗特 1925 年提出，在湍流的半经验理论中，混合长度理论是发展最为完善、应用最广泛的一种。基本思想是把湍流脉动与气体分子运动相比拟。

假设：

1) 类似于分子的平均自由程，流体微团做湍流运动时，具有混合长度的概念。即假定流体微团也要运行一段距离后才和周围流体碰撞而产生动量交换。而在运动过程中，流体微团则保持原有流动特征不变，流体微团运动的这个距离称为混合长度。

2) x、y 方向的速度脉动值 v_x'、v_y' 同阶。

图 9-2 所示为流经固体壁面的二元湍流时均速度分布。设流体微团在原位置 $y_1 - l$，时均速度为 $\bar{v}_x(y_1-l)$。这一流体微团在 y 方向运动 l 距离后与周围流体混合，产生动量交换，这个距离即普朗特所假设的混合长度。新位置 y_1 处的速度为 $\bar{v}_x(y_1)$，两处的速度差为

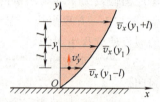

图 9-2 流经固体壁面的二元湍流时均速度分布

$$\Delta v_{x_1} = \bar{v}_x(y_1-l) - \bar{v}_x(y_1) = -l\frac{d\bar{v}_x}{dy}$$

此时流体微团的 y 方向脉动速度 $v_y' > 0$。反之，原处于 $y_1 + l$ 的流体微团向下方运动 l 后产生的速度差为

$$\Delta v_{x_2} = \bar{v}_x(y_1+l) - \bar{v}_x(y_1) = l\frac{d\bar{v}_x}{dy}$$

普朗特认为 y 方向运动引起的速度差是 $y = y_1$ 处产生脉动速度的原因，并假设

$$\overline{|v_x'|} = \frac{1}{2}(|\Delta v_{x_1}| + |\Delta v_{x_2}|) = l\left|\frac{d\bar{v}_x}{dy}\right|$$

即到达 y_1 处的流体微团是由上下随机而来的，在一段时间内上方和下方来的机会相等。故假设 y_1 处的速度脉动值是上下速度差的平均值，或上下扰动速度的平均值。

由假设 2) v_x'、v_y' 同阶，得

$$\overline{|v_y'|} = cl\left|\frac{d\bar{v}_x}{dy}\right|$$

v'_x、v'_y 总是符号相反，即

$$\overline{v'_x v'_y} = -\overline{|v'_x|\ |v'_y|} = -cl^2\left(\frac{d\bar{v}_x}{dy}\right)^2$$

可令 $cl^2 = L^2$，即比例系数 c 并入未知的混合长度 L 中，则

$$\overline{v'_x v'_y} = -L^2\left(\frac{d\bar{v}_x}{dy}\right)^2$$

雷诺切应力 τ_t 为

$$\tau_t = -\rho\overline{v'_x v'_y} = \rho L^2\left(\frac{d\bar{v}_x}{dy}\right)^2 \tag{9-7}$$

上式给出了雷诺应力和流场中时均速度梯度 $d\bar{v}_x/dy$ 的关系，称为普朗特混合长度公式。将普朗特混合长度公式与布辛涅斯克的涡黏性模型相比较可得

$$\nu_t = L^2\left|\frac{d\bar{v}_x}{dy}\right|$$

可以看出，普朗特的混合长度理论使布辛涅斯克的涡黏度具体化，通常 $\nu_t \gg \nu$。

混合长度公式将湍流切应力与时均速度场联系在一起，使雷诺方程不封闭的问题得以解决。混合长度 L 是与流动特性有关的一个量，由实验确定。在很多情况下，可以把 L 与流动的某些尺度联系起来。

在固体壁面附近，假定混合长度与从固体壁面算起的距离 y 成正比，即

$$L = Ky$$

式中，K 为卡门常数，由实验确定，通常取 $K = 0.4$。

在自由剪切湍流，例如射流（图 9-3）或尾流运动中，假定在横截面上 L 是一个常数，且与断面上混合区的宽度 b 成正比，即

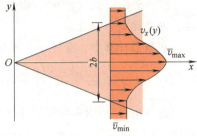

图 9-3 自由射流

$$L = \sqrt{K_1}\, b$$

取速度梯度近似等于断面上最大速度和最小速度之差除以宽度，即

$$\frac{d\bar{v}}{dy} \approx \frac{1}{b}(\bar{v}_{\max} - \bar{v}_{\min})$$

涡黏度

$$\nu_t = K_1 b(\bar{v}_{\max} - \bar{v}_{\min})$$

雷诺应力

$$-\rho\overline{v'_x v'_y} = \rho K_1 b(\bar{v}_{\max} - \bar{v}_{\min})\frac{d\bar{v}_x}{dy}$$

式中，K_1 由实验确定。

第五节 一方程模型

一方程模式理论是指补充一个微分方程使雷诺方程组封闭。一方程模式理论多种多样，

其中最吸引人的是普朗特在 1945 年提出的能量方程模型，即 k 方程模型。

能量方程模型以湍动能表示特征速度，并由湍动能输运方程求出脉动特征速度，放弃了将脉动特征速度与平均速度梯度直接联系起来的做法。由于它增加了能量输运偏微分方程，因而称为一方程模型。

普朗特仍采用涡黏度的概念，将涡黏度表示为与湍动能和特征长度成比例，具体表达式为

$$\nu_t = C_\mu k^{\frac{1}{2}} L \tag{9-8}$$

式中，k 为单位质量流体的湍动能，由湍动能方程确定，$k = \frac{1}{2}\overline{v_i' v_i'} = \frac{1}{2}(\overline{v_x'^2} + \overline{v_y'^2} + \overline{v_z'^2})$；$L$ 为湍流特征长度，可看成普朗特混合长度，由经验的代数关系式确定；C_μ 为常数，取 $C_\mu = 0.09$。

k 的方程为

$$\frac{\partial k}{\partial t} + \overline{v}_j \frac{\partial k}{\partial x_j} = \frac{\partial}{\partial x_j}\left[\left(\nu + \frac{\nu_t}{\sigma_k}\right)\frac{\partial k}{\partial x_j}\right] + \nu_t \left(\frac{\partial \overline{v}_i}{\partial x_j} + \frac{\partial \overline{v}_j}{\partial x_i}\right)\frac{\partial \overline{v}_i}{\partial x_j} - C_D \frac{k^{\frac{3}{2}}}{L} \tag{9-9a}$$

方程中各项依次为 k 的瞬态项、对流输运项、扩散输运项、产生项、耗散项。其中，σ_k、C_D 为经验常数，多数文献建议 $\sigma_k = 1.0$，$C_D = 0.08 \sim 0.38$。

式 (9-8)、式 (9-9a) 构成了一方程模型，一方程模型考虑到湍流的对流输运和扩散输运，因此比零方程合理。

在数值计算中，常将 k 方程写成守恒形式（对流输运项为散度形式），即

$$\frac{\partial (\rho k)}{\partial t} + \frac{\partial (\rho \overline{v}_j k)}{\partial x_j} = \frac{\partial}{\partial x_j}\left[\left(\mu + \frac{\mu_t}{\sigma_k}\right)\frac{\partial k}{\partial x_j}\right] + \mu_t \left(\frac{\partial \overline{v}_i}{\partial x_j} + \frac{\partial \overline{v}_j}{\partial x_i}\right)\frac{\partial \overline{v}_i}{\partial x_j} - \rho C_D \frac{k^{\frac{3}{2}}}{L} \tag{9-9b}$$

式 (9-9) 中含有特征长度 L，为了完成湍流模型，需进一步确定特征长度。对于剪切湍流，L 可用混合长度类似的经验关系确定。但是一方程模型中如何确定湍流特征长度 L 仍是个不易解决的问题，因此未得到推广。

能量方程模型考虑了对流和湍流扩散输运，脉动特征速度通过增加 k 的输运方程求得，能量方程模型比零方程模型优越。但能量方程模型也假定特征长度仍需用经验确定，因而对复杂流动的应用受到很大限制。

第六节　$k\text{-}\varepsilon$ 两方程模型

构成湍流的基本结构是涡体，其尺度是湍流运动的主要特征长度，而涡体的尺度和湍动能都受平均流动的对流和湍流输运过程所支配，而且与流体运动的历史也有一定的联系，为此给出特征长度 L 的输运方程。但要得到 L 广泛有效的计算式很困难，一般采用综合形式 $\varepsilon = k^m L^n$。所谓 $k\text{-}\varepsilon$ 两方程模型，是在湍流模式中增加 k 方程和 ε（湍动能耗散率）方程，与雷诺方程和连续性方程一起组成封闭的方程组。

一、ε 方程

湍动能耗散率 ε 表示为

$$\varepsilon = C_D \frac{k^{\frac{3}{2}}}{L}$$

湍动能耗散率 ε 的输运方程为

$$\frac{\partial \varepsilon}{\partial t} + \bar{v}_j \frac{\partial \varepsilon}{\partial x_j} = \frac{\partial}{\partial x_j}\left[\left(\nu + \frac{\nu_t}{\sigma_\varepsilon}\right)\frac{\partial \varepsilon}{\partial x_j}\right] + \left[C_{1\varepsilon}\frac{\nu_t}{\varepsilon}\left(\frac{\partial \bar{v}_i}{\partial x_j} + \frac{\partial \bar{v}_j}{\partial x_i}\right)\frac{\partial \bar{v}_i}{\partial x_j} - C_{2\varepsilon}\right]\frac{\varepsilon^2}{k} \tag{9-10}$$

方程中各项依次为耗散率 ε 的瞬态项、对流输运项、扩散输运项、产生项、衰减项。其中 σ_ε、$C_{1\varepsilon}$、$C_{2\varepsilon}$ 为经验常数，多数文献建议 $C_D = 0.08 \sim 0.38$，$\sigma_\varepsilon = 1.3$，$C_{1\varepsilon} = 1.44$，$C_{2\varepsilon} = 1.92$。

二、标准 k-ε 模型

标准 k-ε 模型是典型的两方程模型，是在 k 方程模型的基础上，引入一个关于湍动能耗散率 ε 的方程后形成的，这一模型是目前使用最广泛的湍流模型。

在 1972 年，Jones 和 Launder 应用量纲分析方法，得出了湍流运动涡黏度表达式，即

$$\nu_t = C_\mu \frac{k^2}{\varepsilon}$$

在大雷诺数流动情况下，k、ε 分别由下面的湍动能方程和湍动能耗散率方程确定。

$$\frac{\partial k}{\partial t} + \bar{v}_j \frac{\partial k}{\partial x_j} = \frac{\partial}{\partial x_j}\left[\left(\nu + \frac{\nu_t}{\sigma_k}\right)\frac{\partial k}{\partial x_j}\right] + \nu_t\left(\frac{\partial \bar{v}_i}{\partial x_j} + \frac{\partial \bar{v}_j}{\partial x_i}\right)\frac{\partial \bar{v}_i}{\partial x_j} - \varepsilon \tag{9-9c}$$

$$\frac{\partial \varepsilon}{\partial t} + \bar{v}_j \frac{\partial \varepsilon}{\partial x_j} = \frac{\partial}{\partial x_j}\left[\left(\nu + \frac{\nu_t}{\sigma_\varepsilon}\right)\frac{\partial \varepsilon}{\partial x_j}\right] + \left[C_{1\varepsilon}\frac{\nu_t}{\varepsilon}\left(\frac{\partial \bar{v}_i}{\partial x_j} + \frac{\partial \bar{v}_j}{\partial x_i}\right)\frac{\partial \bar{v}_i}{\partial x_j} - C_{2\varepsilon}\right]\frac{\varepsilon^2}{k}$$

各经验常数为 $C_\mu = 0.09$，$\sigma_k = 1.0$，$\sigma_\varepsilon = 1.3$，$C_{1\varepsilon} = 1.44$，$C_{2\varepsilon} = 1.92$。

将时均运动的连续性方程、雷诺方程、k 方程、ε 方程、雷诺应力的经验表达式、涡黏度的表达式及经验系数等汇总为

$$\frac{\partial \bar{v}_j}{\partial x_j} = 0$$

$$\rho\left(\frac{\partial \bar{v}_i}{\partial t} + \bar{v}_j \frac{\partial v_i}{\partial x_j}\right) = \rho f_i - \frac{\partial \bar{p}}{\partial x_i} + \frac{\partial}{\partial x_j}\left(\mu \frac{\partial \bar{v}_i}{\partial x_j} - \overline{\rho v_i' v_j'}\right)$$

$$-\overline{\rho v_i' v_j'} = -\frac{2}{3}\rho k \delta_{ij} + \rho \nu_t\left(\frac{\partial \bar{v}_i}{\partial x_j} + \frac{\partial \bar{v}_j}{\partial x_i}\right)$$

$$\nu_t = C_\mu \frac{k^2}{\varepsilon}$$

$$\frac{\partial k}{\partial t} + \bar{v}_j \frac{\partial k}{\partial x_j} = \frac{\partial}{\partial x_j}\left[\left(\nu + \frac{\nu_t}{\sigma_k}\right)\frac{\partial k}{\partial x_j}\right] + \nu_t\left(\frac{\partial \bar{v}_i}{\partial x_j} + \frac{\partial \bar{v}_j}{\partial x_i}\right)\frac{\partial \bar{v}_i}{\partial x_j} - \varepsilon$$

$$\frac{\partial \varepsilon}{\partial t} + \bar{v}_j \frac{\partial \varepsilon}{\partial x_j} = \frac{\partial}{\partial x_j}\left[\left(\nu + \frac{\nu_t}{\sigma_\varepsilon}\right)\frac{\partial \varepsilon}{\partial x_j}\right] + \left[C_{1\varepsilon}\frac{\nu_t}{\varepsilon}\left(\frac{\partial \bar{v}_i}{\partial x_j} + \frac{\partial \bar{v}_j}{\partial x_i}\right)\frac{\partial \bar{v}_i}{\partial x_j} - C_{2\varepsilon}\right]\frac{\varepsilon^2}{k}$$

$C_D = 0.08 \sim 0.38$，$C_\mu = 0.09$，$\sigma_k = 1.0$，$\sigma_\varepsilon = 1.3$，$C_{1\varepsilon} = 1.44$，$C_{2\varepsilon} = 1.92$

三、RNG k-ε 模型

标准 k-ε 模型中 ε 模型不够精确,如回流、旋流及分离流等难于准确预测。1986 年 Yakhot 和 Orszag 应用重整化群 RNG 理论,建立了 RNG k-ε 模型,其中方程中的系数都是理论推导出来的。RNG k-ε 模型与标准 k-ε 模型形式比较相似,其中不同之处在于 ε 方程中增加了一项,它包括了涡黏度的各向异性、历史效应以及平均涡量的影响。RNG k-ε 模型常数由重整化群理论算出,是一种理性的模式理论,原则上不需要经验常数。Speziale 等和 Yakhot 等的应用表明它比传统的湍流模型优越且具有发展潜力。

RNG k-ε 模型与标准 k-ε 模型有类似之处,其 k 方程和 ε 方程分别为

$$\frac{\partial(\rho k)}{\partial t}+\frac{\partial(\rho \bar{v}_j k)}{\partial x_j}=\frac{\partial}{\partial x_j}\left(\alpha_k \mu_{\text{eff}} \frac{\partial k}{\partial x_j}\right)+G_k+G_b-\rho\varepsilon-Y_M \tag{9-11}$$

$$\frac{\partial(\rho \varepsilon)}{\partial t}+\frac{\partial(\rho \bar{v}_j \varepsilon)}{\partial x_j}=\frac{\partial}{\partial x_j}\left(\alpha_\varepsilon \mu_{\text{eff}} \frac{\partial \varepsilon}{\partial x_j}\right)+C_{1\varepsilon}\frac{\varepsilon}{k}(G_k+C_{2\varepsilon}G_b)-C_{1\varepsilon}\rho\frac{\varepsilon^2}{k}-R \tag{9-12}$$

式中,G_k 为由于平均速度梯度引起的湍动能的产生项;G_b 为由于浮力产生的湍动能的生成项;Y_M 为由于可压缩性引起的湍动能耗散项,不可压缩流动中不予考虑;μ_{eff} 为等效黏度,$\mu_{\text{eff}}=\mu+\mu_t$;$R$ 为附加项,$R=\dfrac{C_\mu \rho \eta^3 (1-\mu/\eta_0)}{1+\beta\eta^3}\dfrac{\varepsilon^2}{k}$,其中,$\eta=S\dfrac{k}{\varepsilon}$,$\eta_0=4.83$,$\beta=0.012$;$C_\mu$、$C_{1\varepsilon}$、$C_{2\varepsilon}$、$\alpha_k$、$\alpha_\varepsilon$ 分别为系数,$C_\mu=0.0845$,$C_{1\varepsilon}=1.42$,$C_{2\varepsilon}=1.68$,$\alpha_k=1.0$,$\alpha_\varepsilon=0.769$。

四、标准 k-ε 模型的通用形式

在标准 k-ε 模型中,k 和 ε 是两个基本未知量,通用形式为

$$\frac{\partial(\rho k)}{\partial t}+\frac{\partial(\rho \bar{v}_j k)}{\partial x_j}=\frac{\partial}{\partial x_j}\left[\left(\mu+\frac{\mu_t}{\sigma_k}\right)\frac{\partial k}{\partial x_j}\right]+G_k+G_b-\rho\varepsilon-Y_M+S_k \tag{9-13}$$

$$\frac{\partial(\rho \varepsilon)}{\partial t}+\frac{\partial(\rho \bar{v}_j \varepsilon)}{\partial x_j}=\frac{\partial}{\partial x_j}\left[\left(\mu+\frac{\mu_t}{\sigma_\varepsilon}\right)\frac{\partial \varepsilon}{\partial x_j}\right]+C_{1\varepsilon}\frac{\varepsilon}{k}(G_k+C_{3\varepsilon}G_b)-C_{2\varepsilon}\rho\frac{\varepsilon^2}{k}+S_\varepsilon \tag{9-14}$$

式中,G_k 为由于平均速度梯度引起的湍动能的产生项;G_b 为由于浮力产生的湍动能的产生项;Y_M 为代表可压缩湍流中脉动扩张的贡献;$C_{1\varepsilon}$、$C_{2\varepsilon}$、$C_{3\varepsilon}$ 为经验常数;σ_k、σ_ε 分别为与湍动能和耗散率对应的普朗特数;S_k、S_ε 为用户定义的源项。

各项计算公式如下:

1) G_k 为由于平均速度梯度引起的湍动能的产生项,由下式计算,即

$$G_k=\mu_t\left(\frac{\partial \bar{v}_i}{\partial x_j}+\frac{\partial \bar{v}_j}{\partial x_i}\right)\frac{\partial \bar{v}_i}{\partial x_j}$$

2) G_b 为由于浮力产生的湍动能的生成项,对不可压缩流体,$G_b=0$;对可压缩流体,有

$$G_b=\beta g_j\frac{\mu_t}{Pr_t}\frac{\partial T}{\partial x_j}$$

式中,Pr_t 为湍动普朗特数,在该模型中可取 $Pr_t=0.85$;g_j 为重力加速度在 j 方向上的分量;

β 为热膨胀系数，由可压缩流体的状态方程求出，即

$$\beta = -\frac{1}{\rho}\frac{\partial \rho}{\partial T}$$

3）Y_M 为代表可压缩湍流中脉动扩张的贡献，对不可压缩流体，$Y_M=0$；对可压缩流体，有

$$Y_M = 2\rho\varepsilon(Ma)^2$$

式中，Ma 是湍动马赫数：$Ma=\sqrt{k/c^2}$；c 是声速，$c=\sqrt{\gamma RT}$。

在标准 k-ε 模型中，根据 Launder 等的推荐值及后来的实验验证，经验常数 $C_{1\varepsilon}$、$C_{2\varepsilon}$、C_μ、σ_k、σ_ε 的取值为

$$C_{1\varepsilon}=1.44,\ C_{2\varepsilon}=1.92,\ C_\mu=0.09,\ \sigma_k=1.0,\ \sigma_\varepsilon=1.3$$

对于可压缩流体的流动计算中与浮力相关的系数 $C_{3\varepsilon}$，当主流方向与重力方向平行时，$C_{3\varepsilon}=1$；当主流方向与重力方向垂直时，$C_{3\varepsilon}=0$。

当流动为不可压缩，且不考虑用户自定义的源项时，$G_b=0$，$Y_M=0$，$S_k=0$，$S_\varepsilon=0$。于是标准 k-ε 模型为

$$\frac{\partial(\rho k)}{\partial t}+\frac{\partial(\rho \bar{v}_j k)}{\partial x_j}=\frac{\partial}{\partial x_j}\left[\left(\mu+\frac{\mu_t}{\sigma_k}\right)\frac{\partial k}{\partial x_j}\right]+\mu_t\left(\frac{\partial \bar{v}_i}{\partial x_j}+\frac{\partial \bar{v}_j}{\partial x_i}\right)\frac{\partial \bar{v}_i}{\partial x_j}-\rho\varepsilon$$

$$\frac{\partial(\rho\varepsilon)}{\partial t}+\frac{\partial(\rho \bar{v}_j \varepsilon)}{\partial x_j}=\frac{\partial}{\partial x_j}\left[\left(\mu+\frac{\mu_t}{\sigma_\varepsilon}\right)\frac{\partial \varepsilon}{\partial x_j}\right]+C_{1\varepsilon}\frac{\varepsilon}{k}\mu_t\left(\frac{\partial \bar{v}_i}{\partial x_j}+\frac{\partial \bar{v}_j}{\partial x_i}\right)\frac{\partial \bar{v}_i}{\partial x_j}-C_{2\varepsilon}\rho\frac{\varepsilon^2}{k}$$

五、k-ε 两方程模式的应用

将 k-ε 两方程模式应用于如图 9-4 所示的二元不可压缩边界层流场，设 $\bar{v}_x$、v_x'、x 分别表示流向平均速度、脉动速度和坐标；$\bar{v}_y$、v_y'、y 分别表示横向平均速度、脉动速度和坐标。

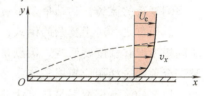

图 9-4　二元不可压缩边界层流场

由边界层性质，可得到连续性方程和雷诺时均运动方程为

$$\frac{\partial \bar{v}_x}{\partial x}+\frac{\partial \bar{v}_y}{\partial y}=0 \tag{9-15}$$

$$\bar{v}_x\frac{\partial \bar{v}_x}{\partial x}+\bar{v}_y\frac{\partial \bar{v}_x}{\partial y}=U_e\frac{\mathrm{d}U_e}{\mathrm{d}x}+\frac{\partial}{\partial y}\left(\nu\frac{\partial \bar{v}_x}{\partial y}-\overline{v_x'v_y'}\right) \tag{9-16}$$

式中，U_e 为势流速度，由外部势流给出并作为已知量。

布辛涅斯克涡黏性模型

$$-\overline{\rho v_x'v_y'}=\rho\nu_t\frac{\partial \bar{v}_x}{\partial y} \tag{9-17}$$

涡黏度

$$\nu_t=C_\mu\frac{k^2}{\varepsilon} \tag{9-18}$$

k 方程和 ε 方程分别为

$$\bar{v}_x\frac{\partial k}{\partial x}+\bar{v}_y\frac{\partial k}{\partial y}=\frac{\partial}{\partial y}\left(\frac{\nu_t}{\sigma_k}\frac{\partial k}{\partial y}\right)+\nu_t\left(\frac{\partial \bar{v}_x}{\partial y}\right)^2-\varepsilon \tag{9-19}$$

$$\bar{v}_x \frac{\partial \varepsilon}{\partial x} + \bar{v}_y \frac{\partial \varepsilon}{\partial y} = \frac{\partial}{\partial y}\left(\frac{\nu_t}{\sigma_\varepsilon}\frac{\partial \varepsilon}{\partial y}\right) + \left[C_{1\varepsilon}\frac{\nu_t}{\varepsilon}\left(\frac{\partial \bar{v}_x}{\partial y}\right)^2 - C_{2\varepsilon}\right]\frac{\varepsilon^2}{k} \qquad (9\text{-}20)$$

$$C_\mu = 0.09, \quad \sigma_k = 1.0, \quad \sigma_\varepsilon = 1.3, \quad C_{1\varepsilon} = 1.44, \quad C_{2\varepsilon} = 1.92$$

由式（9-19）、式（9-20）结合式（9-17）、式（9-18）求出 k、ε 后代入式（9-17）得 $-\overline{\rho v_x' v_y'}$，再由式（9-15）、式（9-16）求出 $\bar{v}_x$、$\bar{v}_y$。

六、各种模式的比较

雷诺应力模式是目前所有模式中最复杂的一种模式，需要求解的微分方程的个数最多，计算所花费的时间也较多，然而该模式的普适性和预报能力均优于其他模式。

代数应力模式是目前应用得较广泛的一种模式，它比雷诺应力模式要简单得多，而计算所得的结果与雷诺应力模式所得的结果不相上下。在应用该模式时，要注意其使用场合，即必须满足对扩散项和对流项所要求的条件。

两方程模式在工程上得到了广泛的应用，它所花费的计算时间比代数应力模式少，计算结果也略微差些。在流场中存在二次流，该模式不适用。

其他模式，如一阶封闭模式，预报能力较差，方程中出现的常数往往与所求解的流场有关，因此缺乏普适性。为了获得更好的计算结果，方程中出现的某些参数要根据实验数据进行修正，而实验数据的可靠性和精度直接影响最后的计算结果。因此，用过于简单的湍流模式预测复杂的流场，其结果是不可靠的。

总而言之，对于复杂的模式，计算精度要高些，但计算所花的时间也要多些。而对于简单的模型，其精度要低些，优点是计算量相对小些。在现有计算条件限制的情况下，权衡利弊，合理地选择湍流模式是非常必要的。

以上的湍流模型都是从雷诺方程出发进行模拟，试图封闭方程组。另一个途径是直接模拟湍流，包括大涡模拟法等。

习　题

9-1　比较湍流运动中的涡黏度和运动黏度的物理意义，两者的区别及对流动的影响。

9-2　试述雷诺方程的推导思路，说明雷诺应力的物理意义。

9-3　试述引入湍流模型的原因，并对各种湍流模型进行对比分析。

9-4　何谓湍动能？分析湍动能输运方程中各项的含义。

9-5　何谓湍动能耗散率？分析建立湍动能耗散率输运方程的必要性。

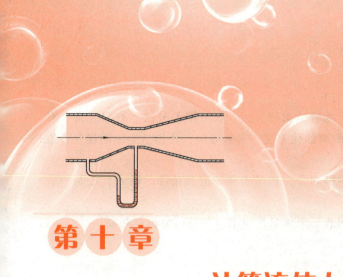

第十章

计算流体力学基础

> **本章要点及学习要求**
>
> **本章要点**：计算流体力学可看作是在基本方程控制下对流动的数值模拟。通过这种数值模拟，可得到复杂问题的基本物理量（压强、速度等）的分布及随时间的变化。本章将流体力学的连续性方程、运动方程和能量方程写成有利于编制计算软件的标准形式——通用微分方程。对多种数值计算方法进行介绍。
>
> **学习要求**：基本概念有差分格式的相容性、收敛性、稳定性，对流方程的一阶迎风格式、二阶迎风格式等离散格式。基本方程有通用微分方程。基本计算方法有：有限差分法、有限体积法。

描述流动的控制方程是一组非线性的偏微分方程，求解在数学上有很大的困难。只有少量特定条件下的问题（如平板、圆管层流、势流等简单流动），在对方程和边界条件做相应的简化后得到理论解。随着计算机和计算技术的发展，数值计算已成为一个重要的研究手段。

第一节 概 述

计算流体力学（Computational Fluid Dynamics，CFD）是通过计算机数值计算和图像显示，对包含有流体流动和热传导等相关物理现象的系统所做的分析。基本思想可以归结为：把原来在时间域及空间域上连续的物理量场，如速度场和压力场，用一系列有限个离散点上的变量值的集合来代替，通过一定的原则和方式建立起关于这些离散点上场变量之间关系的代数方程组，然后求解代数方程组获得场变量的近似值。

计算流体力学可以看作是在流动基本方程（质量守恒方程、动量守恒方程、能量守恒方程）控制下对流动的数值模拟。通过这种数值模拟，得到复杂问题的流场内各个位置上的基本物理量（如速度、压强等）的分布，以及这些物理量随时间的变化情况。

一、数值模拟的步骤

1）首先建立反映工程或物理问题本质的数学模型，即建立反映问题各个量之间的微分方程及相应的定解条件，这是数值求解的出发点。

2) 数学模型建立之后，需要选择合适的数值求解方法，如有限差分法、有限元法、有限体积法等。计算方法不仅包括微分方程的离散化方法、求解方法，还包括坐标的建立、边界条件的处理等。

3) 程序编制及运行计算，包括计算网格划分、初始条件和边界条件的输入、控制参数的设定等。

4) 数据处理，大量的数据可以通过图表形象地显示出来，并进行分析、判断。

二、数值求解方法

流动数值计算方法主要有：有限差分法、有限元法、有限体积法等。

1. 有限差分法

有限差分法是发展最早、目前应用较广的一种流动数值计算方法。该方法将求解域（流场）划分为差分网格，最简单的是矩形网格。用有限个网格节点（离散点）代替连续的求解域，将控制流动的微分方程的导数用差商代替，导出含有离散点上有限个未知数的差分方程组，求解差分方程组（代数方程组），得到该流动问题的数值近似解。

有限差分法是一种直接将微分问题转变为代数问题的近似数值解法，适于求解非定常流动问题（抛物型、双曲型问题）。

2. 有限元法

有限元法是将一个连续的求解域任意分成适当形状（三角形或四边形）的若干单元，并于各单元分片构造插值函数，根据极值原理（如伽辽金法），由流动问题的控制微分方程构造积分方程。对各单元积分得到离散的单元有限元方程，把总体的极值作为各单元极值之和，即将局部单元总体合成，形成嵌入了指定边界条件的代数方程组，求解该方程组就得到各节点上待求的函数值，求得该流动问题的数值解。

有限元法将微分方程转化为积分方程来求解，将整个求解区域划分为有限个子区域，构造分区的插值函数以逼近真解。有限元法特别适合于几何、物理条件比较复杂的流动问题。

3. 有限体积法

有限体积法将计算区域划分为一系列不重复的控制体积，使每个网格点周围有一个控制体积，每个控制体积都有一个节点作代表。将待求解的微分方程对每一个控制体积积分，得到一组离散方程。其中的未知数是网格点上因变量 Φ 的数值。

有限体积法得出的离散方程，要求因变量的积分守恒对任意一组控制体积都得到满足，对整个计算区域自然也得到满足，这是有限体积法的突出优点。

三、CFD 软件

自 1981 年以来，出现了如 PHOENICS、CFX、STAR-CD、FIDIP、FLUENT 等多个商用 CFD 软件，这些软件的显著特点是：功能比较全面、适用性强，可以求解工程中的各种复杂问题；具有比较易用的前后处理系统和与其他 CAD 及 CFD 软件的接口能力，便于用户快速完成造型、网格划分等工作；同时还可以让用户扩展自己的开发模块，具有比较完备的容错机制和操作界面，稳定性高。

CFD 软件包括三个基本环节：前处理、求解和后处理，对应的程序模块简称前处理器、求解器、后处理器。

1. 前处理器

前处理器用于完成前处理工作，向 CFD 软件输入所求问题的相关数据，通常借助与求解器相对应的对话框等图形界面来完成。前处理阶段用户需做的工作有：定义所求问题的几何计算域，将计算域划分，形成由单元组成的网格；对所要研究的问题选择相应的控制方程，定义流体的属性参数，指定初始条件及边界条件等。

2. 求解器

求解器的核心是数值求解方法，各种数值求解方法的主要差别在于流动变量被近似的方式及相应的离散化过程不同，有限体积法是目前商用 CFD 软件广泛采用的方法。

计算步骤为：借助简单函数来近似待求的流动变量，将该近似关系代入连续性的控制方程中，形成离散方程组，求解代数方程组。

3. 后处理器

后处理器是为了有效地观察和分析流动计算结果，包括计算域的几何模型及网格显示、矢量图、等值线图、X-Y 散点图、粒子轨迹图。借助后处理功能，还可动态模拟流动效果，直观地了解 CFD 的计算结果。

第二节 通用微分方程

流体力学的连续性方程、运动方程、能量方程以及其他补充方程，构成了一组严格的控制方程，为流体力学问题的数值求解提供了基础。将这些不同的方程写成标准形式，有利于编制通用的计算软件。

一、通用微分方程的表达形式

对于描述流动的各控制方程，若用一个通用变量 Φ 代表任意单位质量流体的物理量，作为通用微分方程的描述对象，形式为

$$\frac{\partial(\rho\Phi)}{\partial t}+\nabla\cdot(\rho v\Phi)=\nabla\cdot(D\nabla\Phi)+S \qquad (10\text{-}1)$$

式中，ρ 为流体的密度；v 为速度矢量；t 为时间；D 为扩散系数；S 为源项。

上式即为通用微分方程，方程各项依次为非定常项、对流项、扩散项、（广义）源项。对于不同的变量 Φ、扩散系数 D 和源项 S，方程具有特定的形式。

连续性方程

$$\frac{\partial \rho}{\partial t}+\nabla\cdot(\rho v)=0 \qquad (10\text{-}2)$$

用通用微分方程来表示，则 Φ 等于 1，D、S 均为 0，即扩散项和源项都不存在。

黏性流体运动微分方程（N-S 方程）

$$\frac{\partial(\rho v)}{\partial t}+v\cdot\nabla(\rho v)=\rho f-\nabla p+\nabla\cdot(\mu\nabla v) \qquad (10\text{-}3)$$

用通用微分方程来表示，则 Φ 为 v，D 为 μ（动力黏度），$\rho f-\nabla p$ 归入源项。

将控制微分方程各项的剩余部分归入源项的处理方法也可用于其他复杂流动的控制微分

方程中。

二、守恒型方程、非守恒型方程

运动微分方程（N-S 方程）中的对流项为 $v \cdot \nabla(\rho v)$，称为非守恒型方程。通用微分方程（10-1）融入了连续性方程，对流项为散度形式 $\nabla \cdot (\rho v \Phi)$，称为守恒型方程。

非守恒型方程便于对生成的离散方程进行理论分析，而守恒型控制方程更能保持物理量守恒的性质。特别是在有限体积法中可方便地建立离散方程，因此得到了较广泛的应用。

三、定解条件

在建立了流动的控制方程后，还必须确定所研究问题的初始条件和边界条件，流体的运动才具有唯一解。

1. 初始条件

初始条件是指初始时刻 $t=t_0$ 时，流体运动应该满足的初始状态，即

$$\Phi(x, y, z, t_0) = F_1(x, y, z) \tag{10-4}$$

$F_1(x, y, z)$ 为已知函数。对定常流动，一般不提初始条件。

2. 边界条件

边界条件是指流体运动时边界上方程组的解应满足的条件，边界条件有以下三种形式：

第一类边界条件是在边界 Γ 上给定函数 Φ 值，即

$$\Phi|_\Gamma = f_1(x, y, z, t) \tag{10-5}$$

称为本质边界条件，$f_1(x, y, z, t)$ 为已知函数。

第二类边界条件是在边界 Γ 上给定函数 Φ 的法向导数值，即

$$\left.\frac{\partial \Phi}{\partial n}\right|_\Gamma = f_2(x, y, z, t) \tag{10-6}$$

称为自然边界条件，$f_2(x, y, z, t)$ 为已知函数。

第三类边界条件是在边界 Γ 上给定函数 Φ 和它的法向导数之间的一个线性关系，即

$$\left.\left(a\frac{\partial \Phi}{\partial n} + b\Phi\right)\right|_\Gamma = f_3(x, y, z, t) \tag{10-7}$$

称为混合边界条件，式中 a、$b>0$，$f_3(x, y, z, t)$ 为已知函数。

给定边界条件时，可在封闭域上全部给定第一类边界条件，也可全部给定第三类边界条件，但不能在封闭域上全部给定第二类边界条件，因为不能得到唯一解。

第三节　有限差分法

一、差分网格

考虑一元对流方程及初值条件

$$\left.\begin{array}{l}\dfrac{\partial u}{\partial t} + \alpha \dfrac{\partial u}{\partial x} = 0 \quad (t>0,\ -\infty < x < +\infty) \\ u(x, 0) = f(x)\end{array}\right\} \tag{10-8}$$

问题求解域为 x-t 的上半平面。在上半平面上画出两族平行于坐标轴的直线，把求解域分成矩形网格。网格线的交点称为节点，x 方向上网格线之间的距离 Δx 称为空间步长，t 轴方向上网格线之间的距离 Δt 称为时间步长，如图 10-1 所示。

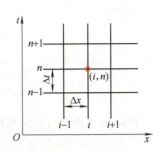

图 10-1 网格划分

两族网格线可记为

$$x = x_i = i\Delta x \quad (i = 0, \pm 1, \pm 2, \cdots)$$

$$t = t_n = n\Delta t \quad (n = 0, 1, 2, \cdots)$$

网格节点 (x_i, t_n) 简记为 (i, n)，节点处的函数值可记为

$$u_n^i = u(x_i, t_n) = u(i\Delta x, n\Delta t)$$

导数的节点值表示为

$$\left.\frac{\partial u}{\partial t}\right|_i^n, \quad \left.\frac{\partial u}{\partial x}\right|_i^n$$

在多元情况下，下标不止一个，则用 $u_{i,j}^n$ 表示节点 (x_i, y_j, t_n) 的 u 值。

二、离散近似

为了求出偏导数的各种基本差分表达式，对函数 $u(x, t)$ 做如下泰勒级数展开

$$u_{i+1}^n = u(x_i + \Delta x, t_n)$$

$$= u_i^n + \left.\frac{\partial u}{\partial x}\right|_i^n \Delta x + \frac{1}{2}\left.\frac{\partial^2 u}{\partial x^2}\right|_i^n \Delta x^2 + \frac{1}{6}\left.\frac{\partial^3 u}{\partial x^3}\right|_i^n \Delta x^3 + O(\Delta x^4) \tag{10-9}$$

$$u_{i-1}^n = u(x_i - \Delta x, t_n)$$

$$= u_i^n - \left.\frac{\partial u}{\partial x}\right|_i^n \Delta x + \frac{1}{2}\left.\frac{\partial^2 u}{\partial x^2}\right|_i^n \Delta x^2 - \frac{1}{6}\left.\frac{\partial^3 u}{\partial x^3}\right|_i^n \Delta x^3 + O(\Delta x^4) \tag{10-10}$$

利用这两个展开式，可导出偏导数的几种基本差分表达式。

1. 一阶中心差商

式 (10-9) 减去式 (10-10)，等式两边同除以 $2\Delta x$，即

$$\frac{u_{i+1}^n - u_{i-1}^n}{2\Delta x} = \left.\frac{\partial u}{\partial x}\right|_i^n + \frac{1}{6}\left.\frac{\partial^3 u}{\partial x^3}\right|_i^n \Delta x^2 + O(\Delta x^3)$$

由此可得

$$\left.\frac{\partial u}{\partial x}\right|_i^n = \frac{u_{i+1}^n - u_{i-1}^n}{2\Delta x} + O(\Delta x^2) \tag{10-11}$$

近似表达式为

$$\left.\frac{\partial u}{\partial x}\right|_i^n \approx \frac{u_{i+1}^n - u_{i-1}^n}{2\Delta x} \tag{10-12}$$

式 (10-12) 称为一阶偏导数的一阶中心差商表达式。由式 (10-11) 知，它具有 Δx^2 阶的截断误差，记为 $R = O(\Delta x^2)$，或说具有二阶精度。当 Δx 趋于零时，截断误差 R 也趋于零，因此说差商与微商是相容的。

2. 一阶向前差商

式 (10-9) 两边都减去 u_i^n，然后等式两边同除以 Δx，整理得到

$$\left.\frac{\partial u}{\partial x}\right|_i^n = \frac{u_{i+1}^n - u_i^n}{\Delta x} + O(\Delta x)$$

则一阶向前差商为

$$\left.\frac{\partial u}{\partial x}\right|_i^n \approx \frac{u_{i+1}^n - u_i^n}{\Delta x} \tag{10-13}$$

一阶向前差商具有一阶精度，$R = O(\Delta x)$，它与微商是相容的。

3. 一阶向后差商

同一阶向前差商的推导方法一样，从式（10-10）得到

$$\left.\frac{\partial u}{\partial x}\right|_i^n \approx \frac{u_i^n - u_{i-1}^n}{\Delta x} \tag{10-14}$$

一阶向后差商具有一阶精度，$R = O(\Delta x)$，它与微商也是相容的。

4. 二阶中心差商

将式（10-9）和式（10-10）相加，可以推出二阶偏导数的二阶中心差商表达式

$$\left.\frac{\partial^2 u}{\partial x^2}\right|_i^n \approx \frac{u_{i+1}^n - 2u_i^n + u_{i-1}^n}{\Delta x^2} \tag{10-15}$$

它具有二阶精度，$R = O(\Delta x^2)$，二阶中心差商与二阶偏导数也是相容的。

同样可以导出对时间偏导数的有限差分表达式。如对时间的一阶向前差商表达式为

$$\left.\frac{\partial u}{\partial t}\right|_i^n \approx \frac{u_i^{n+1} - u_i^n}{\Delta t} \tag{10-16}$$

其截断误差为 $R = O(\Delta t)$。

三、差分格式构造

由差商公式可以用差商代替偏微分方程中的微商，构造逼近偏微分方程的差分方程。差分方程加上离散化的初值条件、边值条件得到差分格式。当用一阶向前差商逼近时间导数，分别选用三种不同的空间一阶差商来逼近空间偏导数时，对于定解问题式（10-8）可以构成三种差分格式。

1. 中心差分格式（FTCS）

用一阶中心差商逼近空间偏导数，将式（10-12）、式（10-16）代入式（10-8）得到差分方程。同时把初值条件写成离散式，即得中心差分格式

$$\left.\begin{array}{l}\dfrac{u_i^{n+1} - u_i^n}{\Delta t} + \alpha \dfrac{u_{i+1}^n - u_{i-1}^n}{2\Delta x} = 0 \\ u_i^0 = f(x_i)\end{array}\right\} \tag{10-17}$$

写成便于计算的格式，即

$$\left.\begin{array}{l}u_i^{n+1} = u_i^n - \dfrac{\alpha \Delta t}{2\Delta x}(u_{i+1}^n - u_{i-1}^n) \\ u_i^0 = f(x_i)\end{array}\right\} \tag{10-18}$$

该差分格式的截断误差为［设 $\overline{u_i^n}$ 表示点 (i, n) 上微分方程的精确解，它满足微分方程，

但不能使差分方程为零]

$$R = \left(\frac{\overline{u}_i^{n+1} - \overline{u}_i^n}{\Delta t} + \alpha \frac{\overline{u}_{i+1}^n - \overline{u}_{i-1}^n}{2\Delta x}\right) - \left(\frac{\partial \overline{u}}{\partial t}\bigg|_i^n + \alpha \frac{\partial \overline{u}}{\partial x}\bigg|_i^n\right)$$

$$= O(\Delta t) + O(\Delta x^2) = O(\Delta t, \Delta x^2)$$

因此该格式在时间上是一阶精度,在空间上是二阶精度。差分方程中用到 $n+1$ 时层上的一个节点和 n 时层上的三个节点,如图 10-2a 所示,图 10-2 中 "×" 表示已知的节点,"○" 表示要求的节点,这种图称为格式图。

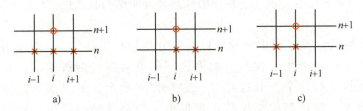

图 10-2 格式图

2. 向前差分格式（FTFS）

用一阶向前差商逼近空间偏导数,并写成便于计算的形式,即

$$\left.\begin{array}{l} u_i^{n+1} = u_i^n - \alpha \dfrac{\Delta t}{\Delta x}(u_{i+1}^n - u_i^n) \\ u_i^0 = f(x_i) \end{array}\right\} \quad (10\text{-}19)$$

其截断误差为 $R = O(\Delta t, \Delta x)$,即对 t 和 x 均为一阶精度,其格式图如图 10-2b 所示。

3. 向后差分格式（FTBS）

用一阶向后差商逼近空间偏导数,并写成便于计算的形式,即

$$\left.\begin{array}{l} u_i^{n+1} = u_i^n - \alpha \dfrac{\Delta t}{\Delta x}(u_i^n - u_{i-1}^n) \\ u_i^0 = f(x_i) \end{array}\right\} \quad (10\text{-}20)$$

其截断误差为 $R = O(\Delta t, \Delta x)$,其格式图如图 10-2c 所示。

这三种格式都可以作为原定解问题的近似。由于 $n+1$ 时层上只用到一个节点的函数值,已知 n 时层的值就可计算 $n+1$ 时层上的值,从初始条件开始可逐层计算下去,不必求解方程组,称为显式格式。如果计算 $n+1$ 时层上的值,不仅要用到 n 时层上的值,而且还要用到 $n+1$ 时层上其他节点的值,称为隐式格式。

四、差分格式的相容性、收敛性和稳定性

对任一定解问题（具有确定的控制方程和相应的初、边值条件的流动问题）,采取不同的空间或时间差分近似,可构造出若干种不同的差分格式。但并不是每个格式都能用于数值计算,只有具有相容性、收敛性和稳定性的差分格式,才能够用来进行数值计算,计算的结果才有意义。因此,相容性、收敛性和稳定性是差分格式的三个重要性质。

1. 相容性

相容性是将微分运算采用差分近似时所要满足的最基本的要求,它指的是在时间步长和空间步长趋于零的条件下,差分方程应等同于微分方程。或者说,如果当时间步长与空间步长无限

缩小时，即 $\Delta t \to 0$，$\Delta x \to 0$ 时，差分格式的截断误差 $R \to 0$，则称差分方程与对应的微分方程是相容的。由此可见，式（10-18）~式（10-20）与微分方程（10-8）是相容的。

2. 收敛性

为了数值求解流动问题，除了必须要求差分格式能逼近微分方程和定解条件外，还需进一步要求差分格式的解与微分方程定解问题的解是一致的。即当步长趋于零时，要求差分格式的解趋于微分方程定解问题的解，称为差分格式的收敛性。

直接证明差分格式的收敛性是比较困难的，利用拉克斯（Lax）等价性定理，可以绕过收敛性的证明，通过比较容易的稳定性证明来间接证明解的收敛性。

3. 稳定性

讨论误差在数值计算过程中的发展就是差分解的稳定性问题。例如某种格式在一定条件下，若计算中某处产生了误差，如果这一误差对以后的影响越来越小，或影响保持在某个限度以内，称这个差分格式在给定条件下稳定。如果误差的影响随着计算步数的增加越来越大，使计算的结果越来越偏离差分格式的精确解，这种情况就是不稳定的。

稳定性及稳定条件的证明方法有多种，如傅里叶法（又称诺曼法）、离散摄动法、最大模方法、矩阵法等。

由稳定性的分析方法可得：一元对流方程（10-8）的 FTCS 格式对任意 $\gamma = \Delta t / \Delta x$ 都是不稳定的，而 FTFS、FTBS 两种格式的稳定条件分别是

$$-1 \leqslant \alpha \frac{\Delta t}{\Delta x} < 0, \qquad 0 < \alpha \frac{\Delta t}{\Delta x} \leqslant 1 \tag{10-21}$$

隐式差分格式一般情况下总是无条件稳定的，故稳定性好。

五、对流方程的差分格式

1. 迎风格式

一元对流方程（10-8）的 FTFS、FTBS 格式是有条件稳定的。当 α 的符号改变时，为了使差分格式稳定，空间差分的方向要做相应的变化。

由于 α 是与速度对应的量，α 的正负表示速度方向的不同，即表示流（风）向。α 为正，看作风沿着 x 正方向吹，α 为负，则风朝着 x 负方向吹。而迎着风向往上游取空间差分，所得到的差分格式才可能是稳定的。这种迎着风向往上游取空间差分所得到的格式称为迎风格式（图10-3）。

图10-3 迎风格式

从迎风格式可以看到，差分格式并不是对流动控制方程随意简单的离散，它必须依照流动的物理性质来构造，反映流动的物理本质特性。

若采用一阶隐式格式，则式（10-8）的迎风格式为

$$\left.\begin{array}{l}\dfrac{u_i^{n+1}-u_i^n}{\Delta t}+\alpha\dfrac{u_i^{n+1}-u_{i-1}^{n+1}}{\Delta x}=0 \quad (\alpha>0)\\[2mm]\dfrac{u_i^{n+1}-u_i^n}{\Delta t}+\alpha\dfrac{u_{i+1}^{n+1}-u_i^{n+1}}{\Delta x}=0 \quad (\alpha<0)\end{array}\right\} \quad (10\text{-}22)$$

可以证明式（10-22）是无条件稳定的。

2. 拉克斯格式

一元对流方程

$$\frac{\partial u}{\partial t}+\alpha\frac{\partial u}{\partial x}=0$$

FTCS 格式

$$\frac{u_i^{n+1}-u_i^n}{\Delta t}+\frac{\alpha}{2\Delta x}(u_{i+1}^n-u_{i-1}^n)=0$$

是一种最自然的格式，但是恒不稳定。如果把上式中的 u_i^n 以 $(u_{i+1}^n+u_{i-1}^n)/2$ 替代，它则变为一种实用的格式

$$\frac{1}{\Delta t}\left[u_i^{n+1}-\frac{1}{2}(u_{i-1}^n+u_{i+1}^n)\right]+\frac{\alpha}{2\Delta x}(u_{i+1}^n-u_{i-1}^n)=0$$

或写成

$$u_i^{n+1}=\frac{1}{2}(u_{i-1}^n+u_{i+1}^n)-\frac{\alpha\Delta t}{2\Delta x}(u_{i+1}^n-u_{i-1}^n) \quad (10\text{-}23)$$

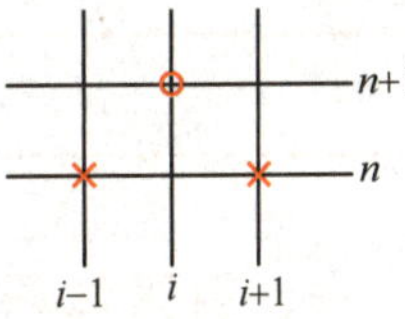

上式称为拉克斯格式，稳定条件为 $\left|\dfrac{\alpha\Delta t}{\Delta x}\right|\leqslant 1$，格式图如图 10-4 所示。

图 10-4 拉克斯格式

六、扩散方程和对流扩散方程的差分格式

1. 克兰克-尼科尔森（Crank-Nicolson）格式

一元扩散方程

$$\frac{\partial u}{\partial t}=\beta\frac{\partial^2 u}{\partial x^2} \quad (10\text{-}24)$$

克兰克-尼科尔森格式为

$$\frac{u_i^{n+1}-u_i^n}{\Delta t}-\frac{\beta}{2(\Delta x)^2}\left[(u_{i+1}^{n+1}-2u_i^{n+1}+u_{i-1}^{n+1})+(u_{i+1}^n-2u_i^n+u_{i-1}^n)\right]=0 \quad (10\text{-}25)$$

此格式为二阶精度隐式格式，且是恒稳定的，格式图如图 10-5 所示。

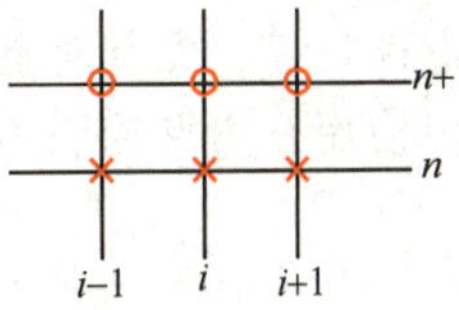

2. 拉克斯-温德罗夫（Lax-Wendroff）格式

一元对流扩散方程

$$\frac{\partial u}{\partial t}+\alpha\frac{\partial u}{\partial x}=\beta\frac{\partial^2 u}{\partial x^2} \quad (10\text{-}26)$$

图 10-5 克兰克-尼科尔森格式图

拉克斯-温德罗夫格式为

$$\frac{u_i^{n+1}-u_i^n}{\Delta t}+\frac{\alpha}{2\Delta x}(u_{i+1}^n-u_{i-1}^n)-\left(\frac{\alpha^2\Delta t^2}{2\Delta x^2}+\frac{\beta}{\Delta x^2}\right)(u_{i+1}^n-2u_i^n+u_{i-1}^n)=0 \quad (10\text{-}27)$$

该格式具有二阶精度，其稳定条件为 $\alpha^2\Delta t^2+2\beta\Delta t\leqslant\Delta x^2$。

七、拉普拉斯（Laplace）方程的差分格式

二元拉普拉斯方程

$$\frac{\partial^2 \Phi}{\partial x^2} + \frac{\partial^2 \Phi}{\partial y^2} = 0 \qquad (10\text{-}28)$$

其定义域为流动平面 $x\text{-}y$ 上的某一区域，如图 10-6 所示。

用两组平行直线将 $x\text{-}y$ 平面划分网格，步长分别为 Δx、Δy，相互垂直的直线交点为节点 (i,j)，在该点的待求函数为 $\Phi_{i,j}$。

将方程（10-28）的每项用中心差商近似，则有差分方程

$$\frac{\Phi_{i+1,j}-2\Phi_{i,j}+\Phi_{i-1,j}}{\Delta x^2}+\frac{\Phi_{i,j+1}-2\Phi_{i,j}+\Phi_{i,j-1}}{\Delta y^2}=0 \qquad (10\text{-}29)$$

式（10-29）中含有 (i,j)、$(i-1,j)$、$(i,j-1)$、$(i+1,j)$、$(i,j+1)$ 共 5 个节点的 Φ 值，常称为五点差分格式。由周围四点求中心点 (i,j) 的 Φ_{ij} 值，格式图如图 10-6 所示，该格式具有二阶精度。

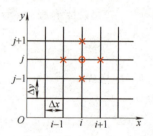

图 10-6　网格剖分

第四节　有限体积法

一、有限体积法的网格

有限体积法的区域离散过程是：把所计算的区域划分成多个互不重叠的子区域，即计算网格，确定每个子区域中的节点位置及该节点所代表的控制体积。有限体积法的四个几何要素为节点、控制体积、界面、网格线。

（1）节点　需要求解的未知物理量的几何位置。

（2）控制体积　应用控制方程或守恒定律的最小几何单位。

（3）界面　规定与各节点相对应的控制体积的分界面位置。

（4）网格线　连接相邻两节点而形成的曲线。

图 10-7 所示为一元问题的有限体积法计算网格，标出了节点、控制体积、界面和网格线。在图 10-7 中节点排列有序，当给出一个节点编号后，可得出其相邻节点的编号，这种网格称为结构网格。

非结构网格的节点以一种不规则的方式布置在流场中，这种网格生成过程比较复杂，但适应性较好，尤其对具有复杂边界的流场计算问题特别有效。图 10-8 所示为二元非结构网格，使用三角形控制体积，三角形的质心是计算节点，如 C_0 点。

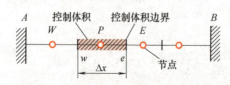

图 10-7　一元问题的有限体积法计算网格

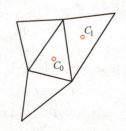

图 10-8　二元非结构网格

二、一元稳态问题

以一元稳态问题为例,说明有限体积法生成离散方程的方法和过程,以及离散方程的求解。

1. 问题的描述

对于流体运动的微分方程,无论是连续性方程、动量方程、能量方程,都可写成通用微分方程的形式。一元稳态对流-扩散问题的控制方程为

$$\frac{\mathrm{d}(\rho u \varphi)}{\mathrm{d}x} = \frac{\mathrm{d}}{\mathrm{d}x}\left(\Gamma \frac{\mathrm{d}\varphi}{\mathrm{d}x}\right) + S \qquad (10\text{-}30)$$

方程中包含对流项、扩散项及源项。方程中的 φ 是广义变量,可以是速度、浓度或温度等一些待求的物理量,Γ 是相应于 φ 的广义扩散系数,S 为广义源项。变量 φ 在端点 A、B 的边界值为已知。

2. 生成计算网格

在空间域上放置一系列节点,将控制体积的边界取在两个节点中间的位置,每个节点由一个控制体积所包围,如图 10-9 所示。

用 P 标志一个广义节点,东西两侧的相邻节点分别用 E、W 标志。同时与各节点对应的控制体积也用同一字符标志。控制体积 P 的两个界面分别用 e、w 标志,两个界面的距离用 Δx 表示。E 点至节点 P 的距离用 $(\delta x)_e$ 表示,W 点至节点 P 的距离用 $(\delta x)_w$ 表示。

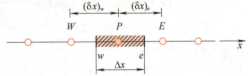

图 10-9　一元问题的计算网格

3. 建立离散方程

有限体积法的关键是在控制体积上对微分方程积分,在节点上产生离散方程。对方程 (10-30) 在图 10-9 所示的控制体积 P 上积分,得

$$\int_{\Delta V} \frac{\mathrm{d}(\rho u \varphi)}{\mathrm{d}x}\mathrm{d}V = \int_{\Delta V} \frac{\mathrm{d}}{\mathrm{d}x}\left(\Gamma \frac{\mathrm{d}\varphi}{\mathrm{d}x}\right)\mathrm{d}V + \int_{\Delta V} S\,\mathrm{d}V$$

式中,ΔV 为控制体积的体积值,当控制体很微小时,ΔV 可以表示为 $A\Delta x$,这里 A 是控制体积界面的面积(对一元问题,$A=1$)。

积分上式得

$$(\rho u \varphi A)_e - (\rho u \varphi A)_w = \left(\Gamma A \frac{\mathrm{d}\varphi}{\mathrm{d}x}\right)_e - \left(\Gamma A \frac{\mathrm{d}\varphi}{\mathrm{d}x}\right)_w + S\Delta V \qquad (10\text{-}31)$$

式 (10-31) 中的对流项和扩散项均已转化为控制体积界面上的值。

在有限体积法中,规定 ρ、u、Γ、φ、$\mathrm{d}\varphi/\mathrm{d}x$ 等物理参数均是在节点处定义和计算的,因此,为了计算界面上的这些物理参数(包括导数),需要有一个物理参数在节点间的近似分布。线性分布近似是最直接、最简单的方式,称为中心差分。

如果网格是均匀的,扩散系数 Γ 的线性插值为

$$\Gamma_e = \frac{\Gamma_P + \Gamma_E}{2}, \qquad \Gamma_w = \frac{\Gamma_W + \Gamma_P}{2}$$

$(\rho u \varphi A)$ 的线性插值为

$$(\rho u \varphi A)_e = (\rho u)_e A_e \frac{\varphi_P + \varphi_E}{2}$$

$$(\rho u \varphi A)_w = (\rho u)_w A_w \frac{\varphi_W + \varphi_P}{2}$$

扩散项的线性插值为

$$\left(\Gamma A \frac{\mathrm{d}\varphi}{\mathrm{d}x}\right)_e = \Gamma_e A_e \frac{\varphi_E - \varphi_P}{(\delta x)_e}$$

$$\left(\Gamma A \frac{\mathrm{d}\varphi}{\mathrm{d}x}\right)_w = \Gamma_w A_w \frac{\varphi_P - \varphi_W}{(\delta x)_w}$$

源项 S 通常是时间和物理量 φ 的函数，为简化处理，将 S 做如下线性处理，即

$$S = S_C + S_P \varphi_P$$

式中，S_C 为常数；S_P 为随时间和物理量 φ_P 变化的项。

将以上各式代入式（10-31）中，得

$$(\rho u)_e A_e \frac{\varphi_P + \varphi_E}{2} - (\rho u)_w A_w \frac{\varphi_W + \varphi_P}{2} = \Gamma_e A_e \frac{\varphi_E - \varphi_P}{(\delta x)_e} - \Gamma_w A_w \frac{\varphi_P - \varphi_W}{(\delta x)_w} +$$
$$(S_C + S_P \varphi_P) \Delta V$$

整理后得

$$\left[\frac{\Gamma_e}{(\delta x)_e} A_e + \frac{\Gamma_w}{(\delta x)_w} A_w - S_P \Delta V\right] \varphi_P = \left[\frac{\Gamma_w}{(\delta x)_w} A_w + \frac{(\rho u)_w}{2} A_w\right] \varphi_W +$$
$$\left[\frac{\Gamma_e}{(\delta x)_e} A_e - \frac{(\rho u)_e}{2} A_e\right] \varphi_E + S_C \Delta V$$

记为

$$a_P \varphi_P = a_W \varphi_W + a_E \varphi_E + b \quad (10\text{-}32\text{a})$$

其中

$$a_W = \frac{\Gamma_w}{(\delta x)_w} A_w + \frac{(\rho u)_w}{2} A_w, \quad a_E = \frac{\Gamma_e}{(\delta x)_e} A_e - \frac{(\rho u)_e}{2} A_e$$

$$a_P = \frac{\Gamma_e}{(\delta x)_e} A_e + \frac{\Gamma_w}{(\delta x)_w} A_w - S_P \Delta V = a_E + a_W + \frac{(\rho u)_e}{2} A_e - \frac{(\rho u)_w}{2} A_w - S_P \Delta V$$

$$b = S_C \Delta V$$

对于一元问题，控制体积界面 e 和 w 处的面积 A_e 和 A_w 均为 1，即为单位面积，于是 $\Delta V = \Delta x$，系数 a_W、a_E、a_P、b 可简化为

$$a_W = \frac{\Gamma_w}{(\delta x)_w} + \frac{(\rho u)_w}{2}, \quad a_E = \frac{\Gamma_e}{(\delta x)_e} - \frac{(\rho u)_e}{2}$$

$$a_P = a_E + a_W + \frac{(\rho u)_e}{2} - \frac{(\rho u)_w}{2} - S_P \Delta x, \quad b = S_C \Delta x$$

在二元和三元的情况下，相邻节点的数目会增加，但离散方程仍保持（10-32a）的形式，并将该式缩写为

$$a_P \varphi_P = \sum a_{nb} \varphi_{nb} + b \quad (10\text{-}32\text{b})$$

式中，下标 nb 为相邻节点；∑ 为求和记号，表示对所有相邻节点求和。

4. 离散方程的求解

为了求解给定的流动问题，必须在整个计算域的每一个节点上建立式（10-32b）所示的离散方程，从而每个节点上都有一个相应的方程。这些方程组成了一个含有节点未知量的线性代数方程组。求解这个方程组，就可以得到物理量 φ 在各节点处的值。

三、常用的离散格式

使用有限体积法建立离散方程时，很重要的一步是将控制体积界面上的物理量及其导数通过节点物理量插值求出。不同的离散方式对应于不同的离散结果，因此插值方式常称为离散格式。

1. 术语与约定

选取一元稳态无源项的对流-扩散问题为讨论对象，已知速度场为 u。

$$\frac{d(\rho u \varphi)}{dx} = \frac{d}{dx}\left(\Gamma \frac{d\varphi}{dx}\right) \tag{10-33}$$

流动必须满足连续性方程，有

$$\frac{d(\rho u)}{dx} = 0 \tag{10-34}$$

在图 10-10 所示控制体积 P 上积分方程（10-33），得

$$(\rho u A \varphi)_e - (\rho u A \varphi)_w = \left(\Gamma A \frac{d\varphi}{dx}\right)_e - \left(\Gamma A \frac{d\varphi}{dx}\right)_w \tag{10-35}$$

积分连续性方程（10-34）得

$$(\rho u A)_e - (\rho u A)_w = 0 \tag{10-36}$$

为了得到对流-扩散方程的离散方程，必须对界面上的物理量做某种近似处理。为了讨论方便，定义两个新的物理量 F 及 D，其中 F 表示通过界面上单位面积的对流质量通量，D 表示界面的扩散传导性。

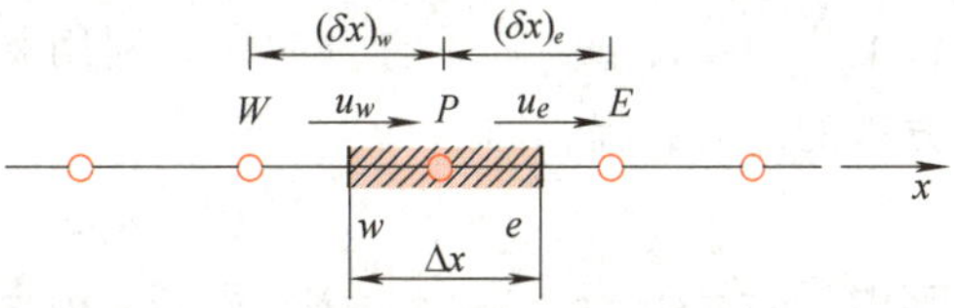

图 10-10 控制体积 P 及界面上的流速

$$F = \rho u, \quad D = \frac{\Gamma}{\delta x}$$

F、D 在控制体积界面上的值分别为

$$F_w = (\rho u)_w, \quad F_e = (\rho u)_e$$

$$D_w = \frac{\Gamma_w}{(\delta x)_w}, \quad D_e = \frac{\Gamma_e}{(\delta x)_e}$$

在此基础上，定义一元单元的贝克来（Peclet）数 Pe 为

$$Pe = \frac{F}{D} = \frac{\rho u}{\Gamma/\delta x}$$

式中，Pe 为对流与扩散的强度之比。

当 Pe 为 0 时，对流-扩散问题演变为纯扩散问题，即流场中没有流动，只有扩散；当 $Pe > 0$ 时，流体沿正 x 方向流动，当 Pe 很大时，对流-扩散问题演变为纯对流问题，扩散作

用可以忽略；当 $Pe<0$ 时，情况正好相反。

此外，假定：①在控制体的界面 e、w 处，$A_w = A_e = A$；②方程右端的扩散项，总是用中心差分格式来表示。

于是式（10-35）、式（10-36）可写为

$$F_e\varphi_e - F_w\varphi_w = D_e(\varphi_E - \varphi_P) - D_w(\varphi_P - \varphi_W) \tag{10-37}$$

$$F_e - F_w = 0 \tag{10-38}$$

为简化问题，假定速度场已通过某种方式变为已知，则 F_e、F_w 便已知。为了求解方程（10-37），需要计算广义未知量 φ 在界面 e、w 处的值。

2. 中心差分格式

中心差分格式，是指界面上的物理量采用线性插值公式来计算。对于一给定的均匀网格，写出控制体积界面上物理量 φ 的值。即

$$\varphi_e = \frac{\varphi_P + \varphi_E}{2}, \quad \varphi_w = \frac{\varphi_P + \varphi_W}{2}$$

将上式代入式（10-37）中的对流项，而扩散项已采用中心差分格式进行离散。

$$\frac{F_e}{2}(\varphi_P + \varphi_E) - \frac{F_w}{2}(\varphi_W + \varphi_P) = D_e(\varphi_E - \varphi_P) - D_w(\varphi_P - \varphi_W)$$

上式改写为

$$\left[\left(D_w - \frac{F_w}{2}\right) + \left(D_e + \frac{F_e}{2}\right)\right]\varphi_P = \left(D_w + \frac{F_w}{2}\right)\varphi_W + \left(D_e - \frac{F_e}{2}\right)\varphi_E$$

引入连续性方程的离散形式（10-38），上式变为

$$\left[\left(D_w - \frac{F_w}{2}\right) + \left(D_e + \frac{F_e}{2}\right) + (F_e - F_w)\right]\varphi_P = \left(D_w + \frac{F_w}{2}\right)\varphi_W + \left(D_e - \frac{F_e}{2}\right)\varphi_E$$

将上式中 φ_P、φ_W、φ_E 前的系数分别用 a_P、a_W、a_E 表示，得到中心差分格式的对流-扩散方程的离散方程，即

$$a_P\varphi_P = a_W\varphi_W + a_E\varphi_E + b \tag{10-39}$$

其中，$a_W = D_w + F_w/2$，$a_E = D_e - F_e/2$，$a_P = a_W + a_E + (F_e - F_w)$。

依此可以写出所有网格节点（控制体积中心点）上的式（10-39）形式的离散方程，从而组成一个线性代数方程组，求解这一方程，可得未知量 φ 在空间的分布。

可以证明，当 $Pe<2$ 时，中心差分格式的计算结果与精确解基本吻合。但当 $Pe>2$ 时，中心差分格式所得的解就完全失去了物理意义。

3. 一阶迎风格式

在中心差分格式中，界面 w 处物理量 φ 的值总是同时受到 φ_P、φ_W 的共同影响。在一个对流占主导地位的由西向东的流动中，上述处理方式明显是不合理的。这是由于 w 界面应该受到来自于节点 W 比来自于 P 更强烈的影响。迎风格式在确定界面的物理量时，考虑了流动方向，如图 10-11 所示。

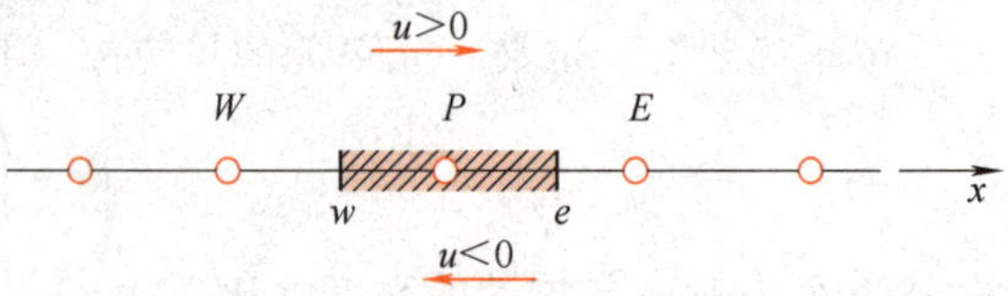

图 10-11 一阶迎风格式示意图

一阶迎风格式规定：因对流造成的界面上的 φ 值被认为等于上游节点（即迎风侧节点）

的 φ 值。于是，当流动沿着正方向，即 $u_w>0$、$u_e>0$（$F_w>0$、$F_e>0$）时，取

$$\varphi_w=\varphi_W, \quad \varphi_e=\varphi_P$$

式（10-37）变为

$$F_e\varphi_P-F_w\varphi_W=D_e(\varphi_E-\varphi_P)-D_w(\varphi_P-\varphi_W)$$

同样，引入连续性方程的离散形式（10-38），上式变为

$$[(D_w+F_w)+D_e+(F_e-F_w)]\varphi_P=(D_w+F_w)\varphi_W+D_e\varphi_E$$

当流动沿着负方向，即 $u_w<0$、$u_e<0$（$F_w<0$、$F_e<0$）时，一阶迎风格式取

$$\varphi_w=\varphi_P, \quad \varphi_e=\varphi_E$$

离散方程（10-37）变为

$$F_e\varphi_E-F_w\varphi_P=D_e(\varphi_E-\varphi_P)-D_w(\varphi_P-\varphi_W)$$

即

$$[D_w+(D_e-F_e)+(F_e-F_w)]\varphi_P=D_w\varphi_W+(D_e-F_e)\varphi_E$$

综合以上方程，将式中 φ_P、φ_W、φ_E 前的系数分别用 a_P、a_W、a_E 表示，得到一阶迎风格式的对流-扩散方程的离散形式，即

$$a_P\varphi_P=a_W\varphi_W+a_E\varphi_E \tag{10-40}$$

其中，$a_P=a_W+a_E+(F_e-F_w)$，$a_W=D_w+\max\{F_w,0\}$，$a_E=D_e+\max\{0,-F_e\}$。

这一格式中，界面上未知量恒取上游节点的值，而中心差分则取上、下游节点的算术平均值，这是两种格式间的基本区别。由于这种迎风格式具有一阶精度，因而称作一阶迎风格式。

4. 二阶迎风格式

二阶迎风格式（图10-12）与一阶迎风格式的相同点在于，两者都通过上游单元节点的物理量来确定控制体积界面的物理量。但二阶迎风格式不仅要用到上游最近一个节点的值，还要用到另一个上游节点的值。

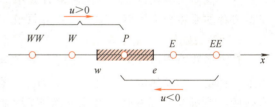

图 10-12　二阶迎风格式示意图

二阶迎风格式规定，当流动沿着正方向，即 $u_w>0$、$u_e>0$（$F_w>0$、$F_e>0$）时，有

$$\varphi_w=1.5\varphi_W-0.5\varphi_{WW}, \quad \varphi_e=1.5\varphi_P-0.5\varphi_W$$

离散方程（10-37）为

$$F_e(1.5\varphi_P-0.5\varphi_W)-F_w(1.5\varphi_W-0.5\varphi_{WW})=D_e(\varphi_E-\varphi_P)-D_w(\varphi_P-\varphi_W)$$

整理得

$$(1.5F_e+D_e+D_w)\varphi_P=(1.5F_w+0.5F_e+D_w)\varphi_W+D_e\varphi_E-0.5F_w\varphi_{WW}$$

当流动方向沿着负方向，即 $u_w<0$、$u_e<0$（$F_w<0$、$F_e<0$）时，有

$$\varphi_w=1.5\varphi_P-0.5\varphi_E, \quad \varphi_e=1.5\varphi_E-0.5\varphi_{EE}$$

离散方程为

$$F_e(1.5\varphi_E-0.5\varphi_{EE})-F_w(1.5\varphi_P-0.5\varphi_E)=D_e(\varphi_E-\varphi_P)-D_w(\varphi_P-\varphi_W)$$

整理得

$$(D_e-1.5F_w+D_w)\varphi_P=D_w\varphi_W+(D_e-1.5F_e-0.5F_w)\varphi_E+0.5F_e\varphi_{EE}$$

综合以上各式，将式中 φ_P、φ_W、φ_{WW}、φ_E、φ_{EE} 前的系数分别用 a_P、a_W、a_{WW}、a_E、a_{EE} 表示，得到二阶迎风格式的对流-扩散方程的离散形式，即

$$a_P\varphi_P=a_W\varphi_W+a_{WW}\varphi_{WW}+a_E\varphi_E+a_{EE}\varphi_{EE} \tag{10-41}$$

其中

$$a_P = a_E + a_W + a_{EE} + a_{WW} + (F_e - F_w)$$
$$a_W = D_w + 1.5\alpha F_w + 0.5\alpha F_e$$
$$a_E = D_e - 1.5(1-\alpha)F_e - 0.5(1-\alpha)F_w$$
$$a_{WW} = -0.5\alpha F_w$$
$$a_{EE} = 0.5(1-\alpha)F_e$$

当流动沿着正方向，即 $F_w>0$ 及 $F_e>0$ 时，$\alpha=1$；当流动沿着负方向，即 $F_w<0$ 及 $F_e<0$ 时，$\alpha=0$。

二阶迎风格式可以看作是在一阶迎风格式的基础上，考虑了物理量在节点间分布曲线的曲率影响，其离散方程具有二阶精度。这一格式的显著特点是，单个方程不仅包含了相邻节点的未知量，还包括了相邻节点旁边的其他节点的物理量。

四、有限体积法的四条基本原则

1. 控制体积交界面上的连续性原则

当一个表面为相邻的两个控制体积所共有时，在这两个控制体积的离散方程中，通过该界面的通量（包括热通量、质量流量、动量流量）的表达式必须相同。显然，对于某特定界面，从一个控制体积所流出的热通量，必须等于进入相邻控制体积的热通量，否则，总体平衡就得不到满足。

2. 正系数原则

在任何输运过程中，物理量总是连续地变化的。计算域内任一物理量升高时，必然引起邻近点相应物理量的升高，而决不能降低，否则连续性将被破坏。

这一性质反映在标准形式的离散方程中，所有变量系数的正负号必须相同。不妨规定：离散方程的系数全为正值，称为正系数原则。

3. 源项线性化负斜率原则

在大多数物理过程中，源项及应变量之间存在负斜率关系。如果 S_P 为正值，物理过程可能不稳定。如在热传导问题中，S_P 为正，意味着 T_P 增加时，源项热源也增加，如果没有有效的散热机构，可能会反过来导致 T_P 增加。如此反复下去，造成温度飞升的不稳定现象。从数值计算角度看来，保持 S_P 为负，可避免出现计算不稳定和结果不合理的现象。

4. 系数 a_P 等于相邻节点系数和原则

控制方程一般是微分方程，除源项外，变量 φ 都以微分形式出现。若 φ 是控制方程的解，则 $\varphi+C$ 也一定是这个方程的解。微分方程的这一性质也必须反映在相应的离散代数方程中。因此由式（10-32b）可知，a_P 应等于各相邻节点系数之和。这样当 φ_P 和所有的 φ_{nb} 增加常数 C 时，式（10-32b）仍然满足。因此，可表示为中心节点的系数 a_P 必须等于所有相邻节点系数之和，即 $a_P = \sum a_{nb}$。

习 题

10-1 计算流体力学的基本任务是什么？

10-2 研究微分方程通用形式的意义何在？请分析微分方程通用形式中各项的意义。

10-3 常用的商用 CFD 软件有哪些？特点如何？

10-4 讨论扩散方程 $\dfrac{\partial u}{\partial t}=\beta\dfrac{\partial^2 u}{\partial x^2}$ 的差分格式

$$\frac{3}{2}\frac{u_i^{n+1}-u_i^n}{\Delta t}-\frac{1}{2}\frac{u_i^n-u_i^{n-1}}{\Delta t}=\beta\frac{u_{i+1}^{n+1}-2u_i^{n+1}+u_{i-1}^{n+1}}{\Delta x^2}$$

的精度 ($\beta>0$)。

10-5 讨论一元对流方程

$$\frac{\partial u}{\partial t}+\alpha\frac{\partial u}{\partial x}=0$$

分别构造一阶显式、隐式迎风格式。

10-6 简述有限体积法的基本思想，说明使用的网格有何特点。

10-7 对方程 $K\dfrac{\mathrm{d}^2 T}{\mathrm{d}x^2}+\dfrac{\mathrm{d}K}{\mathrm{d}x}\dfrac{\mathrm{d}T}{\mathrm{d}x}+S=0$，采用均匀网格 $\Delta x=(\delta x)_e=(\delta x)_w$ 推导有限体积法的离散方程。其中 K 是 x 的函数，$\dfrac{\mathrm{d}K}{\mathrm{d}x}$ 为已知。可令 $\dfrac{\mathrm{d}T}{\mathrm{d}x}=\dfrac{T_E-T_W}{2\Delta x}$，$\dfrac{\mathrm{d}^2 T}{\mathrm{d}x^2}=\dfrac{T_E+T_W-2T_P}{(\Delta x)^2}$。

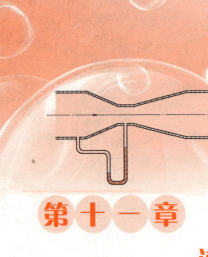

第十一章 流体力学实验技术

> **本章要点及学习要求**
>
> **本章要点**：本章介绍压强、速度和流量的测量原理及方法，流动显示技术及流体力学实验设备。
>
> **学习要求**：基本测量仪表有压强测量的液柱式测压计、测压探针等；速度测量的风速杯、毕托管、五孔球形探头等；流量测量的椭圆齿轮流量计、文丘里流量计、涡轮流量计、电磁流量计等。现代测试仪器有热线风速仪、激光多普勒测速仪等。基本流动显示方法有水流中的着色法、气泡法、悬浮物法，气流中的烟流法、丝线法、油膜法等。现代流动显示方法有计算流动显示、高速摄影技术等。基本实验设备有风洞、水洞等。

本章主要介绍流体的压强、速度、流量的测量方法，流动显示技术，常用实验设备，如风洞、水洞等。流动参数测量中，直接应用流体力学原理的有测压管、U形测压计、毕托管、文丘里管等，利用电学、光学原理的有压力传感器、热线风速仪、激光多普勒测速仪等。

第一节 流动参数测量

一、压强的测量

压强测量是流体力学实验中最基本的测量，测量压强的仪表通常可分为两类：一类是液柱式测压计，原理是将被测压强转换成液柱高度进行测量；另一类是用对压力敏感的固体元件构成的测压计，包括晶体、膜片、薄壁管等。

1. 液柱式测压计

常用的液柱式测压计有测压管、U形测压计、U形差压计、倾斜式微压计和多管式测压计等。其中测压管、U形测压计、U形差压计、倾斜式微压计的测量原理已在流体静力学一章中进行了介绍。

在实验中经常要测量很多点的压强，如物体表面压强分布测量，需采用多管式测压计。多管式测压计的原理与倾斜式微压计相同，如图11-1所示。多管式测压计所用的工作液体通常是酒精。

2. 压敏元件测压计

压敏元件测压计包括机械式压力计和压力传感器。

（1）波尔登压力表　波尔登压力表又称弹簧管压力表，属于机械式压力计，主要用于测量静压强。图 11-2 所示为波尔登压力表的结构示意图，它的压敏元件是一根弯曲具有弹性的薄壁扁形金属管，称为波尔登管或弹簧管。当管内充满有压流体时，波尔登管向外张开使端部发生位移，带动传动机构使指针偏转，在表盘上指示压强读数。

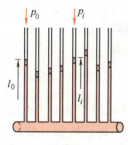

图 11-1　多管式测压计

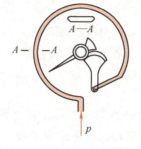 

图 11-2　波尔登压力表的结构示意图

（2）压力传感器　在很多实际问题中，压强往往不是一个恒定的数值，而是一个随时间变化的动态量。要测量这些变化迅速的动态压强（如脉冲压强、冲击压强等），则必须把弹性敏感元件感受到的压强信号用压力传感器转换为电信号。常见的压力传感器有电阻式、应变式、电感式、电容式、压阻式、压电式等多种形式。图 11-3 所示为应变式压力传感器原理图。

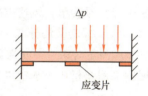

图 11-3　应变式压力传感器原理图

3. 测压探针

（1）静压的测量　测量模型表面静压强时，在壁面上开垂直小孔，通过传压管把该点的静压强引出流场外进行测量。测压孔内的压强代表壁面上的流体静压强，小孔称为静压孔，如图 11-4 所示。通常取小孔直径 $d=0.5\sim1.0\mathrm{mm}$，小孔深度 $h>3d$，测压孔轴与壁面垂直，孔内壁光滑，孔口无毛刺。

对运动流体中静压强的测量，可以利用静压探针（或静压管），将其插入流体中，进行流体静压的测量。

图 11-5 所示为 L 形静压探针，前端封闭且呈半球形，在离端部一定距离的管壁上，沿圆周等间距开 4~8 个小孔，孔径通常取 0.3~0.5mm，小孔的轴线与管轴线垂直。测量时静

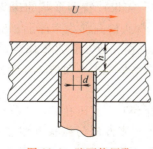 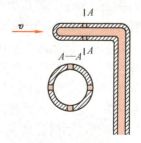

图 11-4　壁面静压孔　　　　　　　图 11-5　L 形静压探针

压探针应对准来流方向,轴线与来流的夹角应小于 5°,否则易产生较大误差。

(2) 总压的测量 总压也称驻点压强,即流动受到滞止、速度降到零时的压强。利用插入流体中的总压探针(总压管)来测量总压。

L 形总压探针是使用最广泛、结构最简单的总压探针(图 11-6),测量时总压探针对准来流方向,轴线与来流的夹角应小于 5°,否则易产生较大误差。

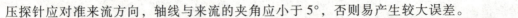

图 11-6 L 形总压探针

二、速度的测量

速度是描述流体运动的重要参数。对于流场中某一点速度的测量,用得较多的是毕托管、热线(膜)风速仪和激光多普勒测速仪。

1. 普通测速方法

最普通的测量流体速度的方法是示踪法,如根据水面上漂浮物的移动速度判断水的流速,在水文测量中根据浮标运动确定水流的方向及速度,空气中根据气球的运动判断流速。但只有在示踪物与流体运动同步的条件下才能做定量测量,否则只能做定性观察。

(1) 风速杯 测量风速的常用仪器是风速杯(图 11-7),风速杯测量的空气速度可在测速表上直接读出,风速方向由风速杯顶部的风向指针给出。

(2) 螺旋桨测速仪 螺旋桨测速仪桨叶可以正反转,分别指示正反方向的流速(图 11-8)。测量时桨叶需正对流动方向,为此在尾部安装导流板,以保证与流动方向保持一致。螺旋桨测速仪用于水中也称为水翼测速仪。

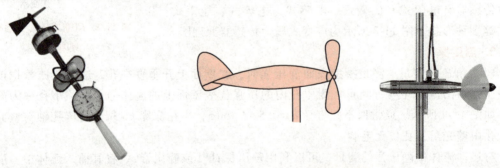

图 11-7 风速杯   图 11-8 螺旋桨测速仪

(3) 毕托管 毕托管是实验室最常用的测量点流速的仪器,是由总压管和静压管复合而成的测速探头,测量原理在流体动力学基础一章已进行了较详细的介绍。

(4) 方向探头 为了让测压管能辨别来流的方向,需设计特别形状的探头,称为方向探头。最常用的探头为图 11-9a 所示的五孔球形探头,探头的头部为半球形,上面按十字形分布开有五个测压孔。上下两个测压孔(1、3)用来测量气流在垂直平面内的气流方向与探头轴线之间的夹角 α,左右两个测压孔(4、5)用来测量在水平面内的气流方向与探头轴线之间的夹角 β,每个孔均有导管将压强引出。

五孔球形探头测量流向的原理是:假定半球形头部和五个测压孔的加工都非常精确,当气流顺着探头的轴线流动时,则 $p_1=p_3=p_4=p_5$。而当气流方向与探头轴线之间有偏角时,则会引起半球形头部的表面压强发生变化。α 与 p_1-p_3 有关,β 与 p_4-p_5 有关。此时若转动

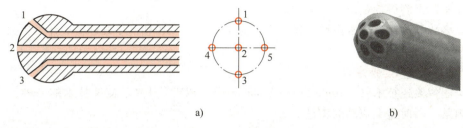

图 11-9 方向探头

探头，使 $p_1=p_3$、$p_4=p_5$，探头轴线即为来流方向。除了五孔球形探头外，七孔锥形探头（图 11-9b）也应用较多。

2. 热线风速仪

热线风速仪的基本原理是：对细金属丝或金属薄膜通电加热，使其温度高于流体温度，当流体沿垂直方向流过金属丝时，将带走金属丝的部分热量，温度下降。利用它的冷却率与流体速度的函数关系来测量流速，因此将此金属丝称为热线。热线风速仪由探头和放大电路两部分组成。探头有热线式和热膜式两种，它们的工作原理相同，结构形式多种多样，热线式适用于气体，热膜式适用于液体。图 11-10 所示为其中的一种热线探头。

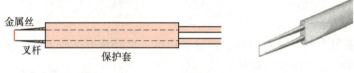

图 11-10 热线探头

热线风速仪的电压与流速关系为

$$U^2 = A + B\sqrt{v} \tag{11-1}$$

式中，U 为热线的输出电压；A、B 为与热线的电阻温度系数有关的物理常数，由实验确定；v 为流体的速度。

3. 激光多普勒测速仪

激光多普勒测速仪测量悬浮在流体中随流体一同运动的散射粒子的速度，用来表示流体本身的速度。

图 11-11 所示为多普勒频移示意图，设固定激光器发出的入射光（单色光）的频率为 f_0，激光束照射到随流体一起运动的微粒 P 上，微粒成为一个散射中心。由于微粒与光源存在相对速度 v，微粒散射光与入射光发生第一次频移。若用固定的光接收器接收微粒散射光，由于微粒与接收器之间存在相对速度 $-v$，接收器接收到的频率 f_s 是微粒散射光发生第二次频移后的频率。从入射光到接收器接收到的散射光之间的总频移 $f_D = f_0 - f_s$ 称为多普勒频移。多普勒频移与微粒速度存在比例关系，即

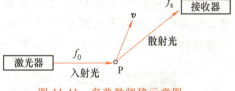

图 11-11 多普勒频移示意图

$$v = k f_D \tag{11-2}$$

式中，k 为由测速仪光学系统和微粒运动方向决定的常数。

激光多普勒测速仪利用流场中运动微粒散射光的多普勒频移来测量速度，由于流体分子的散射光很弱，为了得到足够的光强，必须在流体中散播适当尺寸和浓度的微粒作为示踪粒

子，因此实际上测得的是微粒的运动速度。

激光多普勒测速仪通常由激光器、入射光学单元、多普勒信号处理器、计算机数据处理系统四个部分所组成。

4. 粒子图像测速技术

粒子图像测速技术（Particle Image Velocimetry，PIV）是光学测速技术的一种，它可获得视场内某一瞬时整个流动的信息。

（1）基本原理　PIV测速的原理（图11-12）既直观又简单，通过测量某时间间隔内示踪粒子移动的距离来测量粒子的平均速度。

脉冲激光束经柱面镜和球面镜组成的光学系统形成很薄的片光源。在时刻 t_1 照射流体形成很薄、很亮的流动平面，用垂直放置的照相机记录视场内该流动平面上粒子的图像。

在时刻 t_2 重复上述过程，得到该流动平面上的第二张粒子图像。对比两张照片，识别出同一粒子在两张照片上的位置，测量出在该流面上粒子移动的距离，则 Δt 时间内粒子移动的平均速度为

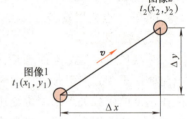

图11-12　PIV测速基本原理

$$v_x = \frac{x_2 - x_1}{t_2 - t_1}, \quad v_y = \frac{y_2 - y_1}{t_2 - t_1} \tag{11-3}$$

对该流动平面所有粒子进行识别、测量和计算，得到整个流面上的速度分布。

（2）PIV系统的基本构成　根据工作原理，PIV系统由光学成像系统、同步控制器和数据处理系统组成，如图11-13所示。

5. 相位多普勒测速技术

1982年开发出的相位多普勒粒子分析仪（PDPA），能同时测量粒子的速度和直径，经过30多年的发展和完善，相位多普勒粒子分析仪已日渐成熟，成为公认同时测量球形粒子尺寸和速度的标准方法。图11-14所示为PDPA装置。

图11-13　典型PIV系统的组成

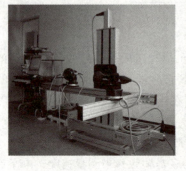

图11-14　PDPA装置

在 PDPA 系统中，激光束被分成两束等强度的光，然后用一个发射透镜使这两束光聚焦。穿过焦点的粒子散射光被接收器接收，在接收器上设置一接收孔，以使穿过焦点处的粒子的散射光照射到探测器上，用两个探测器同时测量粒子的大小和速度。

三、流量的测量

流量测量有直接测量和间接测量两种。直接测量是测量出某一时间间隔内流过的流体总体积，求出单位时间内的平均流量，常用于校验其他形式的流量计；间接测量是先通过测量与流量有对应关系的物理量，然后求出流量。下面介绍几种常见的流量计。

1. 容积式流量计

容积式流量计是把被测流体用一个精密的计量容积进行连续计量的一种流量计，属于直接测量型流量计。根据标准容器的形状及连续测量的方式不同，容积式流量计有椭圆齿轮流量计、罗茨流量计和齿轮马达流量计等。图 11-15 所示为椭圆齿轮流量计及原理图。

容积式流量计的测量精度不会随流体的种类、黏度、密度等特性而变化，也不会受流动状态的影响，因此通过校正可得到非常高的测量精度。

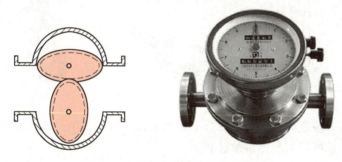

图 11-15　椭圆齿轮流量计及原理图

2. 差压式流量计

差压式流量计是以被测流体流经节流装置所产生的压差来测量流量的一种流量计，常用的有文丘里流量计、孔板流量计等。

（1）文丘里流量计　文丘里流量计由收缩段、喉管和扩散段三部分组成，如图 11-16 所示。在收缩段进口断面和喉管断面处接压差计。流量计算公式为

$$q_V = \mu \frac{A_2}{\sqrt{1-\left(\frac{A_2}{A_1}\right)^2}} \sqrt{2gh\frac{\rho'-\rho}{\rho}} \quad (11\text{-}4)$$

式中，μ 为文丘里流量计的流量系数，由实验标定。

标准文丘里流量计取 $d_2/d_1 = 0.5$，扩散角取 $8°\sim15°$。安装时，文丘里流量计上、下游直管段长度分别为 10 倍、6 倍管径。

（2）孔板流量计　孔板流量计如图 11-17 所示，流量计算公式为

$$q_V = \mu A \sqrt{2gh\frac{\rho'-\rho}{\rho}} \quad (11\text{-}5)$$

式中，A 为孔板的孔面积；μ 为孔板流量计的流量系数，由实验标定。

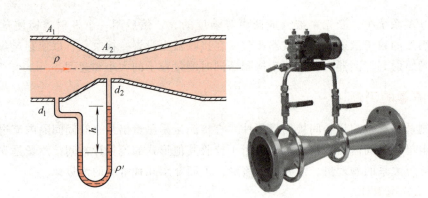

图 11-16 文丘里流量计

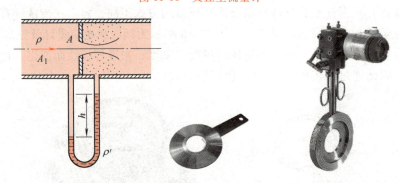

图 11-17 孔板流量计

由于孔板水流收缩急剧,紊动混掺强烈,能量损失较大,故孔板的流量系数较小。孔板流量计前后直管段长度与文丘里流量计相同。

3. 转子流量计

转子流量计主要由一个锥形管和可以上下自由移动的浮子组成,如图 11-18 所示。流量计两端用法兰垂直安装在测量管路中,流体自下而上地流过流量计并推动浮子,在稳定情况下,浮子悬浮的高度与通过的流量之间有一定的比例关系,根据浮子的位置直接读出通过流量计的流量。

图 11-18 转子流量计

4. 堰板流量计(量水堰)

对于明渠流动,常采用堰板流量计进行流量测量。测量原理是:根据堰上水头 H 与流量 q_V 之间存在一定的关系,通过实验得出流量公式,应用时只要测得堰上水头就可计算出流量。测量堰板上游的水头 H 时,测针应安装在距堰板上游大于 $5H$ 处。

根据堰口形状的不同,堰板流量计分为矩形堰、梯形堰、三角形堰三种,如图 11-19 所示。

矩形堰板流量计和梯形堰板流量计流量公式为

$$q_V = m\sqrt{2g}\,bH^{1.5} \tag{11-6}$$

对常用的直角三角形堰板流量计($\theta = 90°$),流量公式为

第十一章 流体力学实验技术

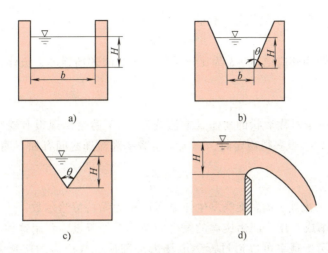

图 11-19　堰板流量计
a) 矩形堰　b) 梯形堰　c) 三角形堰　d) 堰流示意

$$q_V = mH^{2.5} \tag{11-7}$$

式中，q_V 为过堰流量；H 为堰上水头；b 为堰宽；m 为流量系数，由实验测定，也可由经验公式计算。

三角形堰板流量计是利用不同夹角缺口来测流量，与矩形堰板流量计相比，在同样流量下相应堰顶水头较大，在较小流量时测量精度较高。

5. 涡轮流量计

涡轮流量计将涡轮置于被测流体中，利用流体流动的动压使涡轮旋转，涡轮的旋转速度与平均流速大致成正比，因此由涡轮的转速可以求得瞬时流量，由涡轮转数的累计值可求得累积流量。涡轮流量计如图 11-20 所示，涡轮的转速采用非接触磁电传感器测出。

6. 电磁流量计

电磁流量计是根据电磁感应定律制成的一种测量导电液体体积流量的仪表，如图 11-21 所示。套在管壁上的线圈在管道内产生均匀的磁场，当导电液体通过时，位于管径方向的一对电极可测出感应电

图 11-20　涡轮流量计

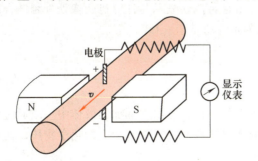

图 11-21　电磁流量计

压，感应电压与管道内平均流速或流量呈线性关系，即

$$q_V = kE \tag{11-8}$$

式中，q_V 为流量；E 为感应电压；k 为比例系数，与线圈磁场强度、流体的电导率、管道尺寸等有关。

7. 旋涡流量计

在流体中放入一个对称形状的物体（非流线型），下游会出现很有规律的旋涡列，称为卡门涡街（图 11-22）。当涡街稳定时，涡街发生频率和流速之间有如下关系，即

$$f = Sr \frac{v}{d} \tag{11-9}$$

式中，f 为频率；v 为流速；d 为旋涡发生体宽度；Sr 为斯特劳哈尔数。

由于流速与频率成正比，测出旋涡的发生频率可求得流量。利用这种原理制成的流量计称为旋涡流量计。涡街频率可以通过检测流场内局部速度或压力的变化来获得，如利用热线、超声波等。

旋涡流量计可用于气体或液体的流量测量，并且不受流体温度、压力、密度、成分、黏度等参数的影响。

图 11-22 旋涡流量计

第二节 流动显示技术

流动显示是实验流体力学的一个重要组成部分，主要任务是把流动的某些性质加以直观表示，以便对流动获得较全面的认识。如向水流中加入塑料小球、染色流体，风洞中引入烟气等显示流动。

流动显示通常分为常规和计算机辅助两大类。常规流动显示方法有示踪粒子法、氢气泡法、油膜法等。计算机辅助的流动显示是将流动显示与计算机图像处理相结合的方法，有粒子图像测速技术（PIV）、激光诱发荧光流动显示（LIF）等。

一、水流显示方法

1. 着色法

流体流动中流线的标记可借助于染料，染料可由外部加到液体中，或通过液体内发生的化学反应产生。后一种情况下要求液体以溶液形式携带有相应的化学物质，而且在流动的适当位置上引发生成染料的化学反应。

将有颜色的液体引入水中，可观察到水的流动状态（见雷诺实验）。有色液体可由放在

流场中的小管或模型壁上开的小孔注入,用小管注入时需放在离模型上游较远处,使对流动干扰减至最小。

有色液体可以是墨水、牛奶、高锰酸钾和苯胺颜料的酒精溶液等。其中牛奶不仅颜色清楚(乳白色),而且牛奶中含有脂肪,在水中不易扩散,因此稳定性较好。

将有色液体注入水中,应使注入的速度在大小和方向上与当地水流一致。当有色液体在流动中沿着某一条线传播时,它将与周围的液体混合,染色线的清晰度减小,尤其在湍流流动中。因此,这种方法主要限于层流流动或低速流动中,不适宜显示非定常的或有旋涡的流动。

2. 悬浮物及漂浮物法

用固体材料微粒或油滴混在水流中来观察水流的流动情况。这些悬浮物有与水密度相近的各种材料微粒、铝粒、蜡与松脂的混合物颗粒等。

若将一个柱体垂直放在水中,当水面不出现波浪时,水下的流动情况和水面的流动情况相同。这时在水面上撒些漂浮的粉末就可以观察到流动图形。这些粉末可以是铝粉、石松子粉、纸花或锯木屑等。实验时要求自由表面非常干净,否则表面张力的作用使这些粉末靠拢在一起。用石蜡涂在物体表面,可消除水面对物体的表面张力作用,以便更好地显示物体表面附近的流动。

3. 空气泡法

空气泡法是利用含气水流所形成的空气泡为示踪介质的一种流动显示方法,可用来做流动的定性观察和某些定量测量。采用窄缝过水流道等方法产生负压吸入适量的空气,微小空气泡随水流运动形成一条条流线,在灯光的照射下清晰可见,从而能稳定地显示流动状态。图11-23 所示为用空气泡法显示的钝头物体绕流图像。

图 11-23 用空气泡法显示的钝头物体绕流图像

4. 氢气泡法

氢气泡法是在水洞、水槽中利用细小的气泡作为示踪粒子显示流动的一种方法。利用氢气泡法可以方便地对各种复杂流动进行定性观察或定量测量。

在水中产生气泡的最简单方法是在水槽中放入合适的电极直接电解水溶液,在负极上产生氢气泡,在正极上产生氧气泡。由于生成的氢气泡的尺寸比氧气泡小得多,所以只利用氢气泡作为示踪粒子来显示流动。图11-24 所示为利用氢气泡法显示的旋涡。

二、低速气流显示方法

在低速气流中显示流动的常用方法有烟流法、丝线法、油膜法等。

1. 烟流法

烟线是显示气体流场的手段之一。在气流中引入

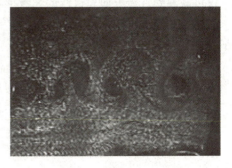

图 11-24 利用氢气泡法显示的旋涡

煤烟或有色气体，可以观察到气流的流动图形，引入烟流的速度在大小和方向上均应和当地气流一致。烟流法可显示物体绕流、尾迹流、卡门涡街、自由射流等。

术语"烟"并不限于燃烧产物，如用电炉将煤油加热，或者燃烧木材、卫生香、烟草等，它还包括水汽、蒸汽、气溶胶、雾以及示踪粒子等，也可以引入碘气、氯气等有色气体，或者用四氯化碳或四氯化锡液体，这两种氯化物在室温下是液体，但是暴露在空气中就会和空气中的水蒸气起化学作用，产生包括氧化盐、盐酸和水的小雾点，悬挂在空气中，可观察到顺气流的一条白线，放烟时间可维持数分钟之久。

图 11-25 所示为小型二元烟风洞，在模型前放置梳状导管，实验时由梳状导管喷出的烟和气流一起流过模型，形成可见的流谱。

图 11-26 所示为在烟风洞中所拍摄的翼型绕流的流谱。在翼型尾部区域，烟流被冲散，反映流动极不规则，出现旋涡区。

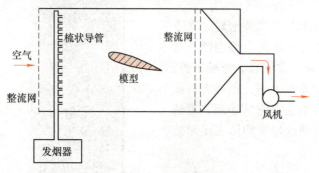
图 11-25 小型二元烟风洞

图 11-26 翼型绕流的流谱

2. 丝线法

丝线法是风洞实验中常用的流动显示方法之一，在模型的表面贴一族适当长度的丝线，每根丝线指示所在位置点的流向。丝线法可用于观察边界层内的流动情况，判别分离流动及旋涡。如将丝线贴在泵和水轮机过流部件的表面上，这些丝线在水流作用下，能准确地指示出水流的方向及分离的区域。

根据选用的丝线材料、丝线形式和它在空间布置方法的不同，有常规丝线法、荧光微丝法、流动锥法、丝线网格法等。在常规丝线法中，通常将轻而柔软的丝线（如羊毛、针织纱线、缝纫线等）的一端挂在气流中或黏附在物体表面上，另一端可以自由活动。这样不仅可观察到气流方向和流线的大致形状等，还可根据丝线有无摆动，以及摆动是否剧烈来判断物体表面上产生的分离、旋涡等。图 11-27 所示为丝线法显示的绕三角翼的流动情况。

3. 油膜法

油膜法是在过流部件表面上涂上油性涂料，通过观察流体流过涂料时所留下的痕迹，来研究表面附近流动的一种方法。这和从雪地或沙地上的条纹来推断风的流动情况一样。

油膜法适用的流速范围广，不干扰流动，可获得物体表面的全部情况。对于三元拐角区的流动显示具有独特优点。在流场内存在物体表面的分离区时，该方法还能观察到分离线和二次附着线。

油膜法只能进行定性的流动观察，对于不稳定流动的图形不能进行正确显示。图 11-28 所示为螺旋离心泵叶轮的油膜显示。

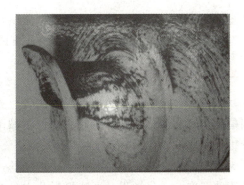

图 11-27 丝线法显示的绕三角翼的流动情况　　图 11-28 螺旋离心泵叶轮的油膜显示

三、流动显示新技术简介

最近发展起来的几种显示流动的新方法有激光诱发荧光法、激光分子测速技术和压力传感方法等，这些方法的出现得益于光学技术、传感技术和计算机技术的飞速进步，同时这些方法的出现无疑对复杂流动的研究提供很好的促进。

1. 激光诱发荧光法

激光诱发荧光技术（LIF）是利用某些物质分子或原子在激光照射下能激发荧光的特性来显示和测量流动参数的技术。它可以测定气流的密度、温度、速度、压力和混合物的光分子数。该技术的关键是选择合适的物质与特定波长的激光光源相匹配，以产生足够强度的荧光信号为探测器所接收。

典型的平面激光诱发荧光（PLIF）实验系统由荧光物质及其施放装置、光源、光路系统、图像采集系统和图像处理系统等组成。

2. 激光分子测速技术

激光分子测速技术的基本原理是通过流场中分子与激光场的相互作用，包括散射、吸收、色散、辐射、解离等过程，利用各种线性和非线性光学效应及光学成像技术把流场的物理参数转变为光学参数，通过光学处理而获得流场信息。

激光分子测速技术与其他光学流场测量技术的根本不同点在于它是分子水平的检测，可以最大限度地获取真实流场信息，适合于许多瞬态和微观过程的研究。利用激光进行分子水平的检测，不仅获得流场中空间点的速度、密度、温度、压力、物质的组成、某种物质浓度等参数以及其随时间的变化，还可用于对整个流场的二元和三元结构及各点参数的研究，有很高的灵敏度和精确性。

四、计算流动显示技术

计算流动显示是近年来流动显示技术的一个新领域，也是流体力学领域出现的一个新的研究方向，这一技术已越来越多地得到应用。

计算流动显示技术是用编程的方法将计算流体力学的结果以多种方式（如 X-Y 散点图、矢量图、等值线图、云图、

图 11-29 离心泵叶轮内流体的相对速度图

流线图等）显示到计算机屏幕上，给出流场生动而又准确的描述。图 11-29 所示为用计算流体力学显示的离心泵叶轮内流体的相对速度图。

五、高速摄影技术的应用

高速摄影是把高速运动过程或高速变化过程的空间信息和时间信息联系在一起，进行图像记录的一种摄影方法。

为了观察非定常流场和高速运动流场的每一瞬时的流动图像及变化过程，高速摄影技术是必不可少的手段。高速摄影是采用"快摄慢放"技术将快速变化的流动过程放慢到人眼的视觉暂留时间（约 0.1s）可分辨的程度。普通摄影机的拍摄频率最多达 100 帧/s，高速摄影机的拍摄频率达每秒数千

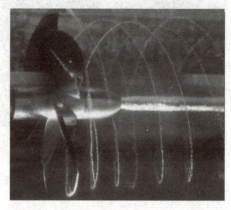

图 11-30　高速旋转螺旋桨的空化现象照片

帧，甚至每秒数万、数亿帧。在空化实验水洞中用频闪光源拍摄到的高速旋转螺旋桨的空化现象照片如图 11-30 所示，从照片中可看到在螺旋桨叶梢上产生的空泡形成的螺旋线。

第三节　流体力学实验设备

流体力学的实验设备有很多种，主要有风洞、水洞等。

一、风洞

1. 风洞的功能与分类

产生人工气流的特殊管道称为风洞。在这个管道中，速度最大、最均匀的一段称为风洞的实验段。实验时用支架把模型固定在实验段中，当气流吹过模型时，作用在模型上的气动力通过与支架相连的测力机构传给测量仪器，从而获得模型在各种状态下的气动力。

利用风洞可以对流体力学的一些基本流动规律进行实验研究。在航空航天方面，利用风洞进行各种飞行器或其他部件的升阻力实验、压强分布实验等，以确定飞行器的气动力特性，为飞行器的设计提供依据。工业方面利用风洞进行房屋及桥梁的风压、高压电线风载、各种交通工具的气动阻力以及叶片的力学性能等的实验。

按实验段中气流速度的大小，风洞可分为低速风洞（气流的马赫数 $Ma \leqslant 0.3$）、亚声速风洞（$0.3 < Ma < 0.8$）、跨声速风洞（$0.8 \leqslant Ma \leqslant 1.5$）、超声速风洞（$1.5 < Ma \leqslant 4.5$）和高超声速风洞（$Ma > 4.5$）等。

2. 低速风洞

低速风洞的基本形式有两种：直流式和回流式风洞。按照实验段结构不同，又分为开口、闭口风洞。低速风洞最常见的形式如图 11-31、图 11-32 所示，回流式风洞与直流式风洞的区别在于多了回流管道。

回流式风洞主要是指气流经过实验后再沿回流管道导回到实验段中去。单回路式是使用最广泛的形式，回流管道的作用主要是使风洞中的气流基本上不受外界大气的干扰（无阵风影响，气流均匀），温度可得到控制，并可以减少对外界的噪声污染。

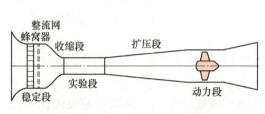

图 11-31 直流式低速风洞示意图

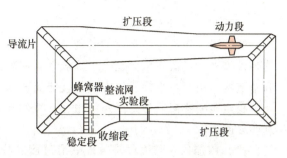

图 11-32 单回路式闭口风洞示意图

回流式需加回流管道、四个拐角和导流片等部件，构造较为复杂。低速风洞按照用途可分为二元风洞、三元风洞、低湍流度风洞、变密度风洞、尾旋风洞、阵风风洞、自由飞风洞、结构风洞、垂直-短距起落实验风洞等。

虽然低速风洞的形式多种多样，但各种低速风洞的主要组成部分和工作原理是基本相同的。现以单回流式风洞为例，对风洞各部件和功用做一简单介绍。

(1) 实验段　实验段是整个风洞的核心，是风洞安放模型进行空气动力实验的地方。要求实验段的气流稳定，速度大小和方向在空间分布均匀，湍流度低，静压梯度低，气流方向与风洞轴线之间偏角尽可能小，装卸模型与进行实验方便。

实验段有闭口和开口之分。开口实验段周围无洞壁，对于实验现象的观察、模型的安装和拆卸以及测量均较为方便，但因实验段内气流与外部空气相互作用，不仅要引起摩擦损失，而且容易产生脉动干扰，使流动变得复杂。闭口实验段与开口实验段相比，情况恰恰相反。

实验段的大小根据实验时所需达到的雷诺数以及堵塞比来定，雷诺数的大小取决于进行哪种类型的实验，堵塞比即模型的迎风面积与实验段横截面面积之比应小于 5%。

低速风洞实验段的横截面形状有长方形、正方形、椭圆形和八角形等，现有风洞采用长方形带切角者居多。一般情况下，开口实验段的长度取实验段当量直径的 1.0~1.5 倍，闭口实验段的长度取实验段当量直径的 2.0~2.5 倍。由于在同样功率下，实验段截面相同时，开口损失比闭口损失大，为了减少损失，开口实验段的长度相对较短。一般闭口实验段沿轴向（气流方向）有扩散角，或沿轴向逐渐减小各截面的四个切角所切除的面积，使横截面面积沿轴向逐渐扩大，减小由于壁面附面层沿轴向增厚而产生的负静压梯度，以符合流场品质的要求。

(2) 扩压段　扩压段是截面积逐渐扩大的一段管道，作用是把气流的动能变为压能，因为风洞功率损失与气流速度的三次方成比例，故气流通过实验段后应尽量减小它的速度，以减少气流在风洞非实验段中的能量损失。

实验结果表明，扩散角一般在 7°~10° 范围内选择。超过这一限度，气流易在扩压段内产生分离。这样不仅要损失能量，还会因气流分离而产生气流脉动。

(3) 导流片　在回流式风洞中，气流沿着风洞洞身循环一次需要转过 4 个 90° 的拐角。气流在拐角处容易发生分离，产生旋涡，导致较大的能量损失。为了改善气流的性能和减小损失，在拐角处布置一系列导流片，把拐角的通道分割成许多狭小的通道，导流片的截面形状与翼剖面（圆弧翼型）相似。

（4）稳定段和整流装置　稳定段是实验段前面的一段横截面相同的大管道，一般都装有整流装置，作用是使来自上游紊乱的不均匀的气流稳定下来，使旋涡衰减，使速度和方向均匀性提高。其截面积大是为了降低气流速度，减小整流造成的损失。整流装置是指蜂窝器和整流网，用于减小旋涡尺度和使气流流速均匀。

稳定段中蜂窝器与整流网的组合，可使气流的湍流度、流动方向和速度分布均匀度都得到明显改善。

（5）收缩段　收缩段是一段顺滑过渡的收缩曲线形管道，作用是将从稳定段流过来的气流进行加速，并有助于提高实验段的流场品质。对收缩段的基本要求是：气流沿收缩段流动时，流速单调增加，在洞壁上要避免分离，收缩段出口处气流分布均匀且稳定。将收缩段进出口的面积比称为收缩比。根据经验，收缩比一般选在4~10之间。

（6）回流段　回流段也是一个面积增大的扩压段，在回路风洞中，它主要作为气流的回路。扩压段将气流的动能部分转换为压能，以减少损失。

（7）动力段　低速风洞一般是采用轴流风扇作为动力，动力段的组成有：动力段外壳（圆截面管段）、风扇动叶轮（由桨毂和若干叶片组成）、电动机、整流罩、静叶等。静叶位于整流罩与外壳之间，在风扇之前的称为预扭片，在风扇之后的称为止旋片或反扭片。电动机可安装于整流罩之内。动力段的作用是向风洞内供给能量，保证气流以一定的速度运转。

（8）坐标架　坐标架是风洞必要的配套设备，作用是固定各种模型、测量探头、模型支架等。根据不同实验的要求，坐标架可以有2个或3个自由度，有的支架还可以倾斜或绕轴旋转。

二、水洞

水洞是一种结构与低速风洞类似的水动力学实验装置（图11-33），用于舰船模型、空化、湍流和边界层等问题的实验研究。

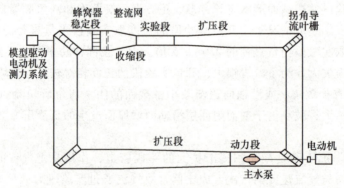

图11-33　水洞示意图

多数水洞采用封闭回流管道，水流在管道中循环使用。它的结构类似于低速风洞，包括稳定段、收缩段、实验段、扩压段、动力段和回流段等部分。实验段是安装模型并进行实验的部件。稳定段装有蜂窝器和整流网，可以起到整流和降低湍流度的作用。收缩段使水流加速，产生合乎要求的流场。扩压段的作用是减速增压，降低流动损失。水洞的动力装置常用轴流式水泵。回流段中设有拐角导流片，以减少能耗，调整水流。

水洞的水一般是循环使用的，需要有水净化装置定期对水做净化处理。因为水中含有大量气泡、杂质，特别是微生物，如果不处理会影响实验和污染洞体。通常将循环水经过过滤系统和水塔处理后再进入洞体。

水洞的形式很多，用于船体和螺旋桨研究的水洞要求有较大的实验段截面积，有自由水面。有的水洞顶部有自由水面，用真空泵抽取空气，调节实验段静压和模型的空化数。研究空化现象的专用水洞要求能产生高速水流，因功耗较大，实验段截面积通常较小。用于湍流和边界层研究的水洞要求水流有很低的湍流度，要求安装特别设计的蜂窝器。

习　题

11-1　用总压探针测量风洞中某点的总压，以水作介质的 U 形差压计测得的压差为 10mm，读数误差为 0.5mm，求读数相对误差。今改用与水平方向成 30°，以水作介质的倾斜式微压计，此时读数数值是多少？如果读数误差仍为 0.5mm，求读数相对误差。

11-2　用毕托管测量输气管道轴心处速度 v，用倾斜式酒精差压计测压差，如图 11-34 所示。已知：$d = 200$mm，$\sin\alpha = 0.2$，$l = 75$mm，毕托管标定常数为 1，求流速 v。（$\rho_{气} = 1.2$kg/m³，$\rho_{酒} = 789$kg/m³）

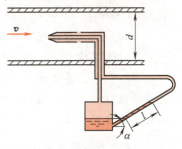

图 11-34　题 11-2 图

11-3　用单管压强计测量某点压强，当工作介质为水时，压强水头读数为 30mm，读数误差为 0.5mm，为提高其测量精度，改用密度为 808kg/m³ 的煤油作为工作介质，读数误差仍为 0.5mm，求此时读数及相对误差。

11-4　简述热线风速仪的基本原理。

11-5　简述粒子图像测速技术的原理。

11-6　直径 $D = 100$mm 的输水水平管中，装有 $d = 60$mm 的孔板来测量流量，节流部位和流量计前的 U 形水银差压计读数为 400mmHg，设流量计系数为 0.65，求此时管中的流量。（$\rho_{汞} = 13590$kg/m³）

11-7　简述转子流量计、文丘里流量计和堰板流量计的工作原理。

11-8　简述流动显示技术中的水流显示方法。

［参考答案］

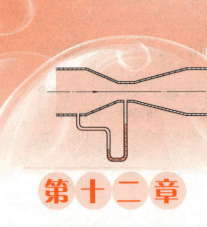

第十二章

气体的一元流动

> **本章要点及学习要求**
>
> **本章要点**：讨论可压缩气体的一元恒定流动。内容包括基本概念，热力学基础知识，一元流动基本方程，一元等熵气流流动参数与滞止参数、临界参数等的关系。
>
> **学习要求**：基本概念有声速，马赫数，收缩喷管、拉伐尔喷管。基本方程有一元恒定流动的连续性方程、运动方程及能量方程。基本计算有一元恒定等熵气流的温度、密度、压强、速度的计算。

气体动力学研究可压缩流体的运动规律及其应用。气体的一元流动是气体动力学中最初步的基本知识，它只讨论气体流动参数（如速度、压强、密度、温度等）在过流断面上平均值的变化规律。大多数工程流动如输气管道、汽轮机、喷管等的流动，均可简化为一元定常流动。用一元模型描述这些流动，既可简化计算，又能正确反映流动的主要特征。

本章介绍气体一元流动的基本概念、流动特性和简单喷管计算。这些知识与工程热力学的关系非常密切。工程热力学着重分析气流的焓熵特性，而气体动力学则着重分析气流的机械能转化。

第一节 热力学基础知识

一、气体状态方程

气体的三个基本状态参数是压强 p、密度 ρ 和温度 T，它们之间的相互关系称为状态方程。对于完全气体，状态方程为

$$p = \rho R T \tag{12-1}$$

式中，p 为绝对压强（Pa）；ρ 为密度（kg/m³）；T 为热力学温度（K）；R 为气体常数，对于空气，$R = 287 \text{J}/(\text{kg} \cdot \text{K})$。

符合方程（12-1）的气体称为完全气体。真实气体在较大的常用温度和压强范围内，均十分接近完全气体。因此，空气、燃气、烟气等常用气体在常用的温度和压强范围内均可看

作完全气体。

二、热力学第一定律

对一个热力学系统,热力学第一定律表述为:对系统所加的热能等于系统热力学能的增加和系统对外所做的功之和。表达式为

$$dq = du + pd\left(\frac{1}{\rho}\right) \tag{12-2}$$

式中,q 为单位质量气体所获得的热能;u 为单位质量气体的热力学能。

三、比热容

气体的状态参数发生变化时,每升高单位温度从外界吸收的热量称为热容。单位质量气体的热容称为比热容,比热容的值与加热过程有关。

气体体积保持不变的加热过程的比热容称为比定容热容,用 c_V 表示,即

$$c_V = \left(\frac{dq}{dT}\right)_V$$

式中,下标 V 表示加热过程中气体体积 V 不变。

气体压强保持不变的加热过程的比热容称为比定压热容,用 c_p 表示,即

$$c_p = \left(\frac{dq}{dT}\right)_p$$

式中,下标 p 表示加热过程中气体压强 p 不变。

比定压热容 c_p 与比定容热容 c_V 的比值 γ 称为比热比,即

$$\gamma = \frac{c_p}{c_V} \tag{12-3}$$

比定压热容、比定容热容、比热比与气体常数之间的关系为

$$c_V = \frac{1}{\gamma-1}R, \quad c_p = \frac{\gamma}{\gamma-1}R, \quad c_p = c_V + R \tag{12-4}$$

在工程计算中,将气体在常温、常压下的 c_V、c_p、γ 的值视为常数,表 12-1 列出了常见气体的物理性质。

表 12-1 常见气体的物理性质(标准大气压,20℃)

气体名称	密度 ρ/(kg/m³)	动力黏度 μ/(10^{-6}N·s/m²)	气体常数 R/[J/(kg·K)]	比定容热容 c_V/[J/(kg·K)]	比定压热容 c_p/[J/(kg·K)]	比热比 γ
空气	1.205	18	287	717	1004	1.40
氧气	1.330	20	260	649	909	1.40
氮气	1.160	17.6	297	743	1040	1.40
氢气	0.084	9	4120	10330	14450	1.40
一氧化碳	1.160	18.2	297	743	1040	1.40
二氧化碳	1.840	14.8	188	670	858	1.28
甲烷	0.668	13.4	520	1730	2250	1.30
水蒸气	0.747	10.1	462	1400	1862	1.33

四、热力学能、焓和熵

气体的热力学能通常指分子热运动所具有的动能,常用单位质量气体的热力学能 u 表示。完全气体的热力学能是温度的单值函数,表示为

$$u = c_V T \tag{12-5}$$

对可压缩气体,热力学能 u 往往与 p/ρ 同时出现,将它们合并用热力学函数 h 表示,称为比焓,比焓是热力学能和压能之和,即

$$h = u + \frac{p}{\rho} \tag{12-6a}$$

利用状态方程以及热力学能的表达式,可得

$$h = c_V T + RT = (c_V + R)T = c_p T \tag{12-6b}$$

热力学函数 s(比熵)的定义用微分的形式给出,即

$$ds = \frac{dq}{T}$$

式中, dq 为单位质量气体所获得的热量,包括外界传入的热量以及气体内部摩擦发热。

对于绝热、无摩擦流动, $dq=0$,因而 $ds=0$,即绝热、无摩擦流动为等熵流动。对于绝热、有摩擦流动, $dq>0$,因而 $ds>0$,即绝热、有摩擦流动为增熵流动。对传热(加热、冷却)流动,熵可能增加,也可能减小。

比熵的一般形式也可以写成

$$s = c_V \ln \frac{p}{\rho^\gamma} + C \tag{12-7}$$

写成熵增的形式为

$$s_2 - s_1 = c_V \ln \left[\frac{p_2}{p_1} \left(\frac{\rho_1}{\rho_2} \right)^\gamma \right]$$

在热力学中,如果熵不变化,称为等熵过程(等熵指数 $\kappa = \gamma$)可得等熵方程

$$\frac{p}{\rho^\gamma} = C$$

利用状态方程可得到等熵过程关系式即

$$\frac{p_1}{p_2} = \left(\frac{\rho_1}{\rho_2} \right)^\gamma, \quad \frac{\rho_1}{\rho_2} = \left(\frac{T_1}{T_2} \right)^{\frac{1}{\gamma-1}}, \quad \frac{p_1}{p_2} = \left(\frac{T_1}{T_2} \right)^{\frac{\gamma}{\gamma-1}} \tag{12-8}$$

第二节 声速和马赫数

气体压缩性对流动性能的影响,是由气流速度接近声速的程度来决定的。讨论可压缩气体的流动,应首先了解声速和马赫数这两个概念。

一、声速

声速是微弱扰动波在介质中的传播速度。例如弹拨琴弦振动了空气,空气的压强、密度发生了微弱变化,这种状态变化在空气中形成一种不平衡的扰动,扰动又以波的形式迅速外

传。人耳所能接收的振动频率有一定的范围，声速概念是把它作为压强、密度状态变化在流体中的传播过程来看待的，介质中的扰动传播速度皆称声速。因此，以声速命名微弱扰动波的传播速度仅是一种借喻。

在可压缩气体中，某处产生一个微弱的局部压力扰动，这个压力扰动将以波的形式在气体内传播，传播速度称为声速，记作 c。

用一个管道-活塞系统说明微弱扰动波的传播。设在等截面长直圆管内充满静止气体，其压强、密度和温度分别为 p、ρ、T。管内右端有一个活塞，此活塞突然以一个微小速度 v 向左运动，如图 12-1 所示。

由于活塞的突然运动，靠近活塞的气体也以速度 v 向左运动，由于受到压缩，这部分气体的压强、密度和温度分别为 $p+\mathrm{d}p$、$\rho+\mathrm{d}\rho$、$T+\mathrm{d}T$。而远处的气体尚未受到干扰，速度仍为零，压强、密度和温度仍分别为 p、ρ、T。受扰动和未受扰动的分界面称为波面，波面以速度 c 向左传播，c 称为微弱扰动波的传播速度，即声速。

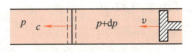

图 12-1 微弱压力扰动波

对于静止坐标系，微弱扰动波的传播是非恒定流动，取一个固结于波面上的运动坐标系 Oxy，在此动坐标系观察到的流动是恒定的。在波面上取一个控制体，控制体左侧的气体以速度 c 流向波面，压强、密度和温度分别为 p、ρ、T，而右侧的气体则以速度 $c-v$ 远离波面，压强、密度和温度分别为 $p+\mathrm{d}p$、$\rho+\mathrm{d}\rho$、$T+\mathrm{d}T$。对于此控制体，一元恒定运动的连续性方程是

$$\rho c A = (\rho+\mathrm{d}\rho)(c-v)A \quad 或 \quad v = \frac{\mathrm{d}\rho}{\rho+\mathrm{d}\rho}c \tag{12-9a}$$

根据一元恒定流动的动量方程

$$\sum F = \beta_2 \rho_2 q_{V_2} v_2 - \beta_1 \rho_1 q_{V_1} v_1$$

对图 12-1 所示波面上的控制体，取 $\beta_2=\beta_1=1.0$，有

$$pA-(p+\mathrm{d}p)A = (\rho+\mathrm{d}\rho)(c-v)^2 A - \rho c^2 A \tag{12-9b}$$

利用连续性方程（12-9a），上式化简为

$$\mathrm{d}p = \rho c v \quad 或 \quad v = \frac{\mathrm{d}p}{\rho c} \tag{12-9c}$$

在式（12-9a）、式（12-9c）中消去参数 v，则

$$\frac{\mathrm{d}\rho}{\rho+\mathrm{d}\rho}c = \frac{\mathrm{d}p}{\rho c} \quad 或 \quad c^2 = \left(1+\frac{\mathrm{d}\rho}{\rho}\right)\frac{\mathrm{d}p}{\mathrm{d}\rho}$$

对于微弱扰动，$\mathrm{d}\rho/\rho \ll 1$，因此

$$c = \sqrt{\frac{\mathrm{d}p}{\mathrm{d}\rho}} \tag{12-10}$$

上式是声速的微分形式。因为 $\mathrm{d}\rho/\mathrm{d}p$ 代表气体密度随压强的变化率，可压缩性越大，$\mathrm{d}\rho/\mathrm{d}p$ 也越大，其倒数 $\mathrm{d}p/\mathrm{d}\rho$ 则越小，因而 c 也越小。说明声速大小可以作为气体压缩性大小的标志，可见水中的声速必然大于空气中的声速。

决定声速大小的压强随密度变化的规律与热力学过程有关。微弱扰动波在传播过程中引

起的压强、密度和温度的增加量都很小，气体与周围介质没有热交换，黏性摩擦力的影响很小，可以忽略，即微弱压力扰动的传播过程可视为等熵过程。

对等熵方程 $p/\rho^\gamma = C$，两边取对数后再求微分，得

$$\frac{\mathrm{d}p}{\mathrm{d}\rho} = \gamma\frac{p}{\rho} = \gamma RT$$

因此式（12-10）为

$$c = \sqrt{\gamma RT} \qquad (12\text{-}11)$$

上式为声速计算公式，表明声波的传播速度与气体的参数 γ、R 有关，也与温度 T 有关。通常流场中各点的温度分布是不均匀的，某一地点的声速与该处温度有关，因此由式（12-11）求得的声速又称当地声速。

对于空气，等熵指数 $\gamma = 1.4$、气体常数 $R = 287\mathrm{J/(kg \cdot K)}$，空气中的声速（m/s）为

$$c = \sqrt{\gamma RT} = \sqrt{1.4 \times 287 T} = 20.1\sqrt{T}$$

在不同温度下，空气中的声速列于表 12-2 中。

表 12-2 空气中的声速

海拔/km	30	20	10	2	0
空气温度/℃	-40.2	-56.5	-49.9	2	15
声速/(m/s)	306	295	299	332	340

二、马赫数

气体运动的速度 v 与当地声速 c 之比称为马赫数，用 Ma 表示，即

$$Ma = \frac{v}{c}$$

根据相对性原理，当固体飞行器在静止空气中的运动速度与空气绕固定飞行器的运动速度大小相等、方向相反时，空气作用在飞行器上的力学效果是相同的，通常也把飞行器速度与当地声速之比称为飞行器运动的马赫数。

当物体在气体中运动，或气流绕物体运动，物体将对气体产生扰动。假如扰动源是物体的前缘点，则由此发出的扰动波将以声速向四周传播，其传播情况有图 12-2 所示的四种方式。

1) 扰动源静止不动，$v = 0$。此时扰动波均以 O 点为中心，扰动源连续发出的扰动波的波面是一族同心的球面，经过一定时间后，扰动波可以传播至整个空间。

2) 扰动源的运动速度小于声速，即 $v < c$，$Ma < 1$，称为亚声速流动。当 $t = 0$ 时扰动源在 O 点处，经时间 t 之后运动到 O' 点处，$OO' = vt$。而 $t = 0$ 时在 O 点所发生的扰动波则已传播至以 O 为圆心，以 ct 为半径的球面，$ct > vt$，波在扰动源（物体）之前。此时声波与扰动源的相对速度在扰动源的上游为 $c - v$，下游为 $c + v$。扰动既可以传播到扰动源的下游，也可以传播到上游。

3) 扰动源的运动速度等于声速，即 $v = c$，$Ma = 1$，称为声速流动。当 $t = 0$ 时扰动源在 O 点处，经时间 t 之后运动到 O' 点处，$OO' = vt = ct$。扰动源（物体）与扰动波同时到达 O' 点

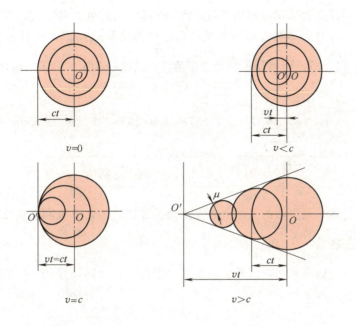

图 12-2 微弱扰动波的传播

处，扰动波始终不会超出扰动源（物体）之前，扰动波只能布满扰动源后的半个空间，而扰动源之前的半个空间则为不受扰动区或寂静区。

4）扰动源的运动速度大于声速，即 $v>c$，$Ma>1$，称为超声速流动。当 $t=0$ 时扰动源在 O 点，经时间 t 之后运动到 O' 点处，$OO'=vt>ct$，扰动源（物体）在扰动波之前。扰动波传播范围只能是以 O' 为顶点的锥形空间，这个空间称为马赫锥，马赫锥顶角的一半称为马赫角，记作 μ，即

$$\sin\mu = \frac{ct}{vt} = \frac{c}{v} = \frac{1}{Ma}$$

马赫锥外面的气体不受扰动的影响，又称为寂静区。可以看到，亚声速流和超声速流的一个根本差别：在亚声速流动中，微弱扰动可以传播到空间任何一点，而在超声速流动中，扰动只能在马赫锥内部传播。

利用扰动波传播的特点判定飞机的速度。当飞机未到达人们的上空时，就已经听到飞机发出的声音，则这架飞机一定是亚声速飞机。而当飞机掠过人们头顶之后一段时间才能听到飞机的轰隆声，则这架飞机一定是超声速飞机。

例 12-1 空气气流速度 $v=210\text{m/s}$，温度为 $t=30℃$，求气流的马赫数 Ma。

解

$$Ma = \frac{v}{c} = \frac{v}{\sqrt{\gamma RT}}$$

将 $\gamma=1.4$、$R=287\text{J/(kg·K)}$、$T=(273+30)\text{K}=303\text{K}$ 代入，得

$$Ma = \frac{210}{\sqrt{1.4 \times 287 \times 303}} = 0.6$$

例 12-2 子弹在15℃的空气中飞行，测得头部的马赫角为40°，求子弹的飞行速度 v。

解 子弹飞行时头部附近的压力增高，这就是运动扰动源，马赫角 $\mu = 40°$，由 $\sin\mu = \dfrac{1}{Ma}$ 算得 $Ma = 1.557$，而空气的热力学温度 $T = (273+15)K = 288K$，因此子弹的飞行速度为

$$v = Mac = Ma\sqrt{\gamma RT} = (1.557 \times \sqrt{1.4 \times 287 \times 288})\ \text{m/s} = 530\text{m/s}$$

第三节 可压缩气体一元流动基本方程

描述可压缩气体一元流动的基本方程是连续性方程、运动方程和能量方程。

一、连续性方程

设气体在管道内做一元恒定流动，由质量守恒定律，气体通过任一过流断面的质量流量应相等，即

$$\rho v A = C$$

对上式两边取对数并求微分，可得微分形式的连续性方程，即

$$\frac{d\rho}{\rho} + \frac{dv}{v} + \frac{dA}{A} = 0 \tag{12-12}$$

上式表示一元恒定气流沿流管的密度、流速和过流断面的面积三者相对变化量的代数和必须等于零。

二、运动方程

在圆管中取一如图12-3所示的流体微段，应用牛顿第二定律 $\sum \boldsymbol{F} = m\boldsymbol{a}$，得

$$pA - (p+dp)A - \tau_0 \pi D dx = \rho A dx \frac{dv}{dt}$$

对一元圆管内的恒定气流 [τ_0 用式 (6-19b)]

$$\tau_0 = \frac{\lambda}{8}\rho v^2, \quad \frac{dv}{dt} = v\frac{dv}{dx}, \quad A = \frac{1}{4}\pi D^2$$

代入上式，并简化得运动方程为

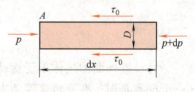

图 12-3 一元恒定气流

$$\frac{dv}{v} + \frac{dp}{\rho v^2} + \frac{\lambda}{2D}dx = 0 \tag{12-13}$$

对理想气体，则 $\tau_0 = 0$，得运动方程

$$\frac{dv}{v} + \frac{dp}{\rho v^2} = 0 \quad \text{或} \quad \frac{dp}{\rho} + d\left(\frac{v^2}{2}\right) = 0 \tag{12-14}$$

三、能量方程

对不可压缩流体的一元恒定流动，单位质量流体的机械能等于位能、压能和动能三者之和，即

$$zg + \frac{p}{\rho} + \frac{v^2}{2} = C$$

在可压缩等熵气流中，单位质量气体的位能相对于压能和动能很小，可以忽略。而考虑能量转换中有热能参与，故应加入单位质量气体的热力学能 u 这一项。

对一元恒定等熵气流，流动中的能量守恒应表示为单位质量气体的热力学能、压能和动能这三者之和为一常数，即

$$u+\frac{p}{\rho}+\frac{v^2}{2}=C \tag{12-15}$$

式中，u、p/ρ、$v^2/2$ 分别为单位质量气体所具有的热力学能、压能和动能。

方程的物理意义是沿流管单位质量气体的总能量守恒。这里所指的能量包括机械能（即动能和压能），也包括热能（即热力学能）。

应用式（12-1）、式（12-4）、式（12-6）、式（12-11）等，可将等熵气流的能量方程（12-15）写成

$$\frac{v^2}{2}+\begin{cases} u+\dfrac{p}{\rho} \\ h \\ c_p T \\ \dfrac{\gamma}{\gamma-1}RT \\ \dfrac{\gamma}{\gamma-1}\dfrac{p}{\rho} \\ \dfrac{c^2}{\gamma-1} \end{cases}=C \tag{12-16}$$

式（12-16）实际上是六个方程，花括号表示并列关系，可以从中任取一项。这六种形式统称为基本方程，它们具有同等效用，多种形式是为了适应不同需要。

因为气体基本方程中包括机械能和热能，尽管实际流体有摩擦，会造成沿流管上机械能的降低和损耗，但只要所讨论的系统与外界不发生热交换，则损耗的机械能仍以热能的形式存在系统中，虽然机械能有所降低，但热能却有所增加，总能量并不改变。因此，气体基本方程既适用于理想气体可逆绝热流动（即等熵气流），也同样适用于实际流体的不可逆绝热流动。

使用气体基本方程不必区分理想或实际流体，但却要注意是否绝热。在绝热条件下，气流基本方程才适用，绝热是能量方程的唯一限制条件。

例 12-3　大容器内空气温度为 27℃。容器内的空气经管道等熵地流出至温度为 17℃ 的大气中，求气流的速度 v。

解　容器内的气体速度可视为零，则能量方程可表示为

$$\frac{v^2}{2}+c_p T=c_p T_0$$

其中，$T_0=(273+27)\text{K}=300\text{K}$ 是容器内气体的温度，$T=(273+17)\text{K}=290\text{K}$ 是出口温度，对于空气，$c_p=1004\text{J}/(\text{kg}\cdot\text{K})$。代入上式解得

$$v=\sqrt{2c_p(T_0-T)}=\sqrt{2\times 1004\times(300-290)}\text{ m/s}=141.7\text{ m/s}$$

第四节 一元恒定等熵气流的基本特性

由一元恒定等熵气流的基本方程可知,若已知某一断面上的参数 v_1、p_1、ρ_1、T_1,并已知另一断面上 v_2、p_2、ρ_2、T_2 中的任一个参数,则其他参数可由基本方程解出。这个已知断面就称为参考断面,相应的参数称为参考状态参数。以图 12-4 所示的流动为例介绍三个参考状态,即滞止状态、临界状态和极限状态。

气体速度为零的状态称为滞止状态。如左边燃烧室或高压气罐中的速度可认为等于零,气体处于滞止状态,相应的参数为滞止参数,用下标 0 表示,如滞止压强 p_0、滞止密度 ρ_0、滞止温度 T_0、滞止声速 c_0 等。

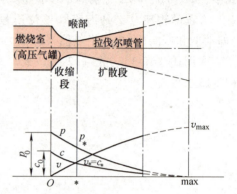

图 12-4 滞止参数与临界参数

气流离开燃烧室后,速度逐渐增大,按气体基本方程可知气流的其他参数均逐渐下降,如果燃烧室中滞止参数具备建立声速的条件,即环境背压小于临界压强,则在喉部气流速度达到声速,即 $Ma=1$。

$Ma=1$ 的断面称为临界断面,相应参数为临界参数,并用下标"*"表示,如临界温度 T_*、临界密度 ρ_*、临界压强 p_*、临界声速 c_*、临界断面面积 A_* 等。

过喉部以后速度继续提高,其他参数继续下降,在出口处得到一超声速气流,$Ma>1$,但出口处仍具有一定的压强 p、密度 ρ、温度 T 和声速 c。

如果设想再延长扩张管,从理论上说,使 p、ρ、T、c 等降为零时,可能有极限的气流速度 v_{max},这一状态称为气流极限状态或最大速度状态。实际上,$p=\rho=T=c=0$ 的绝对真空状态是永远得不到的。

根据上述讨论,可得出各种参数之间的下列关系式。

1. 流动参数与滞止状态的关系

$$\frac{v^2}{2}+\begin{cases}h\\c_pT\\\dfrac{\gamma}{\gamma-1}RT\\\dfrac{\gamma}{\gamma-1}\dfrac{p}{\rho}\\\dfrac{c^2}{\gamma-1}\end{cases}=\begin{cases}h_0\\c_pT_0\\\dfrac{\gamma}{\gamma-1}RT_0\\\dfrac{\gamma}{\gamma-1}\dfrac{p_0}{\rho_0}\\\dfrac{c_0^2}{\gamma-1}\end{cases} \quad (12\text{-}17)$$

2. 极限速度与滞止参数的关系

$$\frac{v_{\max}^2}{2} = \begin{cases} h_0 \\ c_p T_0 \\ \dfrac{\gamma}{\gamma-1} RT_0 \\ \dfrac{\gamma}{\gamma-1} \dfrac{p_0}{\rho_0} \\ \dfrac{c_0^2}{\gamma-1} \end{cases} \qquad (12\text{-}18)$$

3. 临界声速与滞止参数的关系

在临界断面上，$v = c = v_* = c_*$，参照式（12-17）最后一式，有

$$\frac{v^2}{2} + \frac{c^2}{\gamma-1} = \frac{c_*^2}{2} + \frac{c_*^2}{\gamma-1} = \frac{\gamma+1}{2(\gamma-1)} c_*^2 = \frac{c_0^2}{\gamma-1} \qquad (12\text{-}19)$$

由此可得

$$c_*^2 = \begin{cases} \dfrac{2(\gamma-1)}{\gamma+1} h_0 \\ \dfrac{2(\gamma-1)}{\gamma+1} c_p T_0 \\ \dfrac{2\gamma}{\gamma+1} RT_0 \\ \dfrac{2\gamma}{\gamma+1} \dfrac{p_0}{\rho_0} \\ \dfrac{2}{\gamma+1} c_0^2 \end{cases} \qquad (12\text{-}20a)$$

4. 临界参数与滞止参数的关系

由临界状态的公式中，直接解出 $\dfrac{c_*}{c_0}$，用声速公式 $c_* = \sqrt{\gamma \dfrac{p_*}{\rho_*}} = \sqrt{\gamma RT_*}$，$\dfrac{p_*}{\rho_*^\gamma} = C$ 可得

$$\frac{T_*}{T_0} = \frac{2}{\gamma+1}, \quad \frac{\rho_*}{\rho_0} = \left(\frac{2}{\gamma+1}\right)^{\frac{1}{\gamma-1}}, \quad \frac{p_*}{p_0} = \left(\frac{2}{\gamma+1}\right)^{\frac{\gamma}{\gamma-1}}, \quad \frac{c_*}{c_0} = \left(\frac{2}{\gamma+1}\right)^{\frac{1}{2}} \qquad (12\text{-}20b)$$

临界参数与滞止参数之比简称临界参数比，它们只与气体的比热比有关。

5. 流动参数与马赫数的关系

将式（12-17）改写成流动参数与马赫数的形式，可得

$$\frac{p}{p_0} = \left(1 + \frac{\gamma-1}{2} Ma^2\right)^{-\frac{\gamma}{\gamma-1}} \qquad (12\text{-}21a)$$

$$\frac{\rho}{\rho_0} = \left(1 + \frac{\gamma-1}{2} Ma^2\right)^{-\frac{1}{\gamma-1}} \qquad (12\text{-}21b)$$

$$\frac{T}{T_0} = \left(1 + \frac{\gamma-1}{2}Ma^2\right)^{-1} \qquad (12\text{-}21c)$$

$$\frac{c}{c_0} = \left(1 + \frac{\gamma-1}{2}Ma^2\right)^{-\frac{1}{2}} \qquad (12\text{-}21d)$$

例 12-4 一元等熵空气在管道某处的流动参数为 $v = 150\text{m/s}$，$T = 288\text{K}$，$p = 1.3 \times 10^5 \text{Pa}$，求此气流的滞止参数 p_0、ρ_0、T_0、c_0。[$\gamma = 1.4$，$R = 287 \text{J/(kg·K)}$]

解
$$Ma = \frac{v}{\sqrt{\gamma RT}} = 0.441$$

由式（12-21c）得

$$\frac{T_0}{T} = 1 + \frac{\gamma-1}{2}Ma^2 = 1.039$$

则 $T_0 = 299\text{K}$，从而得

$$c_0 = \sqrt{\gamma RT_0} = 346.61 \text{m/s}$$

由式（12-21a）、式（12-21c）得

$$\frac{p_0}{p} = \left(\frac{T_0}{T}\right)^{\frac{\gamma}{\gamma-1}} = 1.143, \qquad p_0 = 1.486 \times 10^5 \text{Pa}$$

由状态方程得

$$\rho_0 = \frac{p_0}{RT_0} = 1.732 \text{kg/m}^3$$

例 12-5 过热蒸汽在汽轮机内流动，流动参数为 $v = 500\text{m/s}$，$p = 5 \times 10^6 \text{Pa}$，$T = 673\text{K}$（400℃），此蒸汽绕叶片流动，在叶片前缘点的速度为零，称为驻点，求驻点的温度 T_0 和压强 p_0。[$\gamma = 1.33$，$R = 462 \text{J/(kg·K)}$]

解 流动可视为等熵的，驻点上的参数是滞止参数。由于 $v = 500\text{m/s}$，$T = 673\text{K}$，因此

$$Ma = \frac{v}{\sqrt{\gamma RT}} = 0.778$$

$$\frac{T_0}{T} = 1 + \frac{\gamma-1}{2}Ma^2 = 1.10$$

则 $T_0 = 740\text{K}$，从而得

$$\frac{p_0}{p} = \left(\frac{T_0}{T}\right)^{\frac{\gamma}{\gamma-1}} = 1.467$$

则 $p_0 = 7.34 \times 10^6 \text{Pa}$

例 12-6　如果气流密度相对变化量在 1% 以下可视为不可压缩流体，求 15℃的空气作为不可压缩流体计算时的最大允许速度 v。

解　设气流原来的密度是 ρ_0，变化后的密度是 ρ，则密度相对变化量为

$$\frac{\rho_0 - \rho}{\rho_0} = 1 - \frac{\rho}{\rho_0} \leq 0.01$$

即 $\frac{\rho}{\rho_0} \geq 0.99$，根据式（12-21b）得

$$\frac{\rho}{\rho_0} = \left(1 + \frac{\gamma - 1}{2} Ma^2\right)^{-\frac{1}{\gamma - 1}} \geq 0.99$$

所以

$$1 + \frac{\gamma - 1}{2} Ma^2 \leq \left(\frac{1}{0.99}\right)^{\gamma - 1}$$

即

$$Ma \leq \sqrt{\frac{2}{\gamma - 1}\left[\left(\frac{1}{0.99}\right)^{\gamma - 1} - 1\right]}$$

将 $\gamma = 1.44$ 代入上式，得

$$Ma \leq 0.141$$

当 $T = 15$℃时，空气中声速 $c = 340 \text{m/s}$，所以

$$\frac{v}{c} = Ma \leq 0.141$$

$$v \leq 47.94 \text{m/s}$$

通常低速气流可作为不可压缩流体。以密度相对变化量 1% 为界限，速度低于 50m/s 的气流可按不可压缩流体计算。如果密度的相对变化量允许为 2%，则作为不可压缩流体计算的马赫数 $Ma \leq 0.2$，速度 $v \leq 70 \text{m/s}$。

第五节　一元等熵气流在变截面管道中的流动

可压缩气体在管道中流动是工程中最常见的一元流动，管道截面的变化、管壁的黏性切应力以及壁面的热交换，都会对一元可压缩流动产生影响。本节忽略摩擦效应和热交换两个因素，讨论一元气流在变截面管道中的等熵流动。

一、气流参数与通道面积的变化关系

一元等熵气流在管道中做恒定运动时，截面积的变化必然引起速度的变化，于是压强、密度和温度也随之变化。应用连续性方程、运动方程和能量方程研究它们之间的变化关系。

由运动方程（12-13）忽略摩擦可得 $\dfrac{\mathrm{d}v}{v} + \dfrac{\mathrm{d}p}{\rho v^2} = 0$

$$\frac{\mathrm{d}v}{v} = -\frac{\mathrm{d}p}{\rho v^2} = -\frac{\mathrm{d}p}{\mathrm{d}\rho}\frac{\mathrm{d}\rho}{\rho v^2} = -\frac{c^2}{v^2}\frac{\mathrm{d}\rho}{\rho} = -\frac{1}{Ma^2}\frac{\mathrm{d}\rho}{\rho}$$

其中 $\dfrac{\mathrm{d}p}{\mathrm{d}\rho} = c^2$，$Ma = \dfrac{v}{c}$，从中解出

$$\frac{\mathrm{d}\rho}{\rho} = -Ma^2 \frac{\mathrm{d}v}{v}$$

代入连续性方程（12-12）得

$$\frac{\mathrm{d}A}{A} = \frac{\mathrm{d}v}{v}(Ma^2 - 1) \tag{12-22}$$

上式建立了面积变化和速度变化之间的关系。为了更好地理解，分三种情况进行讨论。

(1) 亚声速流动（$Ma<1$） 如果 $\mathrm{d}v>0$，则 $\mathrm{d}A<0$；如果 $\mathrm{d}v<0$（即 $\mathrm{d}p>0$），则 $\mathrm{d}A>0$。

说明亚声速气流在收缩管内做加速流动，在扩散管内做减速流动，与不可压缩流动相似。

(2) 超声速流动（$Ma>1$） 如果 $\mathrm{d}v>0$，则 $\mathrm{d}A>0$；如果 $\mathrm{d}v<0$（即 $\mathrm{d}p<0$），则 $\mathrm{d}A<0$。

说明超声速气流在收缩管内做减速流动，在扩散管内做加速流动，与亚声速流动正好相反。可见超声速气流与亚声速气流在变截面管道中的流动有着本质的差别。表 12-3 列出这两种本质不同的流动。

(3) 声速流动（$Ma=1$） 当 $Ma=1$ 时，必有 $\mathrm{d}A=0$。

这说明声速流动只可能出现在面积为极小值处。亚声速流在收缩管道中不可能变成超声速流，充其量在最小截面处达到声速。如果要使亚声速流变成超声速流，则必须在收缩管道中加速，在最小截面上达到声速，然后在扩散管道中继续加速到超声速。这种先收缩后扩张的管道称为拉伐尔喷管。

表 12-3 速度与管道面积的变化关系

流　　动	收缩管道	扩散管道
亚声速流动（$Ma<1$）	$\dfrac{\mathrm{d}v}{\mathrm{d}x}>0$	$\dfrac{\mathrm{d}v}{\mathrm{d}x}<0$
超声速流动（$Ma>1$）	$\dfrac{\mathrm{d}v}{\mathrm{d}x}<0$	$\dfrac{\mathrm{d}v}{\mathrm{d}x}>0$

二、收缩喷管

收缩喷管加速的最大界限是出口达到声速。对于加速作用来说，收缩喷管主要用于亚声速范围的气流。

气体从一个高压容器侧壁经过一个截面逐渐缩小的管道流出，这种收缩管道称为收缩喷管，如图 12-5 所示。容器内气体状态可作为滞止状态，$v=0$。压强、密度和温度分别为 p_0、

ρ_0、T_0。

由一元等熵流动的能量方程（12-17）第二式，得

$$v=\sqrt{2c_p(T_0-T)}=\sqrt{2c_pT_0\left(1-\frac{T}{T_0}\right)}$$

由等熵方程（12-8）

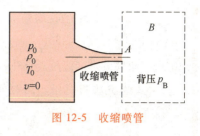

图 12-5　收缩喷管

$$\frac{p}{p_0}=\left(\frac{T}{T_0}\right)^{\frac{\gamma}{\gamma-1}},\quad \frac{p}{p_0}=\left(\frac{\rho}{\rho_0}\right)^{\gamma}$$

因此有

$$v=\sqrt{2c_pT_0\left[1-\left(\frac{p}{p_0}\right)^{\frac{\gamma-1}{\gamma}}\right]}$$

可见，出口速度 v 与喷管前后的压强比 p/p_0 有关。喷管的质量流量

$$q_m=\rho v A=\rho_0 A\left(\frac{p}{p_0}\right)^{\frac{1}{\gamma}}\sqrt{2c_pT_0\left[1-\left(\frac{p}{p_0}\right)^{\frac{\gamma-1}{\gamma}}\right]} \tag{12-23a}$$

同样，喷管的质量流量也与压强比 p/p_0 有关。为了求质量流量的极大值，令 $dq_m/dp=0$，得

$$p=p_0\left(\frac{2}{\gamma+1}\right)^{\frac{\gamma}{\gamma-1}}=p_*$$

即出口压强降至临界压强时，出口的质量流量达到极大值 $q_{m\max}$。

$$q_{m\max}=\rho_* v_* A_*=\rho_* A_*\left(\frac{p_*}{p_0}\right)^{\frac{1}{\gamma}}\sqrt{2c_pT_0\left[1-\left(\frac{p_*}{p_0}\right)^{\frac{\gamma-1}{\gamma}}\right]} \tag{12-23b}$$

若进口断面的压强 p_0 和喷管形状已定，则喷管出口断面上的压强 p 也就被确定了。若环境压强（背压）p_B 已确定，则按滞止压强 p_0 和背压 p_B 的大小分以下几种情况来讨论。

（1）$p_0=p_B$　显然无压差，管中无流动。

（2）$p_0>p_B>p_*$　p_* 为临界压强，对空气，由式（12-20b）$p_*=0.5283p_0$。此时喷管内的压强沿流向不断减小，流速在收缩段内不断增加，但在喷管出口处未能达到声速，出现亚声速，出口压强等于背压。

（3）$p_0>p_B=p_*$　此时喷管内的压强沿流向不断减小，流速不断增加，在喷管出口处流速达到声速，出口压强等于背压，也就是临界压强。

（4）$p_0>p_B$ 且 $p_B<p_*$　此时喷管出口速度仍为声速，出口断面上 $Ma=1$，因为收缩喷管是不可能达到超声速的。气流到达出口断面时 $p=p_*$，但喷口外的背压 p_B 小于临界压强 p_*，存在一个压差 p_*-p_B，即在喷管出口断面外存在一个扰动，但此扰动不能逆流上传，因为喷管出口已达声速。气流自喷管流出后，遇低压气流就继续膨胀，使压强由管出口处的临界压强降低（膨胀）到环境压强。

当管进口的总压一定，随着背压的降低，收缩管内的质量流量会增大。当背压下降到临界压强时，喷管内的质量流量达到最大值。再降低背压已无助于管内质量流量的提高。通常把这种背压小于临界压强时，管内质量流量不再提高的现象称为"阻塞"。

例 12-7 空气在收缩喷管做等熵流动，测得某截面的压强、温度和马赫数分别为 $p_1 = 4×10^5\text{kPa}$，$T_1 = 280\text{K}$，$Ma_1 = 0.52$，截面积 $A_1 = 0.001\text{m}^2$，出口外部的背压 $p_B = 2×10^5\text{Pa}$。求喷管出口截面上的马赫数 Ma 及喷管的质量流量 q_m。[$\gamma = 1.4$, $R = 287\text{J}/(\text{kg}\cdot\text{K})$]

解 首先检查背压。由截面 A_1 上的参数可求出滞止参数，由式（12-21）得

$$\frac{T_0}{T_1} = 1 + \frac{\gamma-1}{2}Ma_1^2 = 1.330, \quad T_0 = 372.4\text{K}$$

$$\frac{p_0}{p_1} = \left(\frac{T_0}{T_1}\right)^{\frac{\gamma}{\gamma-1}} = 2.713, \quad p_0 = 10.852×10^5\text{Pa}$$

$$\frac{p_B}{p_0} = 0.184 < \frac{p_*}{p_0} = 0.5283$$

出口已达临界状态，出口马赫数 $Ma = 1$，出口面积应为 A_*。由截面 A_1 的参数可求出质量流量，即

$$\rho_1 = \frac{p_1}{RT_1} = 4.978\text{kg/m}^3$$

$$v_1 = Ma_1 c_1 = Ma_1\sqrt{\gamma RT_1} = 174.42\text{m/s}$$

$$q_m = \rho_1 v_1 A_1 = 0.868\text{kg/s}$$

三、缩放喷管——拉伐尔喷管

缩放喷管又称拉伐尔喷管，它由收缩段、喉部及扩散段三部分组成（图 12-6），用于产生超声速气流。在设计工况下，气流在收缩段加速，在最小截面（喉部）上达到临界状态，在扩散段继续加速成超声速气流。整个流动为等熵流动，出口压强等于背压，不出现激波。

当用拉伐尔喷管产生超声速气流时，已知出口面积 A 和压强 p，质量流量可按式（12-23a）或式（12-23b）计算；如果已知喉部面积，则可按 $q_m = \rho_* c_* A_*$ 计算。由连续性方程可知，喉部和出口两个截面上的质量流量相等。

假定拉伐尔喷管由高压容器侧壁接出，拉伐尔喷管的进口可作为滞止状态，$Ma = 0$，$p = p_0$，气流进入拉伐尔喷管的收缩段后面积逐渐减小，流速逐渐增加，压强逐渐减小，到临界断面（喉部）处，压强下降到临界压强值，由式（12-20b）得

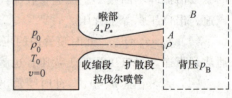

图 12-6 拉伐尔喷管

$$p_* = p_0 \left(\frac{2}{\gamma+1}\right)^{\frac{\gamma}{\gamma-1}}$$

对空气，$\gamma = 1.4$，则 $p_* = 0.5283 p_0$，即临界压强就等于总压乘以 0.5283，此临界断面上的马赫数为 1。而且在拉伐尔喷管的喉部处必须达到声速，否则未达到声速的气流在扩散

管内会不断减速，在喷管的出口处就不会是超声速。

为在拉伐尔喷管的喉部处达到声速，其背压与滞止压强之比必须小于 0.5283。现假定喉部处已达声速，则此气流在其后的扩散管内的流动将会是减压增速。到拉伐尔喷管出口处，压强应是由马赫数、总压和截面积之比计算出来的出口压强 p。然而喷管的出口压强 p 和背压 p_B 这两者对比，会出现以下几种情况：

（1）$p>p_B$ 这种出口压强大于背压的喷管称欠膨胀喷管。此时气流出喷管后还会继续膨胀，在喷管出口处会出现膨胀波，气流通过膨胀波，继续膨胀加速，同时继续减压，直至压强降到等于背压。

（2）$p=p_B$ 喷管的出口压强等于背压，这是设计工况，也是正常使用情况。

（3）$p<p_B$ 喷管的出口压强小于背压，反过来说，背压要比喷管出口压强高，又要分两种情况：

1）$p_B<p_*$。此时背压虽比出口压强高，但比相应于滞止压强的临界压强要低，这将在喷管的出口处或管内喉部之后的扩散段内出现激波，激波出现的位置将视背压与出口压强的压差而定，此压差值越大，激波的位置越靠近喉部。气流通过激波，超声速流动变为亚声速流动，在拉伐尔喷管的扩散段内，通过激波后的流动是亚声速流动。

2）$p_B>p_*$。此时背压不仅比出口压强高，而且比相应于滞止压强的临界压强还要高。显然此时喉部也不会达到声速，整个拉伐尔喷管内的流动全是亚声速流动，先是在收缩段内的加速，后是在扩散段内的减速。此时此喷管已不是拉伐尔喷管了。

习　题

习题中如不另加注明，则气体参数为 $\gamma=1.4$，$R=287\text{J}/(\text{kg}\cdot\text{K})$，$c_p=1004\text{J}/(\text{kg}\cdot\text{K})$，$c_V=717\text{J}/(\text{kg}\cdot\text{K})$。

12-1　空气气流在两处的参数为 $t_1=100℃$，$p_1=3\times10^5\text{Pa}$，$t_2=10℃$，$p_2=10^5\text{Pa}$，求熵增 s_2-s_1。

12-2　空气做等熵流动，如果某处速度 $v_1=140\text{m/s}$，温度 $t_1=75℃$，求气流的滞止温度 T_0。

12-3　大气温度 T 随海拔 z 变化的关系式是 $T=T_0-0.0065z$，T_0 为海平面温度，$T_0=288\text{K}$，z 为海拔（m）。一架飞机在 10km 高空以 900km/h 速度飞行，求飞行的马赫数 Ma。

12-4　空气在管道中做等熵流动，在截面 1 上温度 $t_1=75℃$，速度 $v_1=30\text{m/s}$，在截面 2 上温度 $t_2=50℃$，求速度 v_2。

12-5　等熵气流某处的参数为 $T=300\text{K}$，$p=2\times10^5\text{Pa}$，$v=160\text{m/s}$，求临界声速 c_*、临界温度 T_* 及临界压强 p_*。

12-6　空气由容器流入一个收缩喷管，容器内气体参数为 $p_0=3\times10^5\text{Pa}$，$T_0=600\text{K}$，出口截面的直径 $d=20\text{mm}$，压强为 $p=2\times10^5\text{Pa}$，求喷管的质量流量 q_m。

12-7　空气气流在收缩喷管截面 1 上的参数为 $p_1=3\times10^5\text{Pa}$，$T_1=340\text{K}$，$v_1=150\text{m/s}$，$d_1=46\text{mm}$，在出口截面 2 上马赫数为 1。求出口截面 2 上的压强 p_*、温度 T_* 和直径 d_*。

12-8 空气在缩放喷管流动，已知进口处 $p_1 = 3 \times 10^5 \text{Pa}$，$T_1 = 400 \text{K}$，$A_1 = 20 \text{cm}^2$，出口压强 $p_2 = 0.4 \times 10^5 \text{Pa}$，设计质量流量为 0.8 kg/s，求出口温度 T_2，出口面积 A_2。

12-9 空气经拉伐尔喷管流入大气，其喉部直径 $d_* = 2.5 \text{cm}$。气罐中的压强 $p_0 = 7 \times 10^5 \text{Pa}$，温度 $T_0 = 313 \text{K}$，出口的背压 $p_B = 1 \times 10^5 \text{Pa}$，求出口的马赫数 Ma_2 和喷管的质量流量 q_m。

［参考答案］

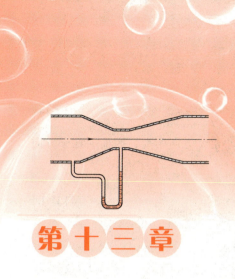

第十三章

缝隙流动

> **本章要点及学习要求**
>
> **本章要点**：在缝隙流动中，缝隙的尺寸很小，油液黏度又较大，因此流动均可看作一元层流流动。只要缝隙两端形成压差，或配合部件发生相对运动，流体在缝隙中就会产生流动。缝隙流动的解法与圆管层流的解法十分类似。
>
> **学习要求**：基本缝隙形式有平行平面缝隙、同心环形缝隙、偏心环形缝隙、平行圆盘缝隙、倾斜平面缝隙。基本计算有缝隙中速度分布、压强分布、泄漏流量、功率损失等的计算。

在机械中存在着充满油液的各种形式的配合间隙，如活塞与缸筒间的环形间隙、轴与轴承间的环形间隙、工作台与导轨间的平面间隙、圆柱与支承面间的端面间隙等。只要缝隙两端形成压强差，或配合机件发生相对运动，液体在缝隙中就会产生流动，这种流动称为缝隙流动。

本章重点介绍平行平面缝隙、环形缝隙和平行圆盘缝隙，对倾斜平面缝隙只做简要介绍。由于缝隙尺寸很小，油液黏度又较大，因此缝隙流动通常是层流。

第一节 平行平面缝隙与同心环形缝隙

图 13-1 所示为平行平板间的液体流动，是各种缝隙流动的基础。同心环形缝隙在平面上展开后，也是平行平面缝隙的流动问题。设平板长 l，宽为 b（同心环形缝隙 $b=\pi d$），缝隙高度 δ。讨论缝隙两端具有压强差 $\Delta p = p_1 - p_2$，上平板以匀速 v_0 运动情况下，两平行平板间的液体流动。

一、速度分布规律

讨论定常不可压缩流体做层流运动，速度 $v_x = v_x(z)$，$v_y = v_z = 0$，忽略质量力，N-S 方程式 (8-2d) 可简化为

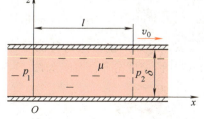

图 13-1 平行平板间的液体流动

$$-\frac{1}{\rho}\frac{\partial p}{\partial x}+\nu\frac{\partial^2 v_x}{\partial x^2}=0, \qquad -\frac{1}{\rho}\frac{\partial p}{\partial y}=0, \qquad -\frac{1}{\rho}\frac{\partial p}{\partial z}=0 \tag{13-1a}$$

后两式说明，压强 p 仅是沿 x 方向变化。由于平板缝隙大小沿 x 方向不变，因而 p 在 x 方向均匀变化，于是

$$\frac{\partial p}{\partial x}=\frac{\mathrm{d}p}{\mathrm{d}x}=-\frac{\Delta p}{l} \tag{13-1b}$$

速度 v_x 仅是 z 的函数，将 $\dfrac{\partial^2 v_x}{\partial z^2}$ 写成 $\dfrac{\mathrm{d}^2 v_x}{\mathrm{d}z^2}$，式（13-1a）可写成

$$\frac{\mathrm{d}^2 v_x}{\mathrm{d}z^2}=\frac{1}{\mu}\frac{\mathrm{d}p}{\mathrm{d}x}=-\frac{\Delta p}{\mu l} \tag{13-1c}$$

对 z 积分两次得

$$v_x=-\frac{\Delta p}{2\mu l}z^2+C_1 z+C_2 \tag{13-1d}$$

用边界条件

$$z=0 \text{ 时}, v_x=0; \quad z=\delta \text{ 时}, v_x=v_0 \tag{13-1e}$$

得积分常数

$$C_1=\frac{\Delta p}{2\mu l}\delta+\frac{v_0}{\delta}, \qquad C_2=0$$

速度分布

$$v_x=\frac{\Delta p}{2\mu l}(\delta z-z^2)+\frac{v_0 z}{\delta} \tag{13-2}$$

式（13-2）右端：第一项是由压强差造成的流动，v_x 与 z 的关系是二次抛物线规律，如图 13-2a 所示，称为压差流或哈根-泊肃叶流；第二项是由上平板运动造成的流动，v_x 与 z 的关系是一次直线规律，如图 13-2b 所示，称为剪切流或库埃特流。

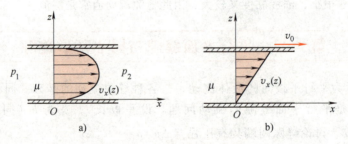

图 13-2 压差流与剪切流

式（13-2）是由这两种简单流动合成的结果，但实际情况下 Δp、v_0 有正有负，故式（13-2）的速度分布图形有如图 13-3 所示的四种形式。

二、切应力、摩擦力

将式（13-2）代入牛顿内摩擦定律中，得切应力 $\tau=\tau(z)$ 的分布规律，即

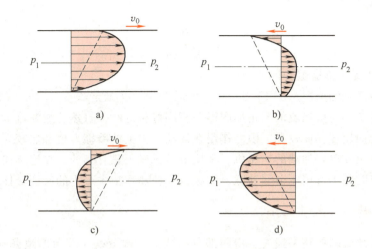

图 13-3 平行平板间的速度分布

a) $\Delta p>0$, $v_0>0$ b) $\Delta p>0$, $v_0<0$ c) $\Delta p<0$, $v_0>0$, d) $\Delta p<0$, $v_0<0$

$$\tau=\mu\frac{\mathrm{d}v_x}{\mathrm{d}z}=\mu\frac{\mathrm{d}}{\mathrm{d}z}\left[\frac{\Delta p}{2\mu l}(\delta z-z^2)+\frac{v_0 z}{\delta}\right]=\frac{\Delta p}{2l}(\delta-2z)+\frac{\mu v_0}{\delta}$$

当 $z=\delta$ 时, 得上平板边界处流体中的切应力为

$$\tau=-\frac{\Delta p\delta}{2l}+\frac{\mu v_0}{\delta} \tag{13-3}$$

τ 乘以平板面积 bl, 得作用在边界流体上的摩擦力为

$$F=\left(-\frac{\Delta p\delta}{2l}+\frac{\mu v_0}{\delta}\right)bl=-\frac{\Delta pb\delta}{2}+\frac{\mu b v_0 l}{\delta} \tag{13-4}$$

将上两式改变符号, 即为流体作用于运动平板上的切应力和摩擦力。

三、流量、无泄漏缝隙

在机械中设计缝隙是为了实现机件间的相对运动。经过缝隙的流量并不是工作的需要, 而是无法避免的液体泄漏。讨论流量问题与管路输送目的不同, 只是找出减少泄漏的依据。

由式 (13-2) 的速度分布可求出整个缝隙的流量为

$$q_V=\int_0^\delta v_x b\,\mathrm{d}z=b\int_0^\delta\left[\frac{\Delta p}{2\mu l}(\delta z-z^2)+\frac{v_0 z}{\delta}\right]\mathrm{d}z=\frac{b\delta}{2}\left(\frac{\Delta p\delta^2}{6\mu l}+v_0\right) \tag{13-5}$$

平均速度为

$$v=\frac{q_V}{b\delta}=\frac{\Delta p\delta^2}{12\mu l}+\frac{v_0}{2} \tag{13-6}$$

泄漏流量由两种运动造成：当 Δp 与 v_0 符号相同时, 如图 13-3a、d 所示, 压差流的流量与剪切流的流量同号相加；当 Δp 与 v_0 符号相反时, 如图 13-5b、c 所示, 压差流的流量与剪切流的流量异号相加。在式 (13-5) 中, 改变 v_0 的符号, 可得到 $\Delta p>0$, $v_0<0$ 时的流量为

$$q_V=\frac{b\delta}{2}\left(\frac{\Delta p\delta^2}{6\mu l}-v_0\right) \tag{13-7}$$

令 $q_V=0$，可解出

$$\delta_0 = \sqrt{\frac{6\mu v_0 l}{\Delta p}} \tag{13-8}$$

这种缝隙 δ_0 称为无泄漏缝隙。

无泄漏缝隙产生的原因从图 13-3b、c 中可以看出。在确定 Δp、v_0、μ、l 的条件下，当压差流的抛物线图形与剪切流的三角形图形面积刚好相等时，自然总泄漏流量为零。但此时靠近运动平板处的速度梯度较大，因而作用在运动平板上的摩擦力也必然较大。

无泄漏缝隙用在单程加载的油压机、水压机等机械上是有利的，在连续往复运动的油泵或液压马达上有时并不选用无泄漏缝隙，而是选用使功率损失最小的所谓最佳缝隙。

四、功率损失、最佳缝隙

平行平板缝隙流动的功率损失也由两部分组成。一部分是压差流的泄漏损失功率 $P_{q_V}=\Delta P q_V$，一部分是剪切流的摩擦损失功率，$P_F=Fv_0$。由式（13-4）、式（13-5）可得总的功率损失为

$$\begin{aligned} P &= P_{q_V}+P_F = \Delta p q_V + F v_0 \\ &= \left(\frac{\Delta p b \delta^3}{12\mu l}+\frac{b v_0 \delta}{2}\right)\Delta p + \left(-\frac{\Delta p b \delta}{2}+\frac{\mu b v_0 l}{\delta}\right)v_0 \\ &= \frac{(\Delta p)^2 b \delta^3}{12\mu l}+\frac{\mu b v_0^2 l}{\delta} \end{aligned} \tag{13-9}$$

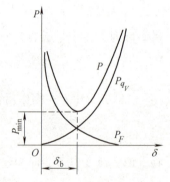

图 13-4 最佳缝隙

式（13-9）中右端的第一项是由压差决定的泄漏功率损失，第二项是由剪切流决定的摩擦功率损失。总的功率损失曲线是这两条曲线的叠加，分别为图 13-4 中的 P_{q_V}、P_F、P 曲线。总的功率损失有一个由缝隙 δ_b 所决定的最小值 $P_{\min}$。

令 $\dfrac{\mathrm{d}P}{\mathrm{d}\delta}=0$，则

$$\frac{\mathrm{d}P}{\mathrm{d}\delta}=\frac{\Delta p^2 b \delta^2}{4\mu l}-\frac{\mu b v_0^2 l}{\delta^2}=0$$

所以

$$\delta_b = \sqrt{\frac{2\mu v_0 l}{\Delta p}}\frac{1}{\sqrt{3}}\delta_0 = 0.577\delta_0 \tag{13-10}$$

这种使功率损失最小的缝隙 δ_b 称为最佳缝隙，是液压设计中优先选择的缝隙，它比无泄漏缝隙 δ_0 更小。

例 13-1 已知同心轴承的长度 l（m）、同心缝隙 δ（m）、轴直径 d（m）、转速 n（r/min）、流体动力黏度 μ（Pa·s），如图 13-5 所示，求作用在轴上的力矩 M 和功率 P。

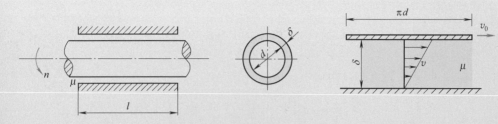

图 13-5 同心轴承

解 这是同心环形缝隙中的圆周运动问题，展开成平行平板后可看作纯剪切流动。

$$v_0 = \omega \frac{d}{2} = \frac{2\pi n}{60} \frac{d}{2} = \frac{\pi n d}{60}$$

切应力

$$\tau = \mu \frac{v_0}{\delta} = \frac{\mu \pi n d}{60\delta}$$

摩擦力

$$F = \tau \pi d l = \frac{\mu \pi^2 n d^2 l}{60\delta}$$

摩擦力矩

$$M = F \frac{d}{2} = \frac{\mu \pi^2 n d^3 l}{120\delta}$$

摩擦功率

$$P = M\omega = \frac{\mu \pi^2 n d^3 l}{120\delta} \frac{2\pi n}{60} = \frac{\mu \pi^3 n^2 d^3 l}{3600\delta}$$

例 13-2 油压机柱塞上受负载 $F_1 = 40\text{N}$ 作用后匀速下降，如图 13-6 所示，已知柱塞直径 $d = 20\text{mm}$，同心缝隙 $\delta = 0.1\text{mm}$，缝隙长度 $l = 70\text{mm}$，油的动力黏度 $\mu = 0.08\text{Pa}\cdot\text{s}$，求柱塞下降 $s = 0.1\text{m}$ 所需的时间 t。

解 这是一个压差-剪切联合作用下的缝隙流动问题，柱塞速度 $v_0 = s/t$，方向向下，而压强差 $\Delta p = p$，方向向上。列出活塞上的力平衡方程（负载＝摩擦力＋下端面的压力）

$$F_1 = F + p \frac{\pi d^2}{4} \tag{13-11a}$$

F 由式（13-4）代入得

$$F_1 = \left(\frac{p\delta}{2l} + \frac{\mu s}{\delta t}\right)\pi d l + p \frac{\pi d^2}{4} = \frac{\mu \pi d l}{\delta} \frac{s}{t} + p \frac{\pi d(d+2\delta)}{4} \tag{13-11b}$$

式中压强 p 未知，由式（13-5）列出流量关系式

$$v_0 \frac{\pi d^2}{4} = q_V = \frac{\pi d \delta}{2}\left(\frac{p\delta^2}{6\mu l} - v_0\right) = \frac{p\pi d \delta^3}{12\mu l} - \frac{v_0 \pi d \delta}{2}$$

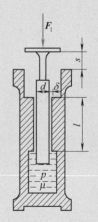

图 13-6 油压机

解出

$$p = \frac{12\mu l}{\pi d \delta^3} \frac{s}{t}\left(\frac{\pi d^2}{4}+\frac{\pi d \delta}{2}\right) = \frac{3\mu l(d+2\delta)}{\delta^3}\frac{s}{t} \tag{13-11c}$$

将式（13-11c）代入式（13-11b）中，得

$$F_1 = \frac{s}{t}\mu\pi l\left[4\frac{d}{\delta}+3\left(\frac{d}{\delta}\right)^2+\frac{3}{4}\left(\frac{d}{\delta}\right)^3\right]$$

所以

$$t = \frac{s\mu\pi l}{F_1}\left[4\frac{d}{\delta}+3\left(\frac{d}{\delta}\right)^2+\frac{3}{4}\left(\frac{d}{\delta}\right)^3\right]$$

代入数值

$$t = \left[\frac{0.1\times 0.08\times\pi\times 0.07}{40}\left(4\times 200+3\times 200^2+\frac{3}{4}\times 200^3\right)\right]\text{s} = 269\text{s}$$

第二节　偏心环形缝隙

由于制造安装等许多原因，往往在柱塞与套筒的环形缝隙中产生油压的不均衡现象，因而在实际工作条件下，出现偏心环形缝隙的机会往往比出现同心环形缝隙的机会更多。

在图 13-7 中，设柱塞半径为 r，套筒半径为 R，$R-r=\delta$ 为同心时的缝隙。如果偏心距 $OO'=e$，则 $\varepsilon = e/\delta$ 称为相对偏心距。下面分析偏心环形缝隙中的泄漏流量问题。

令 $ab=\Delta$，由图 13-7 可得近似等式

$$\Delta = R-r+e\cos\theta = \delta+e\cos\theta = \delta(1+\varepsilon\cos\theta) \tag{13-12}$$

在相对偏心距较小的情况下，由微元角度 $\mathrm{d}\theta$ 所夹的两个微元弧段可近似地看作是平行平板，它的微元宽度是 $\mathrm{d}S = r\mathrm{d}\theta$。

当柱塞具有直线速度 v_0，且在 l 长柱塞两端存在压强差 Δp 时，经过 $abcd$ 这一微元面积 $\Delta\mathrm{d}S$ 的泄漏流量 $\mathrm{d}q_V$ 可据公式（13-5）写成

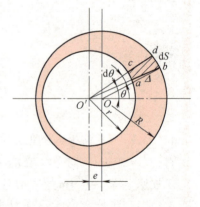

图 13-7　偏心环形缝隙

$$\mathrm{d}q_V = \left(\frac{\Delta p \Delta^3}{12\mu l}+\frac{v_0 \Delta}{2}\right)r\mathrm{d}\theta$$

将式（13-12）代入，则

$$\mathrm{d}q_V = \frac{\Delta p \delta^3}{12\mu l}(1+\varepsilon\cos\theta)^3 r\mathrm{d}\theta+\frac{v_0 \delta}{2}(1+\varepsilon\cos\theta)r\mathrm{d}\theta$$

从 $\theta=0$ 到 $\theta=2\pi$ 积分，可得经过整个偏心缝隙的流量，即

$$q_V = \frac{\Delta p \delta^3}{12\mu l}\int_0^{2\pi}(1+\varepsilon\cos\theta)^3 r\mathrm{d}\theta+\frac{v_0 \delta}{2}\int_0^{2\pi}(1+\varepsilon\cos\theta)r\mathrm{d}\theta$$

$$= \left[\frac{\Delta p \delta^3}{12\mu l}\left(1+\frac{3}{2}\varepsilon^2\right)+\frac{v_0 \delta}{2}\right]\pi d \tag{13-13}$$

与式（13-5）的同心缝隙泄漏流量相比，可见这两者的剪切流的流量相等，而压差流的流量不同。偏心比同心的压差流流量大 $\left(1+\dfrac{3}{2}\varepsilon^2\right)$ 倍，相对偏心距 ε 越大，则偏心泄漏量越大，在极限情况下相对偏心距 $\varepsilon=1$，即 $e=\delta$ 时，由压差流引起的偏心泄漏量等于同心泄漏量的 2.5 倍。在柱塞上开平衡槽可均衡缝隙中的压强，是减少轴向泄漏的一种有效措施，如图 13-8 所示。

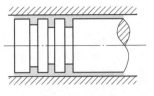

图 13-8 平衡槽

例 13-3 图 13-9 所示为滑动轴承示意图，动力黏度为 $\mu=0.14\mathrm{Pa\cdot s}$ 的润滑油，从计示压强 $p_0=1.6\times 10^5\mathrm{Pa}$ 的干管经 $l_0=0.8\mathrm{m}$、$d_0=6\mathrm{mm}$ 的输油管流向轴承中部的环形油槽，油槽宽度 $b=10\mathrm{mm}$，轴承长度 $l=120\mathrm{mm}$，轴径 $d=90\mathrm{mm}$，轴承内径 $D=90.2\mathrm{mm}$。假定输油管及缝隙中均为层流，忽略轴的转动影响。确定下述两种情况下的泄漏流量 q_V：

1）轴承与轴颈同心。
2）相对偏心距 $\varepsilon=0.5$。

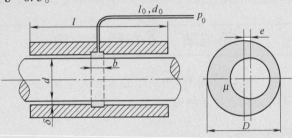

图 13-9 滑动轴承示意图

解 由圆管层流公式（6-10）解出 Δp，则输油管段的压差

$$\Delta p = \dfrac{128\mu l q_V}{\pi d^4}$$

则油槽处的压强 p 为

$$p = p_0 - \dfrac{128\mu l_0 q_V}{\pi d_0^4} \tag{13-14a}$$

1）根据同心环形缝隙公式（13-5）可得经轴承一侧的泄漏流量，即

$$\dfrac{q_V}{2} = \dfrac{p\pi d(D-d)^3}{12\mu \dfrac{l-b}{2}\times 2^3} = \dfrac{p\pi d(D-d)^3}{48\mu(l-b)}$$

解出

$$p = \dfrac{24\mu(l-b)q_V}{\pi d(D-d)^3} \tag{13-14b}$$

从式（13-14a）、式（13-14b）消去 p，得

$$q_V = \dfrac{p_0}{\dfrac{24\mu(l-b)}{\pi d(D-d)^3}+\dfrac{128\mu l_0}{\pi d_0^4}} = 0.96\mathrm{cm^3/s}$$

2）当 $\varepsilon=0.5$ 时，令 $k=1+\dfrac{3}{2}\varepsilon^2=1.375$。偏心时经轴承一侧的泄漏流量由式（13-13）为

$$\dfrac{q_V}{2}=\dfrac{p\pi d(D-d)^3 k}{12\mu\dfrac{l-b}{2}\times 2^3}=\dfrac{p\pi d(D-d)^3 k}{48\mu(l-b)}$$

解出

$$p=\dfrac{24\mu(l-b)q_V}{\pi d(D-d)^3 k} \tag{13-14c}$$

从式（13-14a）、式（13-14c）消去 p，可得

$$q_V=\dfrac{p_0}{\dfrac{24\mu(l-b)}{\pi d(D-d)^3 k}+\dfrac{128\mu l_0}{\pi d_0^4}}=1.3\text{cm}^3/\text{s}$$

第三节　平行圆盘缝隙

平行圆盘缝隙中的径向流动（图13-10）也是工程上常见的一种实际问题，例如端面推力轴承、静压圆盘支承等处都有这种缝隙形式。

一、圆盘中的压强分布

在图 13-10 中，设圆盘内外半径为 r_1 和 r_2，内外压强为 p_1 和 p_2，缝隙高度为 δ，缝隙流量为 q_V。

将平行平面缝隙流量公式（13-5），令 $v_0=0$，得压差流流量 $q_V=\Delta p\delta^3 b/(12\mu l)$ 中的压强平均下降率 $\Delta p/l$，改换为 $-\mathrm{d}p/\mathrm{d}r$，得

$$q_V=-\dfrac{2\pi r\delta^3}{12\mu}\dfrac{\mathrm{d}p}{\mathrm{d}r} \quad\text{或}\quad \mathrm{d}p=-\dfrac{6\mu q_V}{\pi\delta^3}\dfrac{\mathrm{d}r}{r}$$

积分得

$$p=-\dfrac{6\mu q_V}{\pi\delta^3}\ln r+C$$

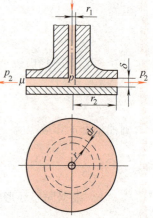

图 13-10　平行圆盘缝隙

当 $r=r_2$ 时，$p=p_2$，得积分常数 $C=p_2+\dfrac{6\mu q_V}{\pi\delta^3}\ln r_2$。于是圆盘中的压强分布为

$$p=p_2+\dfrac{6\mu q_V}{\pi\delta^3}\ln\dfrac{r_2}{r} \tag{13-15}$$

其中　$r_1<r<r_2$。

当 $r=r_1$ 时，液体压强 $p=p_1$，上下圆盘中的压强分布如图 13-11 所示。图 13-11a 所示是 $p_2\neq 0$ 时的情况，图 13-11b 所示是 $p_2=0$ 时的情况。

在 $r=r_1$ 处，把 $p=p_1$ 代入式（13-15），可得圆盘内外的压强差公式，即

$$p_1-p_2=\frac{6\mu q_V}{\pi\delta^3}\ln\frac{r_2}{r_1} \tag{13-16}$$

圆盘缝隙的流量为

$$q_V=\frac{\pi\delta^3(p_1-p_2)}{6\mu\ln\frac{r_2}{r_1}} \tag{13-17}$$

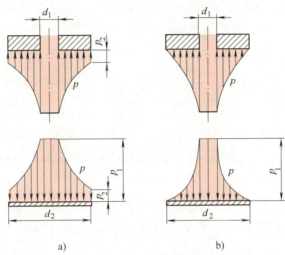

图 13-11 圆盘中的压强分布
a) $p_2\neq 0$ b) $p_2=0$

二、液体对圆盘的作用力

根据式（13-15），可求出对下面圆盘的液体总作用力为

$$F=p_2\pi r_2^2+\frac{3\mu q_V}{\delta^3}(r_2^2-r_1^2) \tag{13-18a}$$

将式（13-17）代入上式中，可得

$$F=p_2\pi r_2^2+\frac{\pi(p_1-p_2)}{2\ln\frac{r_2}{r_1}}(r_2^2-r_1^2) \tag{13-18b}$$

如果圆盘外的压强 $p_2=0$，则式（13-18a）、式（13-18b）分别简化为

$$F=\frac{3\mu q_V}{\delta^3}(r_2^2-r_1^2) \tag{13-19a}$$

$$F=\frac{\pi p_1}{2\ln\frac{r_2}{r_1}}(r_2^2-r_1^2) \tag{13-19b}$$

这是已知 q_V 或 p_1，求液体对圆盘作用力 F 的两个公式。

图 13-11 的上部圆盘中间有一个进油管或进油槽，作用在上圆盘上的力应比作用在下圆盘上的力小 $p_1\pi r_1^2$，如从式（13-18a）、式（13-19a）中减去 $p_1\pi r_1^2$，可得作用在上圆盘（即有油管或油槽的圆盘）上的流体作用力。

图 13-12 所示为测量零件长度用的气动量仪的工作原理图，主要部件就是一个带有喷口的圆盘，当它与被测工件平行时，通过缝隙的流量为

$$q_V = \frac{\pi\delta^3 p_1}{6\mu \ln\dfrac{r_2}{r_1}}$$

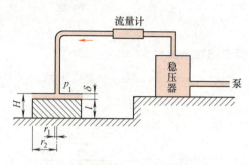

图 13-12　测量零件长度用的气动量仪的工作原理图

q_V 与缝隙 δ 成三次方的比例。因为仪器上 H 一定，测量气流流量 q_V 就可确定缝隙 δ，于是也就确定了工件高度 l 的大小。这种气动量仪的流量计算标尺可以按上述公式刻成 l 的读数。

例 13-4　汽车发动机上的片式滤清器（图 13-13）是由一组环形平板所组成，缝隙数目 $i=21$，缝隙高度 $\delta=0.2\text{mm}$，$d_2=75\text{mm}$，$d_1=30\text{mm}$，$q_V=0.05\text{L/s}$，$\rho=900\text{kg/m}^3$，油的运动黏度 $\nu=0.353\text{cm}^2/\text{s}$。求经过滤清器时的压强损失 Δp。

解　油的动力黏度 $\mu=\rho\nu=0.032\text{Pa}\cdot\text{s}$。每个缝隙的流量为 q_V/i，由公式（13-16）得

$$p_1-p_2 = \frac{6\mu q_V}{\pi\delta^3}\ln\frac{r_2}{r_1}$$

可得

$$\Delta p = \left[\frac{6\times 0.032\times 0.05\times 10^{-3}}{\pi\times(0.2\times 10^{-3})^3\times 21}\ln\frac{0.0375}{0.015}\right]\text{Pa} = 16.7\text{kPa}$$

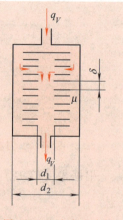

图 13-13　片式滤清器

第四节　倾斜平面缝隙

两个平面倾斜成一个微小的角度 α（图 13-14），平面间的油液在平面两端具有压强差 p_1-p_2，或平面具有相对运动时均会出现倾斜平面间的缝隙流动。例如滑动轴承（图 13-15），在正常工作情况下，总是处于偏心位置，沿 OO' 连线方向切开，展成平面，则是图 13-14 这种情况。

倾斜平面缝隙流动也分为剪切流动和压差流动两种情况，下面分析倾斜平面缝隙流动中的一些基本原理。

第十三章 缝隙流动

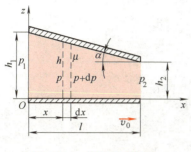

图 13-14 倾斜平面缝隙

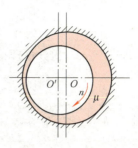

图 13-15 滑动轴承

一、缝隙间的速度分布

实际问题中的倾斜角 α 都是比较小的,在倾斜平面缝隙两端存在压强差 p_1-p_2,或一个平板以 v_0 速度运动,都会使缝隙中的液体以近似平行的速度运动。参照图 13-14 的倾斜平面缝隙可知

$$v_x = v_x(z), \quad v_z = 0, \quad \frac{\partial p}{\partial z} \approx 0, \quad \frac{\partial p}{\partial x} = \frac{\mathrm{d}p}{\mathrm{d}x} \tag{13-20a}$$

在式(13-20a)的条件下,倾斜平面缝隙的 N-S 方程可以简化为

$$\frac{\mathrm{d}^2 v_x}{\mathrm{d}z^2} = \frac{1}{\mu}\frac{\mathrm{d}p}{\mathrm{d}x} \tag{13-20b}$$

对 z 积分两次,可得

$$v_x = \frac{1}{2\mu}\frac{\mathrm{d}p}{\mathrm{d}x}z^2 + C_1 z + C_2 \tag{13-20c}$$

用边界条件

$$z = 0 \text{ 时}, v_x = v_0; \quad z = h \text{ 时}, v_x = 0 \tag{13-20d}$$

求出积分常数

$$C_1 = -\frac{1}{2\mu}\frac{\mathrm{d}p}{\mathrm{d}x}h - \frac{v_0}{h}, \quad C_2 = v_0$$

代回式(13-20c),得

$$v_x = \frac{z^2 - zh}{2\mu}\frac{\mathrm{d}p}{\mathrm{d}x} + v_0\left(1 - \frac{z}{h}\right) \tag{13-21}$$

这是倾斜平面缝隙中的速度分布规律。

二、压强分布、流量

将速度分布积分得流量

$$q_V = \int_0^h v_x b \,\mathrm{d}z = \frac{b}{2\mu}\int_0^h \frac{\mathrm{d}p}{\mathrm{d}x}(z^2 - zh)\,\mathrm{d}z + bv_0 \int_0^h \left(1 - \frac{z}{h}\right)\mathrm{d}z$$

$$= b\left(-\frac{\mathrm{d}p}{\mathrm{d}x}\frac{h^3}{12\mu} + \frac{v_0 h}{2}\right) \tag{13-22}$$

其中,$\mathrm{d}p/\mathrm{d}x$ 尚未知,由式(13-22)先解出压强分布,得

$$dp = \left(\frac{6\mu v_0}{h^2} - \frac{12\mu q_V}{bh^3}\right)dx$$

将 $h = h_1 - x\tan\alpha$ 代入，积分整理得

$$p = \frac{6\mu}{\tan\alpha}\left(\frac{v_0}{h} - \frac{q_V}{bh^2}\right) + C$$

利用边界条件 $h = h_1$ 时，$p = p_1$，得积分常数

$$C = p_1 - \frac{6\mu}{\tan\alpha}\left(\frac{v_0}{h_1} - \frac{q_V}{bh_1^2}\right)$$

代回，则

$$p = p_1 + \frac{6\mu}{\tan\alpha}\left[v_0\left(\frac{1}{h} - \frac{1}{h_1}\right) - \frac{q_V}{b}\left(\frac{1}{h^2} - \frac{1}{h_1^2}\right)\right] \quad (13\text{-}23)$$

这是倾斜缝隙中的压强分布规律。

如果令 $h = h_2$，$p = p_2$，并利用 $h_2 = h_1 - l\tan\alpha$，可得出倾斜缝隙两端的压强差，即

$$\Delta p = \frac{6\mu l}{h_1 h_2}\left(\frac{q_V}{b}\frac{h_1 + h_2}{h_1 h_2} - v_0\right) \quad (13\text{-}24)$$

这是由流量求压强差的公式。

从中解出 q_V，则

$$q_V = \frac{h_1 h_2 b}{h_1 + h_2}\left(\frac{\Delta p h_1 h_2}{6\mu l} + v_0\right) \quad (13\text{-}25)$$

这是由压强差求流量的公式。事实上，这也是带有锥度的柱塞两端有压强差而且柱塞运动时的泄漏流量公式。公式有两种特例：

一是 $v_0 = 0$ 时的纯压差流，即

$$q_V = \frac{\Delta p b}{6\mu l}\frac{h_1^2 h_2^2}{h_1 + h_2}, \quad \Delta p = \frac{6\mu l q_V}{b}\frac{h_1 + h_2}{h_1^2 h_2^2} \quad (13\text{-}26)$$

二是 $\Delta p = 0$ 时的纯剪切流，即

$$q_V = bv_0\frac{h_1 h_2}{h_1 + h_2} \quad (13\text{-}27)$$

以上是倾斜平面缝隙的基本公式。

习 题

13-1 两固定平行平板间隔 $\delta = 8\text{cm}$，动力黏度 $\mu = 1.96\text{Pa}\cdot\text{s}$ 的油在其中做层流运动，如图 13-16 所示。两平板中心处最大速度为 $v_{max} = 1.5\text{m/s}$。求：

1) 单位宽度上的流量 q_V。

2) 平板上的切应力 τ_0 和速度梯度 $\dfrac{dv}{dz}$。

3) $l = 25\text{m}$ 前后的压强差 Δp 及距壁面 $a = 2\text{cm}$ 处的流体速度 v。

13-2 运动平板与固定平板的缝隙 $\delta = 0.1$mm，中间的油液动力黏度 $\mu = 0.1$Pa·s，上平板运动速度为 $v_0 = 1$m/s，平板长 $l = 10$cm，宽 $b = 10$cm，平板左端压强为 0，右端压强 $p = 10^6$Pa，平板运动方向是朝高压方向，如图 13-17 所示。求：

1) 平板间的流量 q_V 及维持平板运动所需的功率 P。
2) 如果 δ 可变，求流量最大时的缝隙 δ 及流量的最大值 $q_{V\max}$。
3) 如果 δ 可变，求功率最小时的缝隙 δ_b 及功率的最小值 $P_{\min}$。
4) 求流量为 0 时的无泄漏缝隙 δ_0 及无泄漏压差 Δp_0。

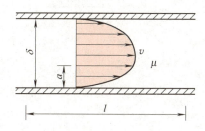

图 13-16　题 13-1 图

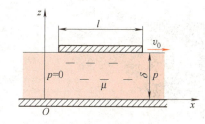

图 13-17　题 13-2 图

13-3 相距 $\delta = 0.01$m 的平行平板间充满 $\mu = 0.08$Pa·s 的油，上板运动速度 $v_0 = 1$m/s，在 $l = 80$m 的距离上，压强从 $p_1 = 17.65 \times 10^4$Pa 降到 $p_2 = 9.81 \times 10^4$Pa。求速度分布规律 $v(z)$，并由此计算单位宽度上的流量 q_V 及上板的切应力 τ_0。（$\Delta p > 0$，$v_0 > 0$）。

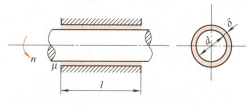

图 13-18　题 13-4 图

13-4 直径为 5cm 的轴在内径为 5.004cm 的轴承内同心旋转，转速 $n = 110$r/min，间隙中充满 $\mu = 0.08$Pa·s 的油液，轴承长度 $l = 20$cm，两端的压强差为 392.4×10^4Pa，如图 13-18 所示。求：

1) 沿轴向的泄漏量 q_V。
2) 作用在轴上的摩擦力矩 M。

13-5 直径 $d = 100$mm 的轴，以 $n = 60$r/min 在长为 $l = 200$mm 的轴承中旋转，同心间隙 $\delta = 0.5$mm，油的动力黏度为 $\mu = 0.004$Pa·s。求轴承的摩擦功率 P。

13-6 活塞直径为 d，长度为 l，同心缝隙为 δ，活塞位移 y 与时间 t 的函数关系是 $y = R\sin\omega t$，其中，R 为常数，ω 为活塞曲柄角速度，如图 13-19 所示。假定活塞两端压强相等，油液动力黏度为 μ，不计惯性力，求活塞运动所需要的功率 P。

13-7 端面推力轴承的缝隙为 δ，轴上的受力圆盘直径为 d，轴的角速度为 ω，油液动力黏度为 μ，如图 13-20 所示。假定缝隙中的速度分布为直线规律，证明圆盘上的摩擦功率为

$$P = \frac{\pi\mu\omega^2}{32\delta}d^4$$

13-8 在圆环式推力轴承中，轴的半径 $r_1 = 7.5$cm，环形座半径 $r_2 = 20$cm，推力轴承的油膜厚度 $\delta = 0.05$cm，油的动力黏度 $\mu = 0.15$Pa·s，轴的转速 $n = 300$r/min，如图 13-21 所

示。圆环缝隙中速度分布可近似认为是直线规律，求圆环上的摩擦功率 P。

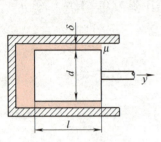

图 13-19 题 13-6 图

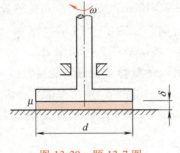

图 13-20 题 13-7 图

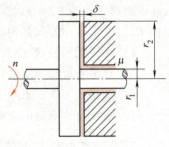

图 13-21 题 13-8 图

[参考答案]

参 考 文 献

[1] 周光坰,等. 流体力学 [M]. 2版. 北京:高等教育出版社,2000.
[2] 张也影. 流体力学 [M]. 2版. 北京:高等教育出版社,1999.
[3] 陈卓如. 工程流体力学 [M]. 2版. 北京:高等教育出版社,2004.
[4] 李诗久. 工程流体力学 [M]. 北京:机械工业出版社,1980.
[5] 吴望一. 流体力学 [M]. 北京:北京大学出版社,1982.
[6] 章梓雄,等. 粘性流体力学 [M]. 2版. 北京:清华大学出版社,2011.
[7] 莫乃榕. 工程流体力学 [M]. 2版. 武汉:华中科技大学出版社,2009.
[8] 禹华谦,等. 工程流体力学 [M]. 2版. 北京:高等教育出版社,2011.
[9] 罗惕乾,等. 流体力学 [M]. 4版. 北京:机械工业出版社,2017.
[10] 奚斌,等. 水力学(工程流体力学)实验教程 [M]. 北京:中国水利水电出版社,2013.
[11] 归柯庭,等. 工程流体力学 [M]. 2版. 北京:科学出版社,2015.
[12] 陈廷楠,等. 应用流体力学 [M]. 北京:航空工业出版社,2000.
[13] 杜广生,等. 工程流体力学 [M]. 北京:中国电力出版社,2007.
[14] 王福军. 计算流体动力学分析 [M]. 北京:清华大学出版社,2004.
[15] 毛根海,等. 应用流体力学 [M]. 北京:高等教育出版社,2006.
[16] 莫乃榕,等. 流体力学水力学题解 [M]. 2版. 武汉:华中科技大学出版社,2006.
[17] 张也影,等. 流体力学题解 [M]. 北京:北京理工大学出版社,1996.
[18] 武文斐,等. 工程流体力学习题解析 [M]. 北京:化学工业出版社,2008.
[19] 闻建龙,等. 流体力学实验 [M]. 镇江:江苏大学出版社,2010.
[20] 赵振兴,等. 水力学 [M]. 2版. 北京:清华大学出版社,2010.